21 世纪高职高专规划教材

# 无线网络组建项目教程

主 编 唐继勇 张选波

副主编 童 均 胡 云

中国水利水电出版社
www.waterpub.com.cn

## 内 容 提 要

本书以无线网络的组建与维护为主线，介绍了无线网络的基本原理、关键技术、协议标准、设备及附件、拓扑结构、网络规划、组网方案、网络配置、行业应用、网络安全、故障排除等多个方面的内容。本书内容丰富，叙述深入浅出，不仅注重理论方法的引导，更注重工程实际的应用，具有很强的可操作性，并尽可能多地介绍了无线局域网的最新发展和前沿应用。为了提高读者设计和实现无线网络的技能，巩固所学的内容，每章还提供了大量的填空题、选择题、实验项目问题。

本书可作为高等职业院校计算机网络技术等专业的教材，同时也适合从事网络组建、网络管理等工作的工程技术人员阅读。

**本书提供电子教案可从中国水利水电出版社网站或万水书苑上免费下载，网址为：http://www.waterpub.com.cn/softdown/ 和 http://www.wsbookshow.com。**

图书在版编目（CIP）数据

无线网络组建项目教程 / 唐继勇，张选波主编. --北京：中国水利水电出版社，2010.10（2016.7 重印）
21世纪高职高专规划教材
ISBN 978-7-5084-7984-2

Ⅰ. ①无… Ⅱ. ①唐… ②张… Ⅲ. ①无线电通信-通信网-高等学校：技术学校-教材 Ⅳ. ①TN92

中国版本图书馆CIP数据核字（2010）第201982号

策划编辑：寇文杰　责任编辑：张玉玲　封面设计：李 佳

| 书　　名 | 21世纪高职高专规划教材<br>**无线网络组建项目教程** |
|---|---|
| 作　　者 | 主　编　唐继勇　张选波<br>副主编　童　均　胡　云 |
| 出版发行 | 中国水利水电出版社<br>（北京市海淀区玉渊潭南路1号D座　100038）<br>网址：www.waterpub.com.cn<br>E-mail：mchannel@263.net（万水）<br>　　　　sales@waterpub.com.cn<br>电话：（010）68367658（发行部）、82562819（万水） |
| 经　　售 | 北京科水图书销售中心（零售）<br>电话：（010）88383994、63202643、68545874<br>全国各地新华书店和相关出版物销售网点 |
| 排　　版 | 北京万水电子信息有限公司 |
| 印　　刷 | 三河市鑫金马印装有限公司 |
| 规　　格 | 184mm×260mm　16开本　15印张　370千字 |
| 版　　次 | 2010年10月第1版　2016年7月第4次印刷 |
| 印　　数 | 7001—9000册 |
| 定　　价 | 26.00元 |

凡购买我社图书，如有缺页、倒页、脱页的，本社发行部负责调换

**版权所有·侵权必究**

# 前　　言

网络技术快速发展，特别是 Internet 的迅猛发展，人们的需求不断提高，移动用户也希望构建无处不在的计算环境，真正实现 6A：任何人（Anyone）在任何时候（Anytime）、任何地点（Anywhere）可以采用任何方式（Any means）与其他任何人（Any other）进行任何通信（Anything）。无线网络技术是实现 6A 梦想的核心技术，在此背景下，无线网络技术便成为计算机网络技术中一颗耀眼的新星。

本书没有按部就班地介绍深奥、枯燥的无线网络技术，而是围绕企业工作的实际需要，设计了一系列、连贯的项目案例，以具体的单项工作任务为基本内容，通过分析用户遇到的各种问题，引入网络技术的核心概念，具体工作任务的完成在操作步骤中给出。整个过程融入大量的职业素质教育元素，引导读者在学习过程中，不但能掌握职业所需的无线网络知识和技能，还能获得用人单位最感兴趣的要素——实际工作经验和较强的动手能力。

本书的总体设计思路是基于行动导向获得职业技能，编写过程中主要体现以下特色：

（1）教材根据高职高专的教学特点，以必需、够用为原则，内容上突出"学以致用"，通过"边学边练、学中求练、练中求学、学练结合"实现"学得会、用得上"。

（2）以工作任务为教材内容，围绕工作任务学习的需要，重点关注学生能做什么，教会学生如何完成工作任务，强调以学生直接实践的形式来掌握融于各工作任务中的知识、技能和技巧。

（3）工作任务以小组协作式学习方式完成，强调以学生的团队学习为主，并结合自主学习的方法，为今后的知识和能力拓展打下良好的基础，从而有效培养学生的沟通能力。

本书从简单到复杂，引入了无线个人局域网组建、SOHO 无线网络组建、中型企业无线网络组建、无线网络安全管理与故障维护 4 个不同类型的无线网络项目作为本课程的学习情境，突破了以知识传授为主要特征的传统学科教材模式，转变为以工作任务为中心组织教材内容。

本书由重庆电子工程职业学院唐继勇、锐捷网络张选波任主编，重庆电子工程职业学院童均、胡云任副主编，重庆电子工程职业学院王可、熊伟、张建华、李贺华老师，重庆正大软件职业技术学院唐中剑老师，重庆科创职业学院唐锡雷老师参与了本书部分章节的编写工作。本书在编写过程中得到重庆电子工程职业学院龚小勇的大力支持和帮助，在此向他以及对本书编写提供支持和帮助的各位老师表示感谢。

由于本书是编写职业教育教学改革教材的初步尝试和探索，其中难免存在错误和不当之处，欢迎广大读者批评指正。

编　者<br>
2010 年 7 月

# 目 录

前言

**项目一　无线个人局域网组建** ……………… 1
　1.1　无线网络概述 ……………………………… 2
　1.2　无线网络的分类 …………………………… 2
　　　1.2.1　WPAN ……………………………… 3
　　　1.2.2　WLAN ……………………………… 3
　　　1.2.3　WMAN ……………………………… 4
　　　1.2.4　WWAN ……………………………… 4
　1.3　无线个人局域网（WPAN） ……………… 4
　　　1.3.1　WPAN 介绍与标准现状 …………… 4
　　　1.3.2　WPAN 的分类 ……………………… 4
　　　1.3.3　WPAN 的关键技术 ………………… 5
　　　1.3.4　无线个域网技术标准 ……………… 9
　　　1.3.5　无线个域网组件 …………………… 10
　　思考与操作 ……………………………………… 27
**项目二　SOHO 无线网络组建** ……………… 29
　2.1　无线局域网（WLAN）概述 ……………… 30
　2.2　无线局域网（WLAN）频谱 ……………… 31
　2.3　无线局域网（WLAN）技术标准 ………… 32
　　　2.3.1　IEEE 802.11 标准 ………………… 33
　　　2.3.2　中国 WLAN 规范 ………………… 35
　2.4　IEEE 802.11 与 OSI ……………………… 36
　2.5　IEEE 802.11 工作方式 …………………… 36
　2.6　IEEE 802.11 物理层 ……………………… 37
　2.7　IEEE 802.11 MAC 层 …………………… 38
　2.8　WLAN 传输技术 ………………………… 39
　　　2.8.1　FHSS 技术 ………………………… 40
　　　2.8.2　DSSS 技术 ………………………… 40
　　　2.8.3　PBCC 调制技术 …………………… 41
　　　2.8.4　OFDM 技术 ………………………… 41
　2.9　WLAN 拓扑 ……………………………… 42
　　　2.9.1　Ad-Hoc 模式 ……………………… 42
　　　2.9.2　Infrastructure 模式 ……………… 43
　　　2.9.3　无线分布式系统（WDS） ………… 45

　2.10　WLAN 组件 ……………………………… 48
　　　2.10.1　STA ………………………………… 49
　　　2.10.2　Wireless LAN Card（无线网卡） … 49
　　　2.10.3　AP ………………………………… 50
　　　2.10.4　无线交换机 ……………………… 51
　　　2.10.5　无线路由器 ……………………… 52
　　　2.10.6　天线 ……………………………… 52
　2.11　无线连接技术 …………………………… 55
　　　2.11.1　无线连接技术概述 ……………… 55
　　　2.11.2　扫描（Scaning） ………………… 55
　　　2.11.3　加入（Joining） ………………… 59
　　　2.11.4　验证（Authentication） ………… 59
　　　2.11.5　结合（Association） …………… 59
　　思考与操作 ……………………………………… 82
**项目三　中型企业无线网络组建** …………… 85
　3.1　无线局域网射频（RF） …………………… 86
　　　3.1.1　RF 的工作原理 …………………… 86
　　　3.1.2　RF 的特征 ………………………… 87
　　　3.1.3　RF 信号强度 ……………………… 92
　　　3.1.4　无线信道的特点 …………………… 94
　3.2　WLAN 天线 ……………………………… 95
　　　3.2.1　天线的分类及作用 ………………… 95
　　　3.2.2　天线的方向性 ……………………… 96
　　　3.2.3　天线的极化 ………………………… 97
　　　3.2.4　天线的输入阻抗 …………………… 98
　　　3.2.5　天线的工作频率范围 ……………… 99
　　　3.2.6　传输线的种类 ……………………… 99
　　　3.2.7　反射损耗 …………………………… 99
　　　3.2.8　WLAN 常用天线 ………………… 100
　　　3.2.9　移动通信系统天线安装规范 …… 103
　3.3　无线局域网漫游 ………………………… 104
　　　3.3.1　漫游简介 ………………………… 104
　　　3.3.2　WLAN 漫游常用术语 …………… 105

  3.3.3 WLAN 漫游类型 …………………… 105
 3.4 无线局域网部署 …………………………… 109
  3.4.1 无线接入点 …………………………… 109
  3.4.2 无线交换机 …………………………… 112
  3.4.3 PoE 技术 ……………………………… 115
 3.5 无线局域网设计与实施 …………………… 118
  3.5.1 无线局域网的规划与设计 ………… 118
  3.5.2 无线局域网的实施 ………………… 123
 思考与操作 …………………………………… 167
项目四 无线网络安全管理与故障维护 ………… 170
 4.1 WLAN 安全标准 …………………………… 171
  4.1.1 IEEE 802.11-1999 安全标准 ……… 171
  4.1.2 IEEE 802.11i 标准 ………………… 172
  4.1.3 我国 WAPI 安全标准 ……………… 172
 4.2 有效等效加密（WEP） …………………… 172
 4.3 Wi-Fi 保护接入（WPA） ………………… 172
 4.4 802.1x 协议 ………………………………… 173
  4.4.1 802.1x 认证体系 …………………… 174
  4.4.2 802.1x 工作机制 …………………… 175
  4.4.3 802.1x 认证过程 …………………… 175
 4.5 WAPI 技术 ………………………………… 178
  4.5.1 产生背景 …………………………… 178
  4.5.2 技术优势 …………………………… 178
  4.5.3 WAPI 基本功能 …………………… 179
 4.6 WLAN 认证 ………………………………… 180
  4.6.1 链路认证 …………………………… 180
  4.6.2 用户接入认证 ……………………… 181
 4.7 WLAN IDS ………………………………… 183
 4.8 WLAN QoS ………………………………… 184
 4.9 WLAN 排错 ………………………………… 184
  4.9.1 无线客户端检测不到信号 ………… 184
  4.9.2 有信号无法连接上 AP …………… 185
  4.9.3 连接上后无线客户端无法正常工作 · 186
 思考与操作 …………………………………… 230
参考文献 ………………………………………… 233

# 项目一　无线个人局域网组建

无线网络技术最近几年一直是一个研究的热点领域，新技术层出不穷，各种新名词也是应接不暇，从无线局域网、无线个域网、无线城域网到无线广域网；从移动 Ad Hoc 网络到无线传感器网络、无线 Mesh 网络；从 Wi-Fi 到 WiMedia、WiMAX；从 IEEE 802.11、IEEE 802.15、IEEE 802.16 到 IEEE 802.20；从固定宽带无线接入到移动宽带无线接入；从蓝牙到红外、HomeRF；从 UWB 到 ZigBee；从 GSM、GPRS、CDMA 到 3G、超 3G、4G 等。如果说计算机方面的词汇最丰富，网络方面就是一个代表；如果说网络方面的词汇最丰富，无线网络方面就是一个代表。所有的这一切都是因为人们对无线网络的需求越来越大，对无线网络技术的研究也日益加强，无线网络技术也就越来越成熟。

无线个人局域网（Wireless Personal Area Network，WPAN）是一种采用无线连接的个人局域网。它被用在诸如电话、计算机、附属设备以及小范围（个域网的工作范围一般是在 10 米以内）内的数字助理设备之间的通讯。支持无线个人局域网的技术包括：蓝牙、ZigBee、超频波段（UWB）、IrDA、HomeRF 等，其中，蓝牙技术在无线个人局域网中使用最为广泛。每一项技术只有被用于特定的应用领域才能发挥最佳的作用。

WPAN 是新兴的无线通信网络技术，其具有活动半径小、业务类型丰富、面向特定群体、无线的无缝连接等特性。WPAN 能够有效地解决"最后的几米电缆"的问题，进而将无线联网进行到底。

### 情境描述

某 IT 公司的员工小王是计算机网络爱好者，在他的家里不但有支持红外的手机，而且还有支持红外的笔记本电脑；在单位里办公只能用台式机蓝牙功能。由于在单位网络环境的限制及在家里计算机硬件环境的限制，小王无法实现在家中或公司都能上网的需求，所以小王利用现有的资源（红外适配器、蓝牙适配器）构建了 WPAN，从而满足了自己上网的需求。其构建的 WPAN 网络拓扑如图 1-1 所示。

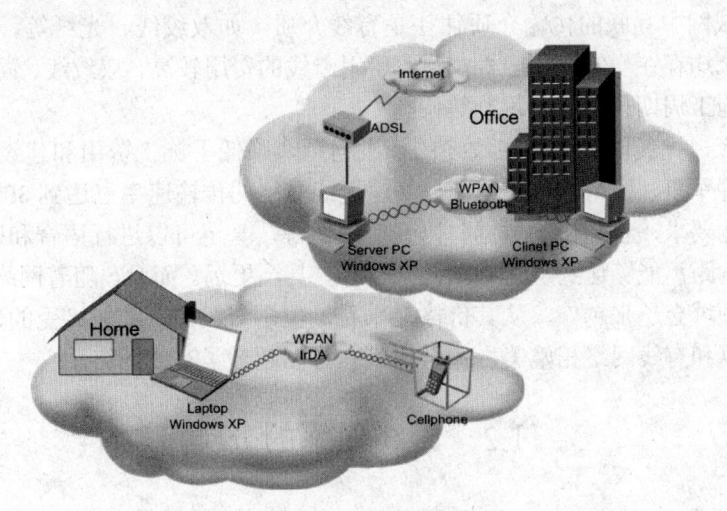

图 1-1　WPAN 实施拓扑图

## 📖 学习目标

通过本项目的学习，读者应能到达如下目标：

**知识目标**
- 知道无线网络的分类、特点及优势
- 掌握无线个域网的基本概念及分类
- 掌握无线个域网的关键技术和技术标准
- 了解无线个域网的应用和发展趋势

**技能目标**
- 能根据用户的需求进行网络状况的需求分析
- 清楚所需的无线适配器（蓝牙、红外）的性价比，合理选择所需的无线个域网适配器
- 能进行无线个域网的实际应用，对无线适配器进行正确配置，确保无线网络的通畅
- 掌握无线个域网连通性的测试方法和信号强度的直观测试方法

**素质目标**
- 初步形成良好的合作观念，会进行简单的业务洽谈
- 初步形成按操作规范进行操作的习惯
- 初步形成严谨细致的工作态度和追求完美的工作精神
- 学会自我展示的能力和查阅资料的能力

## ✍ 专业知识

## 1.1 无线网络概述

所谓无线网络指允许用户使用红外线技术及射频技术建立远距离或近距离的无线连接，实现网络资源的共享。无线网络与有线网络的用途十分类似，两者最大的差别在于传输媒介的不同，利用无线电技术取代网线，可以和有线网络互为备份。

目前在局域网中互联的传输介质往往是有线介质，如双绞线、光纤等，这些传输介质在某些特定的场合均存在一定的局限性。例如租用专线的费用较高，双绞线、同轴电缆等则存在铺设费用高、施工周期长、移动困难等问题。

与此相对应，无线网络不存在线缆的铺设问题，降低了施工费用和建设成本，现在已经广泛应用于各种军事、民用领域。现在，高速无线网络的传输速率已达到300M，完全能满足一般的网络传输要求，包括传输数据、语音、图像等，甚至可以进行语音和图像并发的传输。无线网络的传输距离能够达到从几米到几十千米，甚至更远。而且，随着网络技术的发展，无线网络的应用领域会越来越广，从其价格上来看，也是一般单位都能接受的，在性能、距离、价格上完全可以和有线网络相媲美，甚至在某些方面超过了有线网络。

## 1.2 无线网络的分类

无线通信技术可基于不同的类型进行分类，分别以频率、频宽、范围、应用方式等要素

来加以区分。无线网络的传输距离与有线网络一样可以分为几种不同类型，如图1-2所示。

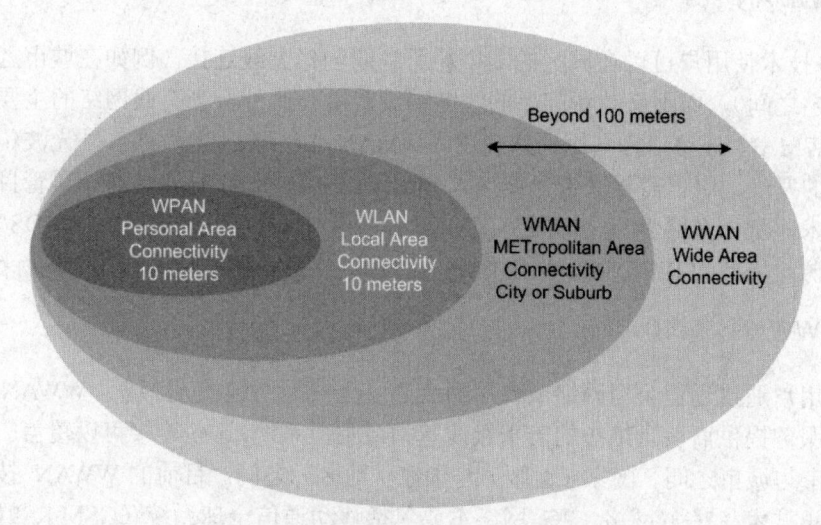

图1-2　无线通讯技术以范围分成四大类

### 1.2.1　WPAN

WPAN 技术使用户能够为个人操作空间（POS）设备（如 PDA、移动电话和笔记本电脑等）创建临时无线通信。POS 指的是以个人为中心，最大距离为 10 米的一个空间范围。目前，两个主要的 WPAN 技术是"蓝牙技术"和红外线。"蓝牙技术"是一种电缆替代技术，可以在 10 米以内使用无线电波传送数据。蓝牙传输的数据可以穿过墙壁、口袋和公文包进行传输。"蓝牙技术特别兴趣小组（SIG）"推动着"蓝牙技术"的发展，于 1999 年发布了 Bluetooth 版本 1.0 规范。作为替代方案，要近距离（一米以内）连接设备，用户还可以创建红外链接。

为了规范 WPAN 技术的发展，1998 年，IEEE 802.15 工作组成立，专门从事 WPAN 标准化工作。该工作组正在发展基于 Bluetooth 版本 1.0 规范的 WPAN 标准。该标准草案的主要目标是低复杂性、低能耗、交互性强，并且能与 802.11 网络共存。

### 1.2.2　WLAN

WLAN 技术可以使用户在本地创建无线连接（例如，在校园里、在公司的办公大楼内或在如咖啡馆等某个公共场所）。WLAN 可用于临时办公室或其他无法铺设线缆的场所，或者用于增强现有的 LAN，使用户不受时间和空间限制进行工作。WLAN 以两种不同方式运行。在基础结构 WLAN 中，无线站连接到无线接入点，无线接入点在无线站与现有网络中枢之间起桥梁作用。在点对点（临时）WLAN 中，在有限区域（例如会议室等）内的几个用户可以在不需要访问网络资源时建立临时网络，而无须使用接入点。

1997 年，IEEE 批准了用于 WLAN 的 802.11 标准，其中指定的数据传输速率为 1～2 兆位/秒（Mb/s）。802.11b 正在发展成为新的主要标准，在该标准下，数据通过 2.4 千兆赫兹（GHz）的频段以 11Mb/s 的最大速率进行传输。另一个更新的标准是 802.11a，它指定数据通过 5GHz 的频段以 54Mb/s 的最大速率进行传输。

### 1.2.3 WMAN

WMAN 技术使用户可以在城区的多个场所之间创建无线连接（例如在城市之内或学校校园的多个楼宇之间），而不必花费高昂的线缆铺设费用。此外，当有线网络的主要租赁线路不能使用时，WMAN 还可以作备用网络使用。WMAN 使用无线电波或红外光波传送数据。随着网络技术的发展，用户需要宽带无线接入 Internet 的需求量正日益增长。尽管目前正在使用各种不同技术，例如多路多点分布服务（MMDS）和本地多点分布服务（LMDS），但负责制定宽带无线访问标准的 IEEE 802.16 工作组仍在开发规范以便实现这些技术的标准化。

### 1.2.4 WWAN

为了使用户通过远程公用网络或专用网络建立无线网络连接，出现了 WWAN 技术，通过使用由无线服务提供商负责维护的若干天线基站或卫星系统，这些连接可以覆盖广大的地理区域，例如城市与城市之间、国家（地区）与国家（地区）之间。目前的 WWAN 技术被称为第二代移动通讯技术（2G）网络。2G 网络主要包括移动通信全球系统（GSM）、蜂窝式数字分组数据（CDPD）和码分多址（CDMA）。由于系统容量、通信质量和数据传输速率的不断提高，以及在不同网络间无缝漫游需求的情况下，第三代移动通讯技术（3G）也就应运而生了，第三代移动通讯技术将执行全球标准，并提供全球漫游功能。ITU 正积极促进 3G 全球标准的指定。

## 1.3 无线个人局域网（WPAN）

### 1.3.1 WPAN 介绍与标准现状

无线个人局域网（WPAN）就是在个人周围空间形成的无线网络，现在通常指覆盖范围在 10 米半径以内的短距离无线网络，尤其是指能在便携式电子设备和通信设备之间进行短距离特别连接的自组织网。

WPAN 是一种与无线广域网（WWAN）、无线城域网（WMAN）、无线局域网（WLAN）并列但覆盖范围相对较小的无线网络。在网络构成上，WPAN 位于整个网络链的末端，用于实现同一地点终端与终端间的连接，如连接手机和蓝牙耳机等。WPAN 设备具有价格便宜、体积小、易操作和功耗低等优点。

目前，IEEE、ITU 和 HomeRF 等组织都致力于 WPAN 标准的研究，其中 IEEE 组织对 WPAN 的规范标准主要集中在 802.15 系列。802.15.1 本质上只是蓝牙底层协议的一个正式标准化版本，大多数标准制定工作仍由蓝牙特别兴趣组（SIG）完成，其成果由 IEEE 批准，原始的 802.15.1 标准基于 Bluetooth 1.1，目前大多数蓝牙器件中采用的都是这一版本。

新的版本 802.15.1a 对应于 Bluetooth 1.2，它包括某些 QoS 增强功能，并完全后向兼容。802.15.2 负责建模和解决 WPAN 与 WLAN 间的共存问题，目前正在标准化。

### 1.3.2 WPAN 的分类

WPAN 被定位于短距离无线通信技术，但根据不同的应用场合又分为高速 WPAN

（HR-WPAN）和低速 WPAN（LR-WPAN）两种。

发展高速 WPAN 是为了连接下一代便携式电子设备和通信设备，支持各种高速率的多媒体应用，包括高质量声像、音乐和图像传输等，可以提供 20Mb/s 以上的数据速率以及服务质量（QoS）功能来优化传输带宽。

在我们的日常生活中并不是都需要高速应用，所以发展低速 WPAN 更为重要。例如在家庭、工厂与仓库自动化控制、安全监视、保健监视、环境监视、军事行动、消防队员操作指挥、货单自动更新、库存实时跟踪以及在游戏和互动式玩具等方面都可以开展许多低速应用，有些低速 WPAN 甚至能够挽救我们的生命。例如，当你忘记关掉煤气炉或者睡前忘了锁门的时候，有了低速 WPAN 就可以使你获救或免于财产损失。

### 1.3.3 WPAN 的关键技术

WPAN 是用于很小范围内的终端与终端之间的连接，即点到点的短距离连接。从网络构成上来看，WPAN 位于整个网络架构的底层，WPAN 是基于计算机通信的专用网，工作在个人操作环境，把需要相互通信的装置构成一个网络，且无需任何中央管理装置及软件。

支持无线个人局域网的技术包括蓝牙、ZigBee、超频波段（UWB）、IrDA、HomeRF 等，其中蓝牙技术在无线个人局域网中使用得最广泛。每一项技术只有被用于特定的用途、应用程序或领域才能发挥最佳的作用。此外，虽然在某些方面，有些技术在无线个人局域网空间中被认为是相互竞争的，但是它们相互之间又常常是互补的。

1. 蓝牙技术

蓝牙是 1998 年 5 月由爱立信、英特尔、诺基亚、IBM 和东芝等公司联合主推的一种短距离无线通信技术，运行在全球通行的、无须申请许可的 2.46Hz 频段，采用 GFSK 调制技术，传输速率达 1Mb/s；它可以用于在较小的范围内通过无线连接的方式实现固定设备或移动设备之间的网络互联，从而在各种数字设备之间实现灵活、安全、低功耗、低成本的语音和数据通信。蓝牙技术的一般有效通信范围为 10m，强的可以达到 100m 左右，如图 1-3 所示。

图 1-3 蓝牙鼠标及接收器

蓝牙技术采用跳频扩频（Frequency Hopping Spread Spectrum，FHSS）技术，把信道分成若干个时隙，每个时隙长为 625pts，每个时隙交替进行发射和接收，实现时分双工。蓝牙由于采用了时分双工，可以防止收发信机之间的串扰；采用跳频技术提高了设备抗干扰能力，并提供了一定的安全保障，便于叠区组网。

蓝牙技术按照交换技术分为电路交换技术和分组交换技术，可独立或同时支持异步数据信道和语音信道。每个同步语音信道数据速率为 64Kb/s。当采用非对称信道传输数据时，其速率可达 723.2Kb/s；当采用对称信道传输数据时，速率最高为 342.6Kb/s。蓝牙还使用了前向纠错（Forward Errorcorrection，FEC）机制，从而抑制了长距离链路的随机噪声。

蓝牙设备按照在网络中所扮演的角色，可以分为主设备和从设备。主设备负责设定跳频序列，从设备必须与主设备保持同步。主设备负责控制主从设备之间的业务传输时间与速率。根据组网方式的不同，主设备与从设备可以形成点到多点的连接，即在主设备周围组成一个微微网，网内任何从设备都可与主设备通信，而且这种连接不需要任何复杂的软件支持，但是一个主设备同时最多只能与网内的 7 个从设备相连接进行通信。同样，在一个有效区域内多个微微网通过节点桥接可以构成散射网。

蓝牙技术传输使用的功耗很低，它可以应用到无线传感器网络中，同时也可以广泛应用于无线设备（如 PDA、手机、智能电话）、图像处理设备（如照相机、打印机、扫描仪）、安全产品（如智能卡、身份识别、票据管理、安全检查）、消遣娱乐（如蓝牙耳机、MP3、游戏）、汽车产品（如 GPS、动力系统、安全气袋）、家用电器（如电视机、电冰箱、电烤箱、微波炉、音响、录像机）、医疗健身、智能建筑、玩具等领域。

2．红外技术

红外技术很早就被广泛使用了，例如电视和 VCD 的遥控器等设备使用了红处线。近几年来，家用电脑的红外设备非常流行。比如无线键盘和鼠标等输入设备使得工作和游戏可以不受电脑连线的约束。通常情况下，红外线设备连接到电脑的键盘或鼠标连接器上。无线键盘或无线鼠标有一个内置的红外线发射器。当使用键盘或鼠标输入指令时,将其信号转变为红外信号，并发送到接收器。许多笔记本电脑都有一个红外线接口，使其他笔记本电脑或红外设备可以通过红外线传输来交换信息，如图 1-4 所示是红外适配器。

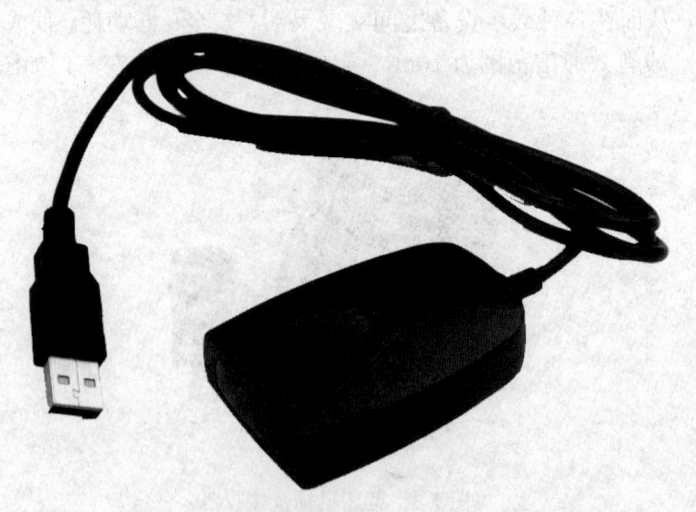

图 1-4　IR750 USB 接口 FIR 高速红外适配器

红外局域网使用红外信号来发送数据。这些局域网既可以采用点到点配置，也可以采用漫反射配置来建立。点对点配置通常提供两种配置中较高的数据传输速率。

红外线的优缺点都不多，不过，在 WLAN 的情况下，其缺点非常严重。红外线的最大优势在于它能够传输很高的带宽,最大的弱点是会被阻塞。因为红外线在形式上是一种光线,所以很容易被阻隔。和光线一样,它不能穿越实心物体。红外线能够高速连接,因此有时用作点对点连接,但采用红外线通信这种方案费用很昂贵。因为红外线距离和覆盖范围的限制,更多的红外设备有必要提供和无线接收设备相同的覆盖范围。

IrDA 是 Infrared Data Association 的英文缩写,即红外线数据标准协会,成立于 1993 年,是一个致力于建立无线传播连接的国际标准非营利性组织。如今,几乎所有使用红外线作为通信手段的消费类电子产品都和 IrDA 兼容。典型的红外线设备使用叫做漫射红外传输的方法,该方法无需使接收机和发射机相对对准,也无需清楚的可视视线。其范围最大约为 10m(室内),而速度从 2400b/s 到 4Mb/s 不等。

3. HomeRF 技术

它是由 HomeRF 工作组开发的,是对现有无线通信标准的综合和改进。它是在家庭区域范围内的计算机和电子设备之间实现无线数字通信的开放性工业标准,为家庭用户建立具有互操作性的音频和数据通信网带来了便利。

HorneRF 运行在开放的 2.4GHz 频段,采用跳频扩频技术,跳频速率为 50hops/s,共有 75 个带宽为 1MHz 的跳频信道,室内覆盖范围约 45m,调制方式为恒定包络的 FSK 调制,且分 2FSK 和 4FSK 两种,采用 FSK 调制可以有效地抑制无线通信环境下的干扰和衰落。在 2FSK 工作方式下,最高数据的传输速率为 1Mb/s;在 4FSK 工作方式下,速率可达 2Mb/s。在新的 HomeRF 2.x 标准中,采用了宽带跳频(Wide Band Frequencyhopping,WBFH)技术来增加跳频带宽,由原来的 1MHz 跳频信道增加到 3MHz 和 5MHz,跳频的速率也提高到 75hops/s,数据传输速率峰值达 10Mb/s。如图 1-5 所示为 HomeRF 适配器。

图 1-5 HomeRF 适配器

HomeRF 把共享无线接入协议(SWAP)作为网络的技术指标,基于简化的 IEEE 802.11 标准,当进行数据通信时,采用类似于以太网技术中的载波监听多路访问/冲突避免(Carrier Sensemultiple Access with Collision Aviodance,CSMA/CA)方式;采用 DECT 无线通信标准的 TDMA 技术进行语音通信。HomeRF 提供了对流媒体真正意义上的支持,其规定了高级别的优先权并采用了带有优先权的重发机制,这样就满足了播放流媒体所需的高带宽、低干扰、低误码要求。

HomeRF 技术由于在抗干扰能力等方面与其他技术标准相比存在很多缺陷，因而仅获得了少数公司的支持，这些使得 HomeRF 技术的应用和发展前景受到限制，又加上市场策略定位不准、后续研发与技术升级进展迟缓，因此，从 2000 年之后，HomeRF 技术开始走下坡路，2001 年 HomeRF 的普及率降至 30%，逐渐丧失市场份额。尤其是芯片制造巨头英特尔公司决定在其面向家庭无线网络市场的 AnyPoint 产品系列中增加对 IEEE 802.11b 标准的支持后，由于只能在家庭里应用的限制，HomeRF 的发展前景很不乐观。

4. UWB（超宽带）技术

UWB（超宽带），是一种无载波通信技术。它是一种超高速的短距离无线接入技术，具有抗干扰性能强、传输速率高、带宽极宽、消耗电能小、保密性好、发送功率小等诸多优点。它在较宽的频谱上传送极低功率的信号，实现每秒数百兆比特的数据传输率，UWB 早在 1960 年就开始开发，但仅限于军事应用，美国 FCC 于 2002 年 2 月准许该技术进入民用领域。不过，目前学术界对 UWB 是否会对其他无线通信系统产生干扰仍在争论当中，如图 1-6 所示。

图 1-6  UWB 无线 USB Hub

5. ZigBee 技术

ZigBee 是基于 IEEE 802.15.4 无线标准研制开发的，是一种新兴的短距离、低功率、低速率无线接入技术，是 IEEE 802.15.4 的扩展集，它由 ZigBee 联盟与 IEEE 802.15.4 工作组共同制定。ZigBee 运行在 2.4GHz 频段，共有 27 个无线信道，数据传输速率为 20Kb/s～250Kb/s，传输距离为 10～75m，如图 1-7 所示。

6. RFID 技术

RFID 是一种非接触式的自动识别技术，通过射频信号自动识别目标对象并获取相关数据。也就是人们常说的电子标签。RFID 由标签、解读器和天线三个基本要素组成。RFID 在物流业、交通运输、医药、食品等各个领域被广泛应用。由于制造技术复杂、生产成本高、标准尚未统一、应用环境和解决方案不够成熟，安全性将接受考验，如图 1-8 所示。

图 1-7 ZigBee 温度湿度光亮传感器　　　　图 1-8 RFID 识别技术笔记本

DELL Latitude E6400 笔记本电脑使用了 RFID 技术，可以称得上是笔记本电脑数据安全机制上一次新的尝试。而在传统笔记本电脑身上，RFID 识别技术、指纹识别、SmartCard、TPM 安全芯片、人脸识别构成目前移动平台的五重安全机制。

### 1.3.4 无线个域网技术标准

美国电子与电气工程师协会（IEEE）802.15 工作组对无线个人局域网作出定义和说明。除了基于蓝牙技术之外，IEEE 还定义了低频和高频两个类型：低频率的 802.15.4（TG4，也被称为 ZigBee）和高频率的 802.15.3（TG3，也被称为超波段或 UWB）。TG4 ZigBee 针对低电压和低成本家庭控制方案提供 20 Kb/s 或 250 Kb/s 的数据传输速度，而 TG3 UWB 则支持用于多媒体的介于 20Mb/s 和 1Gb/s 之间的数据传输速度。

表 1-1 对 IEEE 802.15 中详细列明的 WPAN 技术特征做了比较。

表 1-1　IEEE 802.15 标准对比表

| 参数 | Bluetooth<br>（IEEE 802.15.1） | UWB<br>（IEEE 802.15.3） | ZigBee<br>（IEEE 802.15.4） |
| --- | --- | --- | --- |
| 应用 | 计算机和传输设备<br>有计算功能和配备其他设备的计算机 | 多媒体内容传输<br>高清晰度雷达<br>地面穿透雷达<br>无线传感器网络<br>无线定位系统 | 家庭内部控制<br>建筑物自动化<br>工业自动化<br>家庭安全<br>医疗监控 |
| 频率段 | 2.4～2.48GHz | 3.1～10.6GHz | 868MHz<br>902～928MHz<br>2.4～2.48GHZ |
| 工作范围 | 10m 以内 | 10m 以内 | 100m 以内 |
| 最大的数据<br>传输速率 | 3 Mb/s | 1 Gb/s | 20 Kb/s<br>40 Kb/s<br>250 Kb/s |
| 调制 | GFSK<br>2PSK<br>DQSP<br>8PSK | OPSK<br>BPSK | BPSK（868/928MHz）<br>OPSK（2.4GHz） |

### 1.3.5　无线个域网组件

随着无线网络技术的飞速发展，无线市场已形成三网竞争和并存的局面。在无线个域网（WPAN）方面，以蓝牙、UWB、NFC、ZigBee、红外线为代表的技术在市场上初具规模。

蓝牙技术成为 WPAN 的主流技术，目前蓝牙设备已进入高速普及期，全球每天生产和销售上百万台配置有蓝牙的各类设备。其目前的主流标准为 Bluetooth 2.1，其进一步改善了 2005～2007 年在市场上占据主流的 Bluetooth 2.0+EDR 标准配置流程复杂和设备功耗较大的问题。

1. 蓝牙适配器

蓝牙适配器接口类型通常为 USB 接口的，因为 USB 接口具有即插即用的特点。

蓝牙适配器按总线类型可分为 ISA 总线、PCI 总线和 USB 总线。ISA 总线以 16 位传送数据，其传输速度能够达到 10M。PCI 总线以 32 位传送数据，速度较快。目前市面上大多是 10M 和 100M 的 PCI 总线。随着 USB 接口的逐渐普及，现有的蓝牙适配器基本上都是 USB 总线的。

USB 总线即通用串行总线，是 IBM、Intel、Microsoft、Compaq、NEC 等几大世界著名厂商联合制订的一种新型串行接口，它已成为电脑与外部设备之间的标准接口。该接口负载能力好、易用性好，且具有"即插即用"功能，最多可串接 127 个外设，支持即时声音播放及影像压缩。

2. 红外适配器

红外适配器是安装在台式电脑上的一种无线数据传输装置。它将电脑上的数据转变为红外光脉冲发射出去，并将接收到的红外光信号转变为电脑可处理的电信号输入电脑，从而实现设备间无线的数据传输，使台式电脑具备红外通讯的功能。

红外适配器一般情况下多指外置型的产品。

目前市场上许多手机、掌上电脑等产品都有和电脑进行数据交换的功能，除了使用常规的有线连接之外，比较常用的是红外线连接技术。如果设备上原本就有红外线连接装置的话，那么只要经过简单的设置便可以使用了。不过一些老的电脑上并没有设计红外接口，非但如此，就连一些新近推出的低端笔记本电脑上也没有预设红外数据传输，这就使红外传输受到了限制。要解决这个问题，其实完全可以通过红外适配器来实现。当安装红外适配器后，用户的电脑便可以和其他具有红外线传输功能的设备进行数据交换了。不过由红外线自身的特性所决定，其无线工作距离只有两三米左右，传输角度也只有 30 度。

## 工作任务

任务 1：使用红外组建无线个域网。

【任务名称】使用红外组建无线个域网

【任务分析】在北京中关村某 IT 公司工作的员工小王，新买一台笔记本电脑，购买时商家随机带了一个红外适配器，员工小王使用笔记本电脑经常在互联网上下载很多歌曲和图片，他想将这些歌曲和图片上传到手机上，但却愁于没有移动存储设备，正好这台笔记本电脑有红外适配器，而且手机也支持红外功能，所以想通过使用红外来传输数据。

【项目设备】1 台安装了 Windows XP 系统的电脑、1 个 USB IR750 红外适配器、1 部支持红外的手机。

【项目拓扑】拓扑如图1-9所示。

图1-9 任务1实施拓扑图

【项目实施】

第一步：红外适配器硬件安装。

先不要插上红外适配器，建议在系统启动完成后再将适配器插入电脑的USB接口。

驱动安装过程如下：

（1）将IR750红外适配器插入电脑USB接口，系统会提示发现新的IrDA/USB Bridge设备，并且会自动安装设备的驱动，驱动加载完毕后，过几秒钟适配器开始有规律地闪烁。无须重新启动即可使用。

（2）在"控制面板"→"系统"→"硬件"→"设备管理器"里可以看到如图1-10所示的查看红外设备的红外项目。

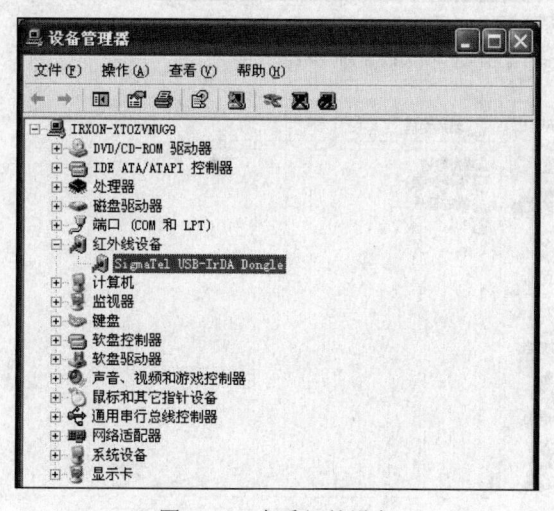

图1-10 查看红外设备

（3）打开手机或其他红外设备的红外功能（以下操作以手机为例），将手机红外口对着红外适配器，系统提示发现新设备，然后会自动加载驱动。加载完毕，在设备管理器里会多出一项Standard Modem over IR link，如图1-11所示查看配置完成红外设备。

其实，这是Windows XP系统自动安装的手机红外Modem。

第二步：Windows XP红外通讯基本操作。

## 1. 红外通讯

驱动安装完成后，打开手机红外功能，将红外口对着红外适配器，系统提示附近有另一台计算机，并且在桌面和任务栏里都会出现新的图标，如图 1-12 所示。

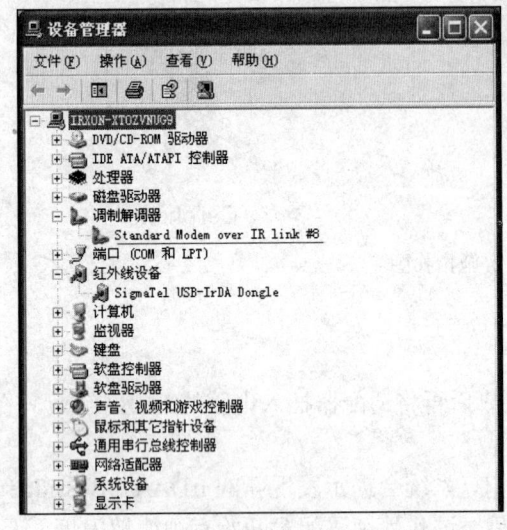

图 1-11　查看配置完成的红外设备　　　　　图 1-12　查看红外连接

单击任务栏里的红外图标，系统会弹出一个无线连接窗口，如图 1-13 所示。

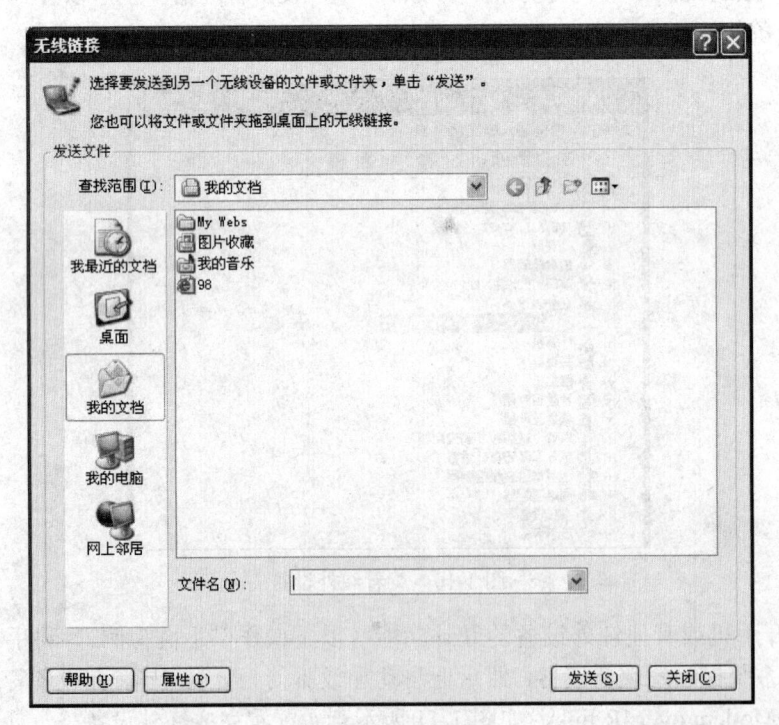

图 1-13　发送文件

选择要发送的文件，单击"发送"按钮即可（注意，有的手机不支持红外直接传输，需要在计算机上运行专用的手机管理软件才能进行红外通讯）。在传输文件时，任务栏中的红外图标也会发生变化，如图 1-14 所示。

图 1-14 查看红外连接

也可以直接选中要发送的文件，单击鼠标右键，在弹出的快捷菜单中选择"发送到"→"一台附近的计算机"，如图 1-15 所示。

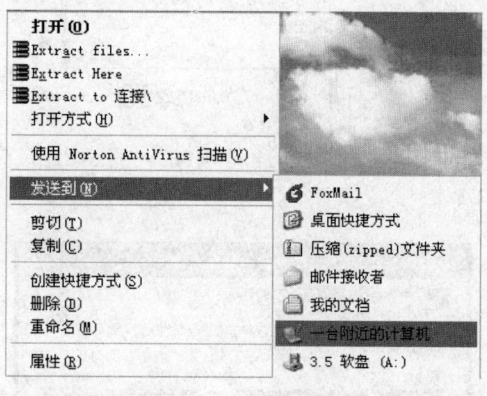

图 1-15 发送文件

2. 调整红外传输速率

打开"控制面板"→"系统"→"硬件"→"设备管理器"，找到红外线设备里的 SigmaTel USB-IiDA Dongle 项目，如图 1-16 所示。

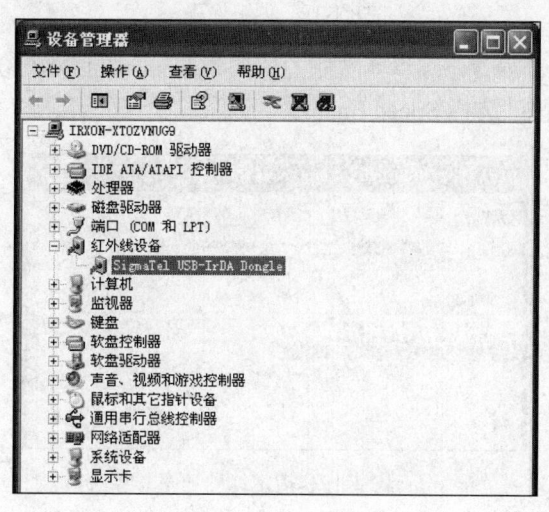

图 1-16 选择红外设备

将 SigmaTel USB-IiDA Dongle 项目选中，如图 1-17 所示。

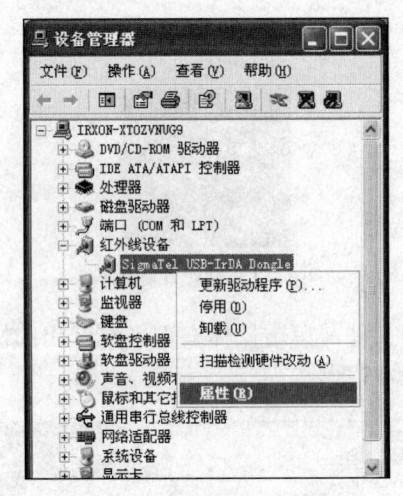

图 1-17　查看红外设备属性

单击鼠标右键，在弹出的快捷菜单中选择"属性"，在弹出的对话框中选择"高级"选项卡，如图 1-18 所示。

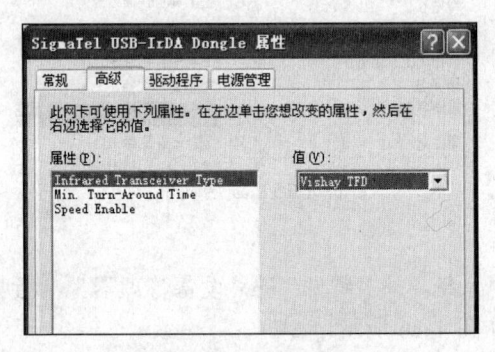

图 1-18　调整速率

设置 Infrared Transceiver Type，将其右侧的值改为 Vishay TFDU6101E，可以解决与 NOKIA 新款手机的红外连接问题；选择 Speed Enable 项可以调整红外通讯速率，如图 1-19 所示。

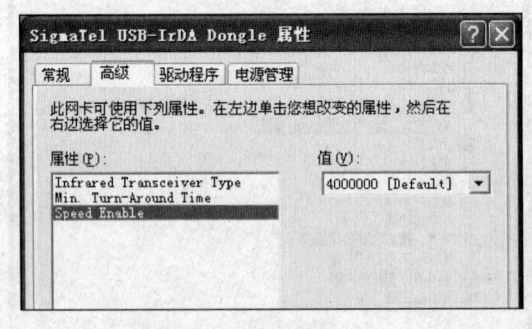

图 1-19　指定红外速率

如果用户暂时不用该红外适配器，则在"属性"对话框的"常规"选项卡中选择"不要使用这个设备（停用）"，单击"确定"按钮即可将设备禁用，如图 1-20 所示。

项目一　无线个人局域网组建

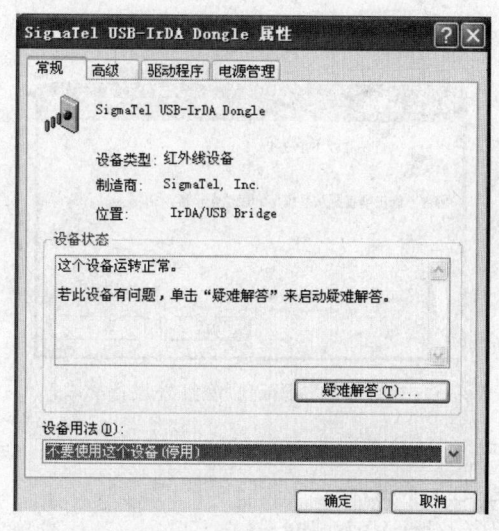

图 1-20　选择红外设备用法

如果用户再次使用，请先将设备插上，然后在"属性"对话框的"常规"选项卡中选择"使用这个设备（启用）"，单击"确定"按钮，此设备即可再次工作。

3. 驱动卸载

打开"控制面板"→"系统"→"硬件"→"设备管理器"，在红外线设备里找到 SigmaTel USB-IrDA Dongle 项目，如图 1-21 所示。

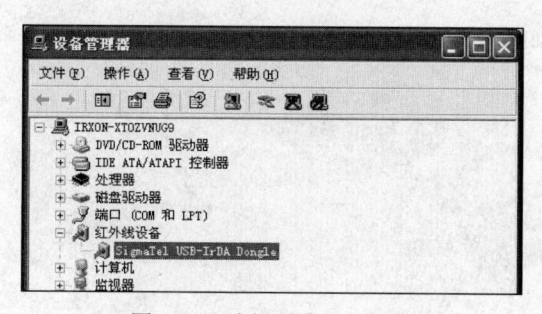

图 1-21　选择删除红外设备

单击鼠标右键，在弹出的快捷菜单中选择"卸载"，如图 1-22 所示。

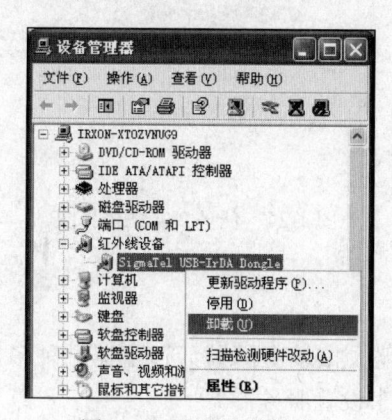

图 1-22　删除红外设备

15

系统提示确认设备删除，如图 1-23 所示。

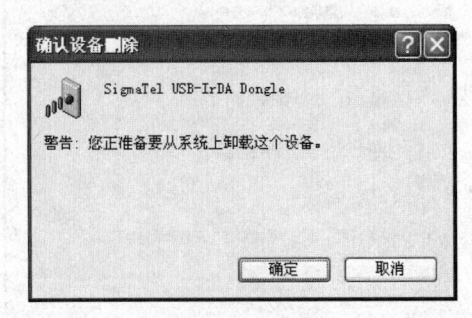

图 1-23　确定删除红外设备

单击"确定"按钮即可卸载该适配器驱动。

任务 2：使用蓝牙组建无线个域网。

【任务名称】使用蓝牙组建无线个域网

【任务分析】北京某 IT 公司员工小王所在的科室有两台台式电脑，距离 8～10 米，中间隔一堵墙，一台在主任办公室，通过 ADSL 访问互联网。而员工小王的办公室中既没有网络接口，也没有无线网络，所以员工小王不能访问互联网。但这两台电脑都有蓝牙适配器，这时员工小王想使用蓝牙通过主任办公室的 ADSL 上网，员工小王需要构建一个 WPAN 网络。

【项目设备】2 台安装 Windows XP 系统的台式电脑、2 个 USB 蓝牙适配器、1 条能够访问互联网的 ADSL 线路。

【项目拓扑】拓扑如图 1-24 所示。

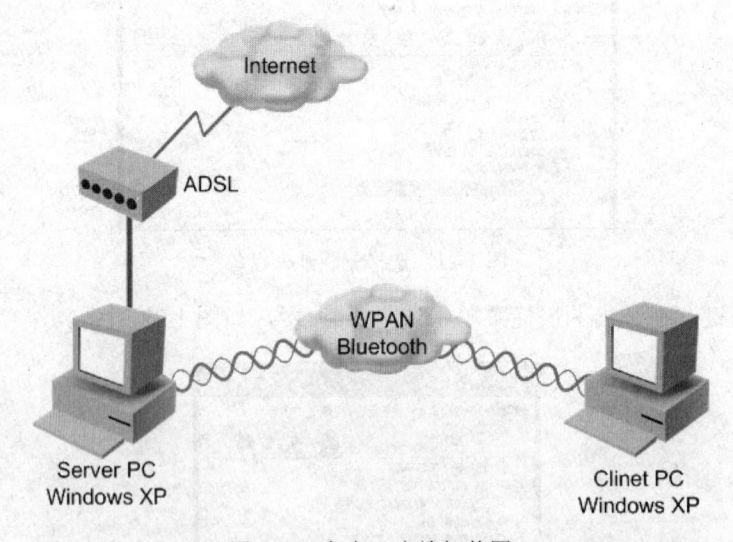

图 1-24　任务 2 实施拓扑图

【项目实施】

第一步：准备工作。

（1）需要两个蓝牙适配器，市场上的蓝牙适配器品种多样，需要注意一定要有一个是 windcom 的驱动程序，用这个来设置服务器。

（2）两台 PC 或两台 Notebook，或者两者各一。

第二步：安装服务器 windcom 的驱动程序。

把驱动准备好，将买蓝牙时附带的驱动盘放入光驱，开始安装。

放入光盘到光驱后，一般会自动运行安装程序，如果没有的话，则请自己运行安装程序，如图 1-25 所示。

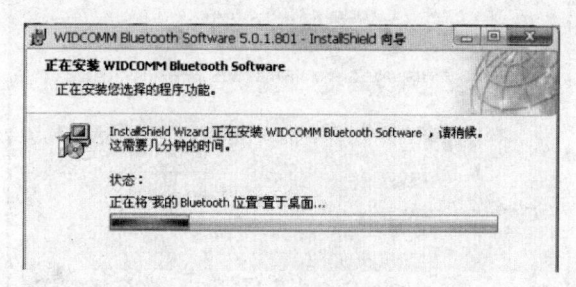

图 1-25　安装蓝牙驱动

第三步：设置 Bluetooth。

右击系统托盘外的蓝牙图标，启动蓝牙设备。弹出初始 Bluetooth 配置向导，如图 1-26 所示。

图 1-26　初始蓝牙配置向导

单击"下一步"按钮，配置蓝牙设备，如图 1-27 所示。

图 1-27　配置蓝牙设备

单击"下一步"按钮，设置设备名称和类型，如图1-28所示。

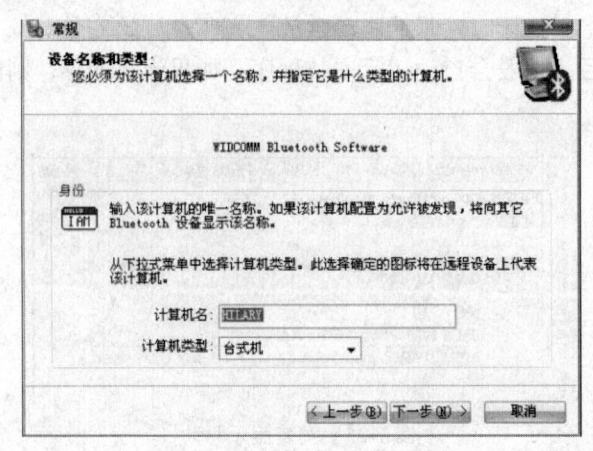

图1-28　蓝牙设备名称和类型

设置服务器的服务，这里选择"网络接入"是必要的，如图1-29所示。

图1-29　蓝牙服务选择

配置"网络接入"服务，单击"配置"按钮，弹出如图1-30所示的界面。

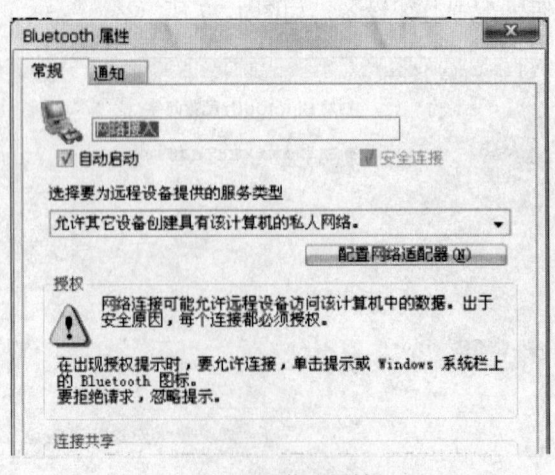

图1-30　蓝牙属性

单击"选择要为远程设备提供的服务类型"下拉列表框,在其中选择"允许其他设备通过本计算机创建专用网络",如图 1-31 所示。

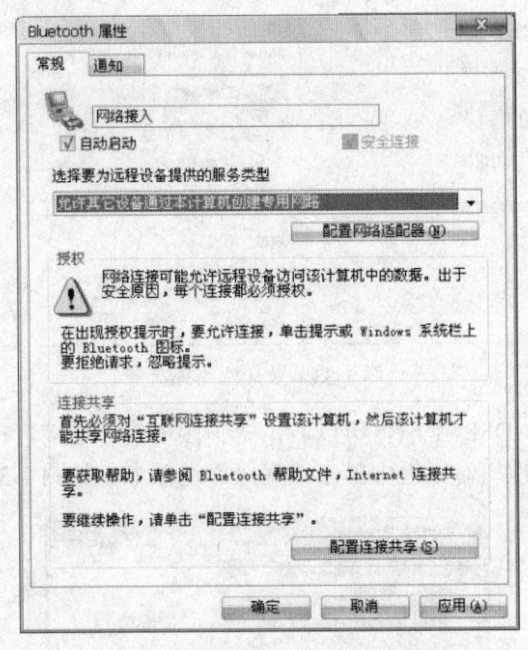

图 1-31  远程设备提供的服务类型

再单击"连接共享"中的"配置连接共享"按钮,此时系统会检测到新网卡,并且自动安装驱动程序,如图 1-32 所示。

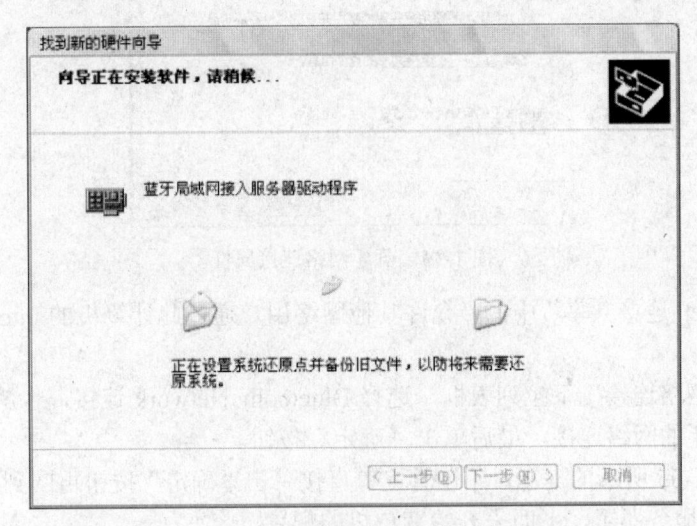

图 1-32  蓝牙设备硬件向导

安装完驱动程序之后,"网络连接"出现在最前面,也就是配置共享上网的网络连接,如图 1-33 所示。

图 1-33 蓝牙网络连接

这里是用中国电信 ADSL 上网，所以右击"中国电信"连接，在弹出的快捷菜单中选择"属性"，在弹出的"属性"对话框中单击"高级"选项卡，如图 1-34 所示。

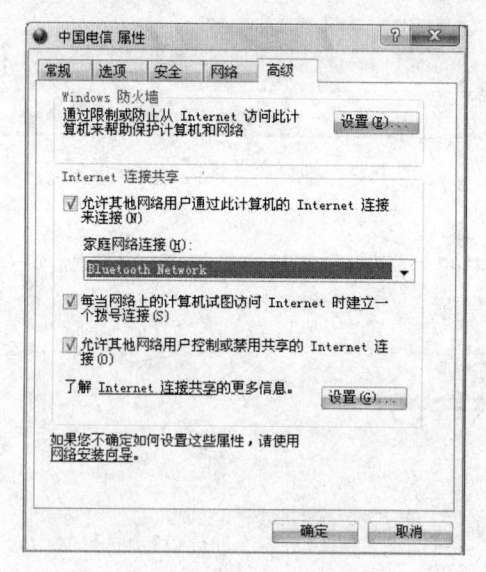

图 1-34 蓝牙网络连接属性

选中"Internet 连接共享"中的"允许其他网络用户通过此计算机的 Internet 连接来连接"复选框。

单击"家庭网络连接"下拉列表框，选择 Bluetooth Network 连接，也就是刚才发现的新网络连接，即蓝牙的网络连接，最后单击"确定"按钮。

会弹出如图 1-35 所示的提示，不用管它，直接单击"确定"按钮再回到"Bluetooth 配置向导"。现在不管服务器了，下面来开始客户机的配置。

首先也是安装驱动程序。这里使用的是 BlueSoleil 的驱动，也可以使用服务器上的，如图 1-36 所示。

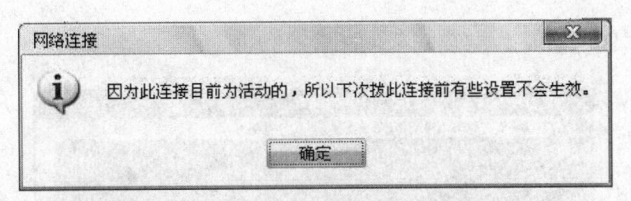

图 1-35　确定蓝牙连接配置

图 1-36　安装蓝牙设备驱动

安装好之后插上蓝牙适配器，双击桌面上的蓝牙图标启动它，如图 1-37 所示。

图 1-37　启动蓝牙

然后会出现"欢迎使用蓝牙"对话框，设置好设备名称和设备类型后单击"确定"按钮，如图 1-38 所示。

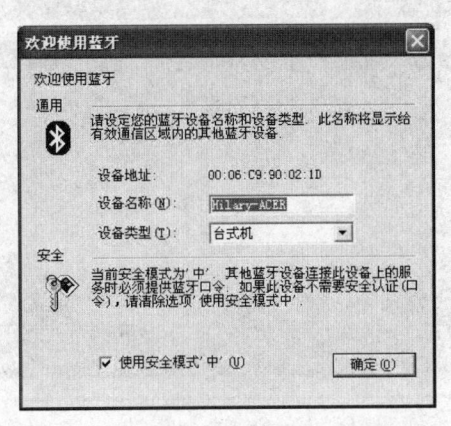

图 1-38　设置蓝牙设备名称和设备类型

然后看到的是"BlueSoleil 主窗口",如图 1-39 所示。

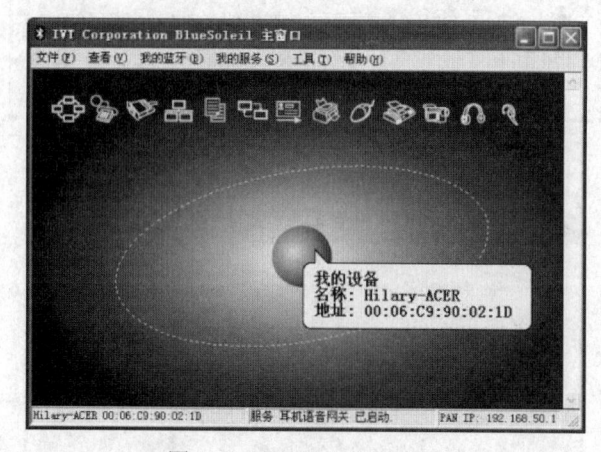

图 1-39　BlueSoleil 主窗口

单击这个红球,开始搜索附近的蓝牙设备,如图 1-40 所示。

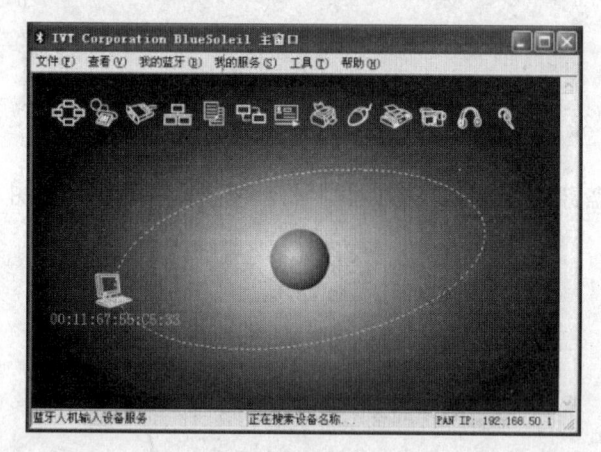

图 1-40　搜索蓝牙设备

这就搜索到了服务器上的蓝牙设备,然后双击这个设备开始刷新服务,如图 1-41 所示。

图 1-41　刷新服务

图 1-41 中出现黄色的物体就是服务器开启的服务。再回到服务器上，这时会出现如图 1-42 所示的界面。

图 1-42　初始蓝牙配置向导

单击"下一步"按钮，稍等片刻就会检测到客户机，选择检测到的客户机，如图 1-43 所示。

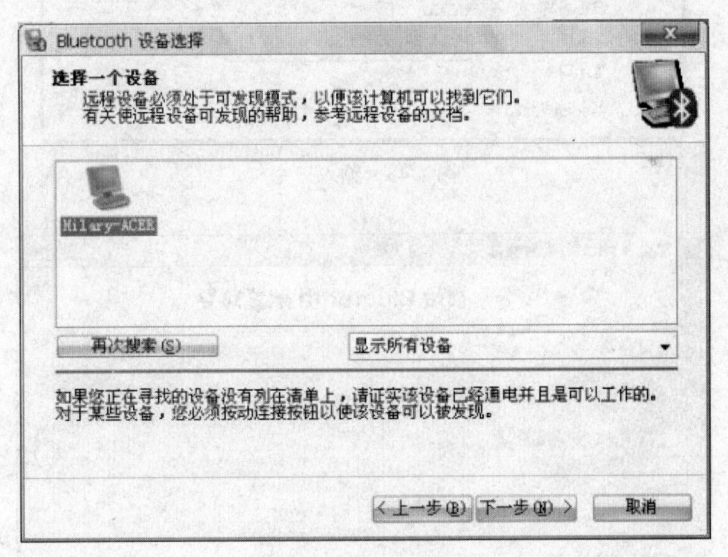

图 1-43　蓝牙设备选择

选中这个设备并单击"下一步"按钮，此时向导要求配对设备，如图 1-44 所示。

输入口令，然后单击"立即配对"按钮，再回到客户机前，输入刚才输入的口令，如图 1-45 所示。

再回到服务器，又会出现如图 1-46 所示的对话框。

此时单击跳过即可。再双击桌面上的"我的 Bluetooth 位置"图标，然后单击右侧的"查看有效范围内的设备"。如果和如图 1-47 所示一样，证明已配对成功。

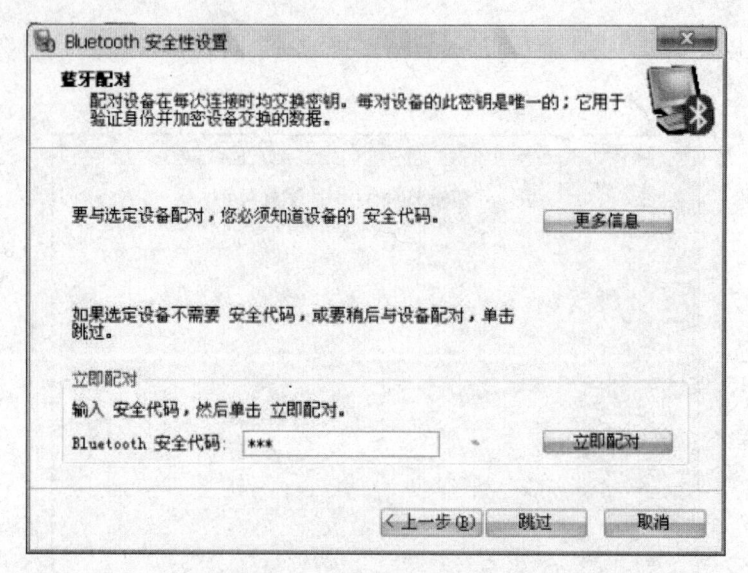

图 1-44　蓝牙设备安全性设置

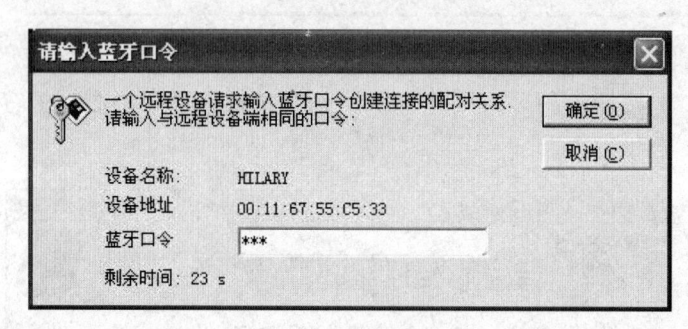

图 1-45　输入口令

图 1-46　蓝牙配置向导

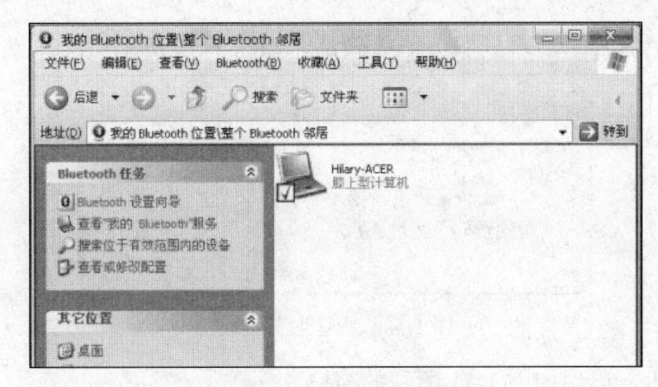

图 1-47 查看蓝牙连接状态

再回到客户机上,双击"服务器",这里服务器名是 HILARY,刷新服务,如图 1-48 所示。

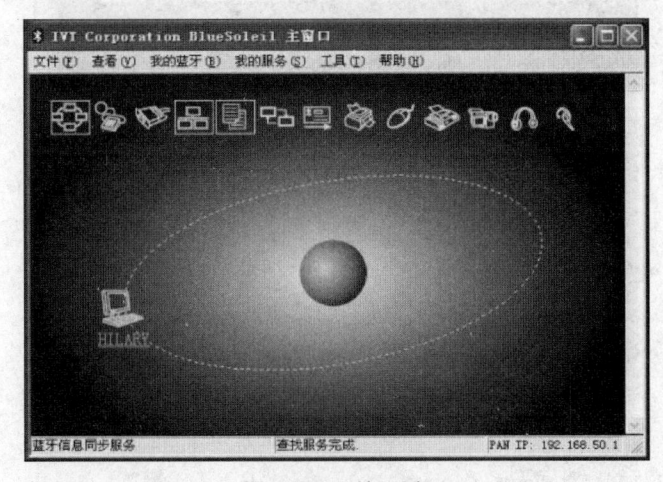

图 1-48 刷新服务

然后右击"服务器",在弹出的快捷菜单中选择"连接"→"蓝牙网络接入服务"或"蓝牙个人局域网服务",如图 1-49 所示。

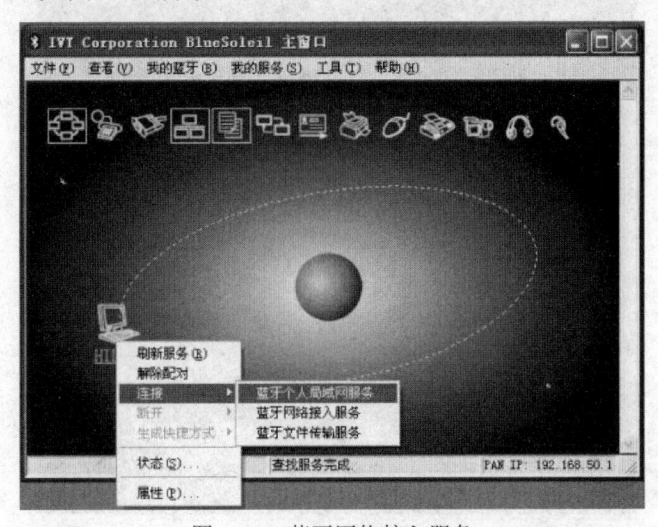

图 1-49 蓝牙网络接入服务

这里选择的是后者，然后再到服务器前确定，如图 1-50 所示。

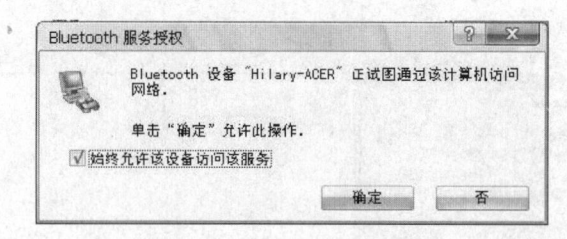

图 1-50　蓝牙服务授权

此时再到客户机，出现如图 1-51 所示的窗口。

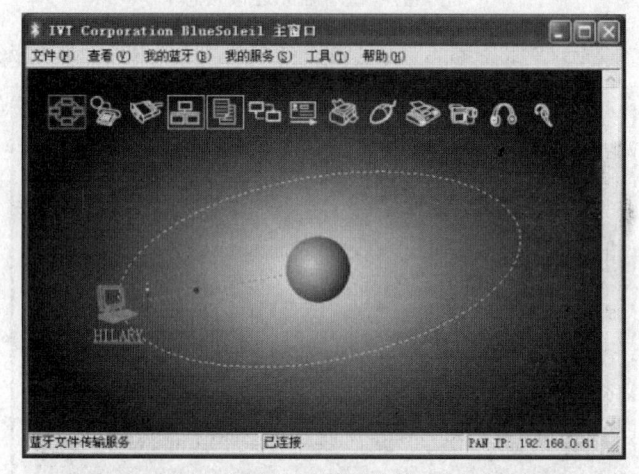

图 1-51　蓝牙连接

表明已经与服务器正确连通。

第四步：验证测试。

在服务器上使用命令 ipconfig /all 查看网络连接状态，如图 1-52 所示。

图 1-52　查看本地网络连接

在控制面板中打开网络连接，查看网络连接状态，如图 1-53 所示。

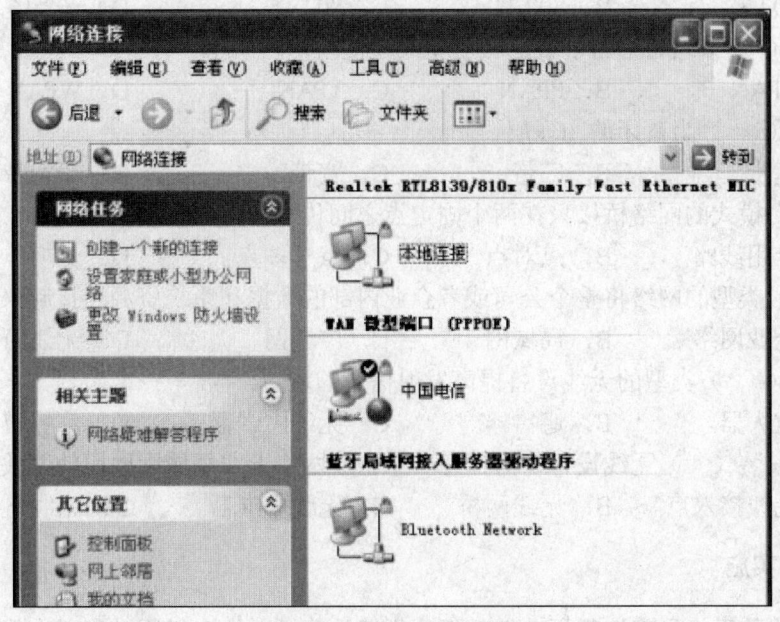

图 1-53　查看本地连接状态

# 思考与操作

## 一、填空题

1. 定义个域网的 IEEE 标准为_____。
2. 缩略语 WPAN 指的是_____。
3. 将自组织设备组成一个微微网的 WPAN 技术是_____。
4. 为家里的各个设备之间提供通信连接的网络为_____。
5. 802.15 标准的物理层是由蓝牙的_____层提供的。
6. 蓝牙_____完成了如下功能：链路建立、认证、链路配置以便发现其他的蓝牙设备。
7. _____是第二层蓝牙协议，提供了面向连接和无连接的数据服务。
8. 蓝牙标准是由_____开发、管理和控制的。
9. 一个蓝牙_____可以连接 8 台处于活动模式的设备和 255 台处于休眠模式的设备。
10. 多个蓝牙微微网连接成一个_____。

## 二、选择题

1. 以下（　　）缩略语用于描述为家里的各个设备间提供通信连接的网络。
   A．AIR　　　　　B．IIAN　　　　　C．PAN　　　　　D．POS
2. 以下（　　）RF 通信标准可以将 8 台设备组织成一个微微网。
   A．蓝牙　　　　　B．IrDa　　　　　C．UWB　　　　　D．ZigBee

3. 以下（　）IEEE 802 标准定义了用于构建和管理个域网的技术。
   A．802.3　　　　B．802.11　　　　C．802.15　　　　D．802.16
4. 以下（　）缩略语用于表示利用无线通信技术的 PAN。
   A．CPAN　　　　B．PPAN　　　　C．TPAN　　　　D．WPAN
5. 以下（　）为蓝牙的物理层。
   A．基带　　　　B．广带　　　　C．宽带　　　　D．超宽带
6. （　）模式的网络桥接只在两个固定点之间传输。
   A．专用线路　　B．点对点　　　C．点对多点　　　D．交换
7. （　）类型的网络将整个公司或者企业内部的数据和系统资源连接起来。
   A．企业网络　　B．局域网　　　C．广域网　　　　D．无线局域网
8. 使用（　）类型的无线设备提高发射信号的增益。
   A．放大器　　　B．避雷器　　　C．无线中继器　　D．信号增强器
9. 应该安装（　）无线设备作为任意一个企业网络无线局域网网段的网关。
   A．无线接入点　B．无线网桥　　C．无线中继器　　D．无线路由器

### 三、项目实施

1. 如果你的手机只支持蓝牙功能，而你想把计算机中的资料通过蓝牙上传到手机中，那么如何实现呢？请将操作的过程记录下来，写成一个实施报告。

2. 如果你的两台计算机都支持红外功能，那么如何通过红外实现两台计算机的数据传输呢？请写一个项目实例，并将实施过程写成实施报告。

# 项目二　SOHO 无线网络组建

通信网络随着 Internet 的飞速发展，从传统的布线网络发展到了无线网络，作为无线网络之一的无线局域网（Wireless Local Area Network，WLAN），满足了人们实现移动办公的梦想，为我们创造了一个丰富多彩的自由天空。

在网络中应用日益增多，并且技术发展迅速的 WLAN 技术，由于其能够提供除了传统 LAN 技术的全部特点和优势外，在移动性上也带来巨大的便利性，因此迅速获得使用者的青睐。特别是在当前 WLAN 设备的价格进一步降低，同时其速度进一步提高达到 54Mb/s 后，WLAN 技术在各行各业，甚至是家庭中，得到了广泛应用。

## 情境描述

某大学学生小李从学校毕业后直接进入北京一家 IT 企业担任网络管理员，由于工作和公司业务的需要，小李分别使用 Ad-Hod 模式、Infrastructure 模式和 WDS 模式等不同的 WLAN 拓扑结构构建了无线 SOHO 办公网络，如图 2-1 所示。

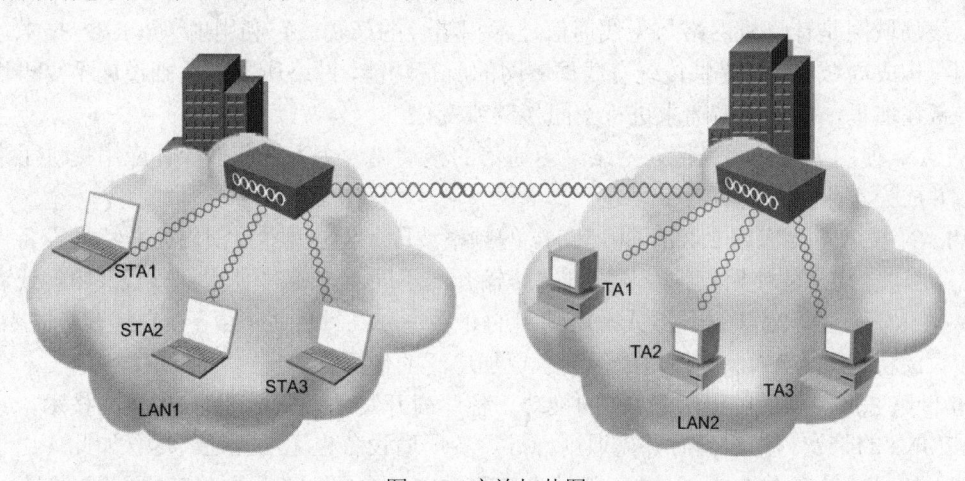

图 2-1　实施拓扑图

## 学习目标

通过本项目的学习，读者应能达到如下目标：

**知识目标**
- 了解无线局域网的基本概念、特点、组织结构
- 掌握无线局域网的频谱
- 掌握无线局域网的技术标准
- 掌握无线局域网的关键技术
- 掌握无线局域网的构成元素和组网模式

- 掌握 SOHO 无线网络组件的特点

**技能目标**

- 能根据用户的需求进行网络状况的需求分析
- 清楚所需的无线 AP、无线路由器的性价比，合理选择所需的无线网络组件
- 能进行 SOHO 无线网络的实际应用，对无线路由器进行正确配置，确保无线网络的通畅
- 掌握 SOHO 无线网络性能测试方法

**素质目标**

- 形成良好的合作观念，会进行简单的业务洽谈
- 形成按操作规范进行操作的习惯
- 形成严谨细致的工作态度和追求完美的工作精神
- 学会自我展示的能力和查阅资料的能力

**专业知识**

## 2.1 无线局域网（WLAN）概述

无线局域网是计算机网络与无线通信技术相结合的产物。它利用射频（RF）技术，取代双绞铜线构成局域网络，提供传统有线局域网的所有功能，网络所需的基础设施不需再埋在地下或隐藏在墙里，能够随着需求进行空间移动或变化。

WLAN 使用无线信道来接入网络，为通信的移动化、个人化和多媒体应用提供了潜在的手段，并成为宽带接入的有效手段之一。

WLAN 技术主要应用 2.4GHz 和 5GHz 的频率波段，这是世界范围内为非特性设备保留的波段。与有线的 LAN 使用双绞线、光纤等传输介质不同，WLAN 使用红外线（IR）或者射频（RF）来传输数据，对于这种方式，所使用的介质是空气。目前，由于 RF 具有传播距离长、带宽较大的特点，在 WLAN 技术中得到了更加广泛的使用。

20 世纪 80 年代，由于市场需求的推动，各厂商开发了独立标准的 WLAN 技术，只能提供 1～2Mb/s 的带宽。由于当时并无通用标准，各厂商设备也无法互通。尽管如此，由于无线技术极大的灵活性和自由性，这些无线技术还是在市场中得到了一定程度的应用。例如，零售业中，使用 RF 设备对物品进行信息收集和统计，医院也可以使用 RF 设备对病人信息进行收集和传递。

随着计算机网络的普及，同时也由于这种无线技术可以避免需要复杂繁琐的布线所带来的成本，越来越多的厂商意识到无线技术应用于计算机网络的巨大市场，所以无线厂商在 1991 年联合成立了 WECA（Wireless Ethernet Compatibility Alliance，无线以太网兼容性联盟），以建议和制定通用标准，WECA 后来更名为 Wi-Fi 联盟。此外，IEEE 也是 WLAN 技术的主要标准制定者。1997 年，IEEE 发布了无线局域网的 802.11 系列标准。1999 年 IEEE 批准了 IEEE 802.11a（频段 5GHz，速度 54Mb/s）标准和 IEEE 802.11b（频段 2.4GHz，速度 11Mb/s）标准。

2003 年 6 月，又批准了 IEEE 802.11g（频段 2.4GHz，速度 54Mb/s）标准，由于和 IEEE 802.11b

使用相同的频段，因此 IEEE 802.11g 能够向下兼容 802.11b。IEEE 802.11g 由于具有良好的兼容性，同时能提供更高的传输速率，因此采用 802.11g 标准的 WLAN 设备在当前网络中得到了广泛的应用。目前 IEEE 802.11 系列的标准仍在补充当中，WLAN 技术的速率也从 1Mb/s 提高到 54Mb/s。而即将推出的 IEEE 802.11n 标准能将速度提升到 300～600Mb/s，覆盖范围可以达到数千米，使 WLAN 的移动性得到极大增强。

## 2.2 无线局域网（WLAN）频谱

WLAN 是计算机网络与无线通信技术相结合的产物，使用无线通信技术将计算机设备互联起来，构成可以互相通信和实现资源共享的网络体系。WLAN 的本质特点是不再使用通信电缆将计算机与网络连接起来，而是通过无线的方式连接，从而使网络的构建和终端的移动更加灵活。

从专业角度讲，无线局域网利用了无线多址信道的一种有效方法来支持计算机之间的通信，并为通信的移动化、个性化和多媒体应用提供了可能。图 2-2 所示为不同无线数据技术的传输距离和传输速率的对比图。

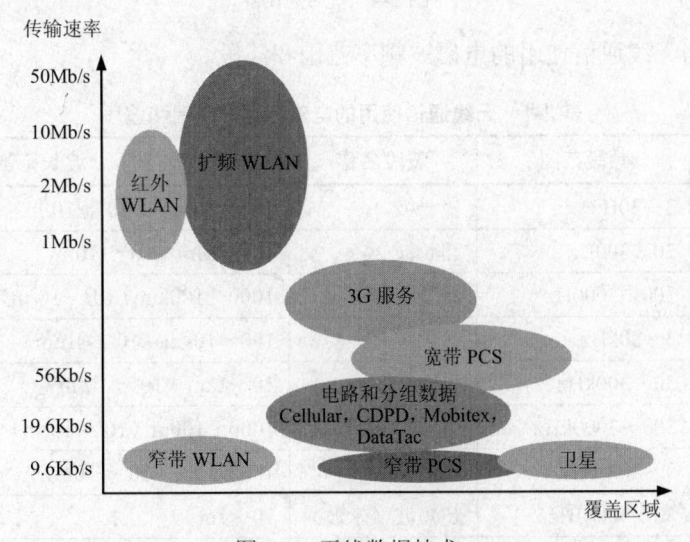

图 2-2 无线数据技术

无线信号是能够在空气中进行传播的电磁波，无线信号不需要任何物理介质，它在真空环境中也能够传播，就如同在办公室大楼的空气中传播一样。无线电波不仅能够穿透墙体，还能够覆盖比较大的范围，所以无线技术成为一种组建网络的通用方法。图 2-3 展示了电磁波，图 2-4 展示了无线频谱图。

WLAN 运行在 2.4～2.4835GHz 的微波频段上，所有的波都以光速传播，这个速度可以被精确地称为电磁波速度。所有的波都遵守公式：频率×波长=光速。

各种电磁波之间的主要区别是频率。如果电磁波频率低，那么它的波长就长；如果电磁波的频率高，那么它的波长就短。波长表示正弦波的两个相邻波峰之间的距离。

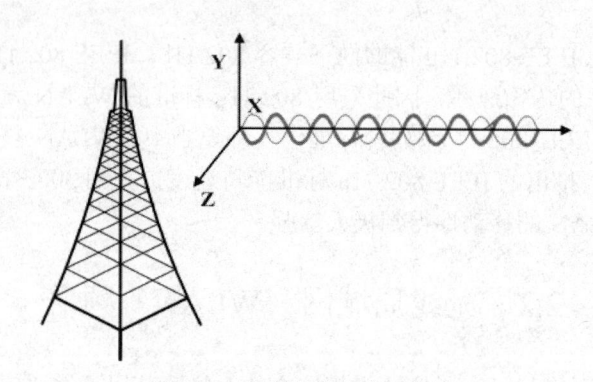

图 2-3 电磁波中的编码信号

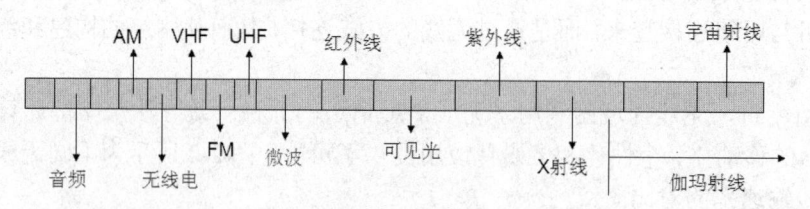

图 2-4 无线频谱

表 2-1 所示为无线通信使用的电磁波频率范围和波段。

表 2-1 无线通信使用的电磁波频率范围和波段

| 频段名称 | 频段范围 | 波段名称 | 波长范围 |
| --- | --- | --- | --- |
| 极低频（ELF） | 3～30Hz | 极长波 | 100～10Mm（$10^8$～$10^7$m） |
| 超低频（SLF） | 30～300Hz | 超长波 | 10～1Mm（$10^7$～$10^6$m） |
| 特低频（ULF） | 300～3000Hz | 特长波 | 1000～100km（$10^6$～$10^5$m） |
| 甚低频（VLF） | 3～30kHz | 甚长波 | 100～10km（$10^5$～$10^6$m） |
| 低频（LF） | 30～300kHz | 长波 | 10～1km（$10^4$～$10^3$m） |
| 中频（MF） | 300～3000kHz | 中波 | 1000～100m（$10^3$～$10^2$m） |
| 高频（HF） | 3～30MHz | 短波 | 100～10m（$10^2$～10m） |
| 甚高频（VHF） | 30～300MHz | 超短波（米波） | 10～1m |
| 特高频（UHF） | 300～3000MHz | 微波 分米波 | 1～0.1m（1～$10^{-1}$m） |
| 超高频（SHF） | 3～30GHz | 厘米波 | 10～1cm（$10^{-1}$～$10^{-2}$m） |
| 极高频（EHF） | 30～300GHz | 毫米波 | 10～1mm（$10^{-2}$～$10^{-3}$m） |
| 至高频（THF） | 300～3000GHz | 亚毫米波 | 1～0.1mm（$10^{-3}$～$10^{-4}$m） |
|  |  | 光波 | $3 \times 10^{-3}$～$3 \times 10^{-5}$mm（$3 \times 10^{-6}$～$3 \times 10^{-8}$m） |

## 2.3 无线局域网（WLAN）技术标准

在 1997 年，IEEE 发布了 802.11 协议，这也是在无线局域网领域内的第一个国际上被认可的协议。该标准定义了物理层和媒体访问控制（MAC）协议的规范，允许无线局域网及无线设备制造商在一定范围内建立互操作网络设备。

1999 年 9 月，IEEE 又提出了 802.11b "High Rate" 协议，用来对 802.11 协议进行补充，802.11b 在 802.11 的 1Mb/s 和 2Mb/s 速率下又增加了 5.5Mb/s 和 11Mb/s 两个新的网络吞吐速率。利用 802.11b，移动用户能够获得同以太网一样的性能、网络吞吐率、可用性。这个基于标准的技术使得管理员可以根据环境选择合适的局域网技术来构造自己的网络，满足他们的商业用户和其他用户的需求。

802.11 协议主要工作在 OSI 七层模型的最低两层上，并在物理层上进行了一些改动，加入了高速数字传输的特性和连接的稳定性。

### 2.3.1 IEEE 802.11 标准

1997 年 IEEE 802.11 标准的制定是无线局域网发展的里程碑，它是由大量的局域网以及计算机专家审定通过的标准。IEEE 802.11 标准定义了单一的 MAC 层和多样的物理层，其物理层标准主要有 IEEE 802.11b、a 和 g。

表 2-2 所示为 IEEE 802.11 中的部分标准及其说明。

表 2-2  802.11 标准

| IEEE 标准 | 说明 |
| --- | --- |
| 802.11 | 初期的规格采用 DSSS（Direct Sequence Spread Spectrum，直接序列扩频）技术或 FHSS（Frequency Hopping Spread Spectrum，跳频扩频）技术制定了在 RF 射频段 2.4GHz 上的运用，并且提供了 1Mb/s、2Mb/s 和许多基础信号传输方式与服务的传输速率规格 |
| 802.11a | 制定 5 GHz 波段上的物理层规范 |
| 802.11b | 制定 2.4 GHz 波段上更高速率的物理层规范。在 2.4GHz 频段上运用 DSSS 技术，且由于这个衍生标准的产生，将原来无线网络的传输速度提升至 11Mb/s，并可与以太网相媲美 |
| 802.11d | 当前 802.11 标准中规定的操作仅在几个国家中是合法的，而制定该标准的目的是为了扩充 802.11 无线局域网在其他国家的应用 |
| 802.11e | 该标准主要是为了改进和管理 WLAN 的服务质量（QoS），保证能在 802.11 无线网络上进行话音、音频、视频的传输等 |
| 802.11f | 该标准是为了可以在多个厂商的无线局域网内实现访问互操作，保证网络内访问点之间信息的互换 |
| 802.11g | 该标准是 802.11b 的扩充，目的是制定更高速率的物理层规范 |
| 802.11h | 该标准主要是为了增强 5GHz 频段的 802.11 MAC 规范及 802.11a 高速物理层规范，增强信道能源测度和报告机制，以便改进频谱和传送功率管理 |
| 802.11i | 增强 WLAN 的安全和鉴别机制 |
| 802.11j | 日本所采用的等同于 802.11h 的协议 |
| 802.11k | 无线电广播资源管理。通过部署此功能，服务运营商与企业客户将能更有效地管理无线设备和 AP 设备/网关之间的连接 |
| 802.11n | 此规范将使得 802.11a/g 无线局域网的传输速率提升一倍 |

表 2-3 所示为各无线标准在工作频段、传输速率、传输距离等方面的对比。

表 2-3　无线标准对比表

| 对比项目 \ 无线技术与标准 | 802.11 | 802.11a | 802.11b | 802.11g | 802.11n | 蓝牙 |
|---|---|---|---|---|---|---|
| 推出时间 | 1997 年 | 1999 年 | 1999 年 | 2002 年 | 2006 年 | 1994 年 |
| 工作频段 | 2.4GHz | 5GHz | 2.4GHz | 2.4GHz | 2.4GHz 和 5 GHz | 2.4GHz |
| 最高传输速率 | 2Mb/s | 54Mb/s | 11Mb/s | 54Mb/s | 108Mb/s 以上 | 2Mb/s |
| 实际传输速率 | 低于 2Mb/s | 31Mb/s | 6Mb/s | 20Mb/s | 大于 30Mb/s | 低于 1Mb/s |
| 传输距离 | 100m | 80m | 100m | 150m 以上 | 100m 以上 | 10~30m |
| 主要业务 | 数据 | 数据、图像、语音 | 数据、图像 | 数据、图像、语音 | 数据、语音、高清图像 | 语音、数据 |
| 成本 | 高 | 低 | 低 | 低 | 低 | 低 |

#### 1. IEEE 802.11a

802.11a 规定的频段为 5GHz，用 OFDM（Orthogonal Frequency Division Multiplexing，正交频分复用）技术来调制数据流。OFDM 技术的最大优势是无与伦比的多途径回声反射，因此特别适合于室内及移动环境，最大传输速率为 54Mb/s。

#### 2. IEEE 802.11b

802.11b 工作于 2.4GHz 频段，根据实际情况采用 5.5Mb/s、2 Mb/s 和 1 Mb/s 带宽，带宽最高可达 11Mb/s，实际的工作速度在 5Mb/s 左右，与普通的 10Base-T 规格有线局域网几乎是处于同一水平。比 802.11 标准快 5 倍，扩大了无线局域网的应用领域。IEEE 802.11b 使用的是开放的 2.4GHz 频段，不需要申请即可使用。既可作为对有线网络的补充，也可独立组网，从而使网络用户摆脱网线的束缚，实现真正意义上的移动应用。

802.11b 无线局域网与 IEEE 802.3 以太网的工作原理很相似，都是采用载波侦听的方式来控制网络中信息的传送。不同之处是以太网采用 CSMA/CD（载波侦听/冲突检测）技术，网络上所有工作站都侦听网络中有无信息发送，当发现网络空闲时即发出自己的信息，如同抢答一样，只能有一台工作站抢到发言权，而其余工作站需要继续等待。如果一旦有两台以上的工作站同时发出信息，则网络中会发生冲突，冲突后这些冲突信息都会丢失，各工作站将继续抢夺发言权。而 802.11b 无线局域网则引进了 CA（Collision Avoidance，冲突避免）技术，从而避免了网络中冲突的发生，可以大幅度提高网络效率。

#### 3. IEEE 802.11g

IEEE 组织从 2001 年 11 月就开始草拟 802.11g 标准，802.11g 可与 802.11a 具有相同的 54Mb/s 数据传输速率，但是它还可以提供一种重要的优势即对 802.11b 设备向后兼容。这意味着 802.11b 客户端可以与 802.11g 接入点配合使用，而 802.11g 客户端也可以与 802.11b 接入点配合使用。因为 802.11g 和 802.11b 都工作在不需要许可的 2.4GHz 频段，所以对于那些已经采用了 802.11b 无线基础设施的企业来说，移植到 802.11g 将是一种合理的选择。

需要指出的是，802.11b 产品无法"软件升级"到 802.11g，这是因为 802.11g 无线收发装置采用了一种与 802.11b 不同的芯片组，以提供更高的数据传输速率。但是，就像以太网和快速以太网的关系一样，802.11g 产品可以在同一个网络中与 802.11b 产品结合使用。由于 802.11g

与 802.11b 工作在同一个无须申请的频段，所以它需要共享三个相同的频段，这将会限制无线网的容量和可扩展性。

4. IEEE 802.11n

IEEE 在 2003 年 9 成立 802.11n 工作小组，以制定一项新的高速无线局域网标准 802.11n。802.11n 工作小组是由高吞吐量研究小组发展而来的。

IEEE 802.11n 计划将 WLAN 的传输速率从 802.11a 和 802.11g 的 54Mb/s 提高至 108Mb/s 以上，最高速率可达 320Mb/s，成为 802.11b、802.11a、802.11g 之后的另一个重要标准。和其他的 802.11 标准不同，802.11n 协议为双频工作模式（包含 2.4GHz 和 5GHz 两个工作频段）。这样 802.11n 保障了与以往的 802.11a、802.11b、802.11g 标准兼容。

IEEE 802.11n 计划采用 MIMO 与 OFDM 相结合，使传输速率成倍提高。随着天线技术及传输技术的发展，使得无线局域网的传输距离大大增加，可以达到几千米（并且能够保障 100Mb/s 的传输速率）。IEEE 802.11n 标准全面改进了 802.11 标准，不仅涉及物理层标准，同时也采用新的高性能无线传输技术提升 MAC 层的性能，优化数据帧结构，提高网络的吞吐量性能。

5. IEEE 802.11i

由于无线传输的介质是空气，所以在数据传输过程中安全性很差，所以 IEEE 802.11i 标准结合 IEEE 802.1x 中的用户端口身份验证和设备验证，对 WLAN MAC 层进行修改与整合，定义了严格的加密格式和鉴权机制，以改善 WLAN 的安全性。IEEE 802.11i 新修订标准主要包括两项内容："Wi-Fi 保护访问"（Wi-FiProtectedAccess，WPA）技术和"强健安全网络"（RSN）。

IEEE 802.11i 标准在 WLAN 网络建设中是相当重要的，数据的安全性是 WLAN 设备制造商和 WLAN 网络运营商应该首先考虑的头等工作。

6. IEEE 802.11e/f/h

IEEE 802.11e 标准对 WLAN MAC 层协议提出改进，以支持多媒体传输，支持所有 WLAN 无线广播接口的服务质量保证 QoS 机制。

IEEE 802.11f，定义访问节点之间的通讯，支持 IEEE 802.11 的接入点互操作协议（IAPP）。

IEEE 802.11h 用于 802.11a 的频谱管理技术。

### 2.3.2 中国 WLAN 规范

工业和信息化部正在制订 WLAN 的行业配套标准，包括《公众无线局域网总体技术要求》和《公众无线局域网设备测试规范》。该标准涉及的技术体制包括 IEEE 802.11x 系列（IEEE 802.11、IEEE 802.11a、IEEE 802.11b、IEEE 802.11g、IEEE 802.11h、IEEE 802.11i）和 HIPERLAN2。工业和信息化部通信计量中心承担了相关标准的制定工作，并联合设备制造商和国内运营商进行了大量的试验工作，同时，工业和信息化部通信计量中心和中兴通讯股份有限公司等联合建成了 WLAN 的试验平台，对 WLAN 系统设备的各项性能指标、兼容性和安全可靠性等方面进行全方位的测评。

此外，由工业和信息化部科技公司批准成立的"中国宽带无线 IP 标准工作组（www.chinabwips.org）"在移动无线 IP 接入、IP 的移动性、移动 IP 的安全性、移动 IP 业务等方面进行了标准化工作。2003 年 5 月，国家首批颁布了由"中国宽带无线 IP 标准工作组"负责起草的 WLAN 两项国家标准：《信息技术系统间远程通信和信息交换局域网和城域网特定要求第 11 部分：无线局域网媒体访问（MAC）和物理（PHY）层规范》、《信息技术系统间远程通信和信息交换局域网和城域网特定要求第 11 部分：无线局域网媒体访问（MAC）和物理（PHY）层规范：2.4GHz 频段较高速物理层扩展规范》。这两项国家标准所采用的依据是 ISO/IEC 8802.11 和 ISO/IEC 8802.11b，两项国家标准的发布将规范 WLAN 产品在我国的应用。

## 2.4　IEEE 802.11 与 OSI

802.11 标准主要对无线局域网的物理层和媒介访问控制层作了规定，保证各厂商的产品在同一物理层上可以互操作，逻辑链路控制层是一致的，MAC 层以下对网络应用是透明的。

在 MAC 层以下，802.11 规定了三种发送及接收技术：扩频（Spread Spectrum）技术、红外（Infrared）技术、窄带（Narrow Band）技术。扩频分为直接序列（Direct Sequence，DS）扩频和跳频（Frequency Hopping，FH）技术。直接扩频技术，通常又会结合码分多址 CDMA 技术。图 2-5 所示为 IEEE 802.11 与 ISO 模型。

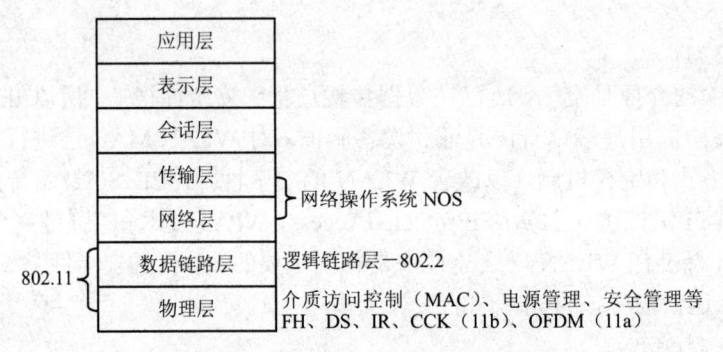

图 2-5　IEEE 80.11 与 OSI 模型

IEEE 802 LAN 定义了媒体访问控制（MAC）和物理（PHY）层的操作，如图 2-6 所示。

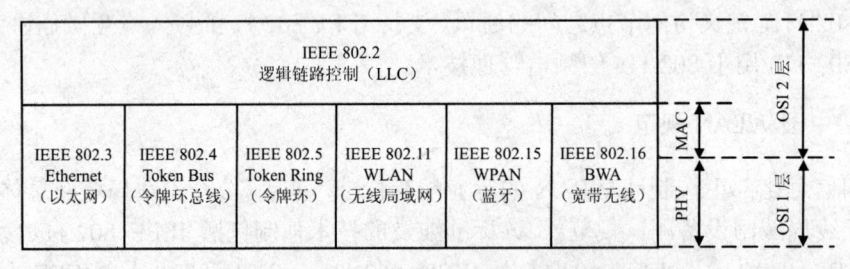

图 2-6　IEEE 802 LAN 标准系列

## 2.5　IEEE 802.11 工作方式

802.11 定义了两种类型的设备：一种是无线终端站，通常是通过一台 PC 机加上一块无线网卡构成；另一种称为无线接入点（Access Point，AP），它的作用是提供无线网络和有线网络之间的桥接。一个无线接入点（AP）通常由一个无线输出口和一个有线的网络接口构成。桥接软件符合 802.1d 桥接协议。无线接入点（AP）就像是无线网络的一个无线基站，将多个无线的接入站聚合到有线的网络上。无线的终端可以是 802.11 PCMCIA 卡、PCI 接口、ISA 接口的，或者是在非计算机终端上的嵌入式设备（如 802.11 手机）。

802.11 定义了两种模式：Infrastructure 模式和 Ad-hoc 模式。在 Infrastructure（基础架构）模式中，无线网络至少有一个和有线网络连接的无线接入点及一系列无线终端站，这种配置称为一个 BSS（Basic Service Set，基本服务集）。一个 ESS（Extended Service Set，扩展服务集）是由两个或多个 BSS 构成的一个单一子网。

### 1. Ad-hoc 模式

Ad-hoc 模式，也称为点对点模式（Peer to Peer）或 IBSS（Independent Basic Service Set），是一种简单的系统构成方式。以这种方式连接的设备之间可直接通信，而不用经过一个无线接入点来和有线网络连接。

在 Ad-Hoc 模式里，每一个客户机都是点对点的，只要在信号可达的范围内，都可以进入其他客户机获取资源而不需要连接 Access Point。对 SOHO 建立无线网络来说，这是最简单而且最实惠的方法。

### 2. Infrastructure 模式

Infrastructure 模式要求使用无线接入点（AP）。在这种模式里，两台计算机间的所有无线连接都必须通过 AP，不管 AP 是有线连接在以太网上还是独立的。AP 可以扮演中继器的角色扩展独立无线局域网的工作范围，这样可以有效地使无线工作站间的距离翻倍。

## 2.6　IEEE 802.11 物理层

物理层是 OSI 的第 1 层，它为设备之间的数据通信提供传输媒介及各种物理设备，为数据传输提供可靠的环境，如图 2-7 所示。

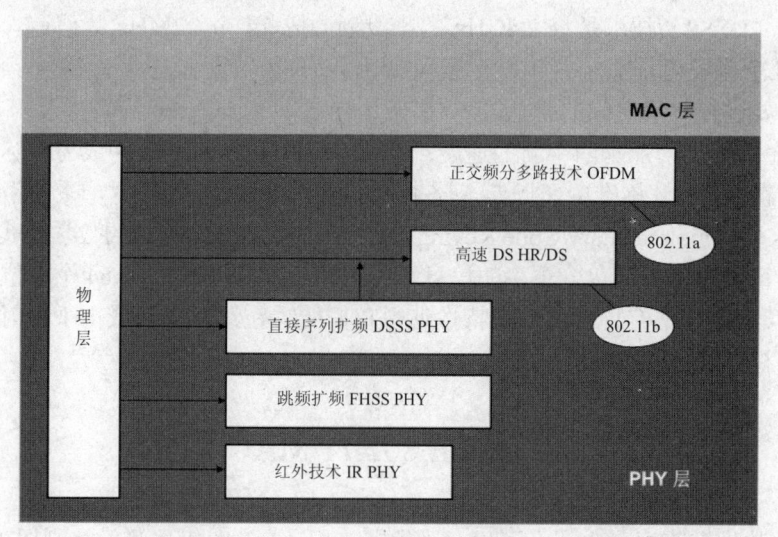

图 2-7　物理层示意图

IEEE 802.11 最初的版本颁布于 1997 年，其中包含了三种特理层标准：
- 跳频扩频无线电物理层
- 直接序列扩频无线电物理层

- 红外物理层

后来，进一步开发了三种以无线技术为基础的物理层：
- 802.11a：正交频分复用（OFDM）物理层
- 802.11b：高速直接序列（HR/DSSS）物理层
- 802.11g：增强速率（ERP）物理层

802.11 物理层的主要功能是：
- 为数据端设备提供传送数据的通路
- 传输数据
- 完成物理层的一些管理工作

物理层处理的是经过物理媒介的比特。WLAN 中的传输媒介指的是无线电波和红外线，它们是无线介质。与有线介质（如电缆、光纤）相比，无线介质不受束缚，因此可以用在移动通信中，但它是不可靠的，带宽低并且有广播的特性。无线信道（即无线电信号经过的空间）的特点就是多径衰落和多普勒扩展。

针对于无线传输介质有严格的带宽限制和频率规则，IEEE 802.11 选择了免许可证的 ISM 频带的 2.4～2.4385 GHz 段。

针对于 WLAN 的通信环境比较恶劣，信号会随时间和空间等多种途径衰减，不可避免地要受到一些无线和非无线设备的干扰，IEEE 802.11 引入了新的无线传输技术，即扩频技术。

跳频扩频（FHSS）技术是将 2.4G 频段划分成 75 个 1MHz 的子频段，接收方和发送方之间协商一个跳频模式，数据按照这个序列在各个子频段上进行传送，接收方和发送方协商一个跳频模式，数据按照这个序列在各个子频段上进行传送，每次会话都可能采用一种不同的跳频模式。采用这种跳频模式是为了避免两个发送端同时采用同一个子频段。

直接扩频（DSSS）技术是将 2.4GHz 的频段划分成 14 个 22MHz 的信道，临近的信道互相重叠，在 14 个频段内，只有 3 个频段是不互相覆盖的，数据就是从这 14 个频段中的一个进行传送而不需要进行频段之间的跳跃。

802.11b 在物理层增加了两个新的速度：5.5Mb/s 和 11Mb/s，DSSS 成为该标准唯一的物理层传输技术。在 802.11b 标准中，抛弃了原来的 11 位 Barker 序列技术，采用了一种更先进的编码技术 CCK（Complementary Code Keying），使用一种精密而复杂的数学公式进行 DSSS 编码，使编码在每个时钟周期包含更多的信息。它的核心编码中有一个 64 个 8 位编码组成的集合，在这个集合中的数据有特殊的数学特性使得它们能够在经过干扰或由于反射造成多方接收问题后还能够被正确地相互区分。

## 2.7 IEEE 802.11 MAC 层

802.11 的数据链路层分为两个子层：逻辑链路层 LLC 和媒体访问控制层 MAC，使用与 802.2 完全相同的 LLC 层和 802 协议中的 48 位 MAC 地址，这使得无线和有线之间的桥接非常方便，如图 2-8 所示。

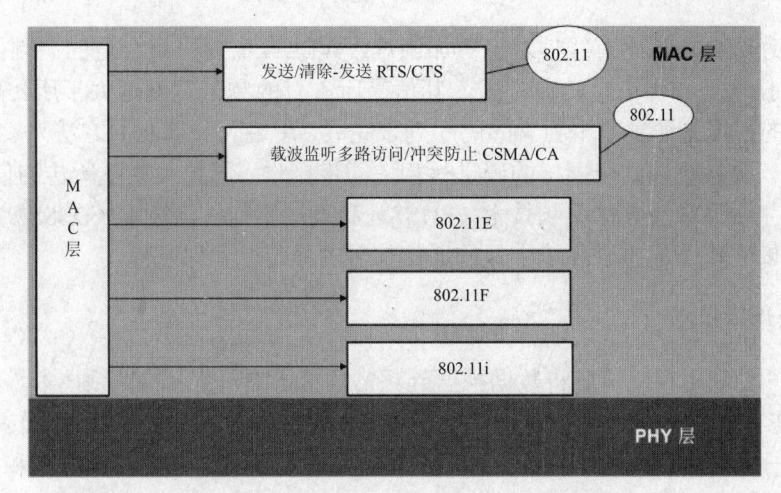

图 2-8  802.11 标准的 MAC 层示意图

在 802.3 中采用 CSMA/CD（Carrier Sense Multiple Access with Collision Detection）协议检测和避免当两个或两个以上的网络设备同时需要进行数据传送时产生的冲突。在 802.11 无线局域网协议中，冲突的检测存在一定的问题，称为"Near/Far"现象，这是由于要检测冲突，设备必须能够一边接收数据信号一边传送数据信号，而这在无线局域网中是无法办到的。

鉴于这个差异，在 802.11 中对 CSMA/CD 进行了一些调整，采用了新的协议 CSMA/CA（Carrier Sense Multiple Access with Collision Avoidance）。CSMA/CA 利用 ACK 信号来避免冲突的发生，只有当客户端收到网络上返回的 ACK 信号后才确认送出的数据已经正确地到达目的地。

在 CSMA/CA 中，当一个工作站希望在无线局域网中发送数据时，如果没有探测到网络中正在传输数据，则等待一段时间，再随机选择一个时间片继续探测，如果无线局域网中仍然没有活动，就将数据发送出去。接收端的工作站如果收到发送端的完整数据就回发一个 ACK 数据报，如果这个 ACK 数据报被发送端收到，则这个数据发送过程完成，否则数据报都在发送端等待一段时间后重传。

802.11 MAC 子层还提供了两个强大的功能：CRC（Cyclical Redundancy Check，循环冗余校验）和包分片。在 802.11 协议中，每一个在无线网络中传输的数据报都被附加上了校验位以保证它在传送时没有出现错误，这和 Ethernet 中通过上层 TCP/IP 协议来对数据进行校验有所不同。包分片的功能允许大的数据报在传送时被分成较小的部分分批传送。这在网络十分拥挤或者存在干扰的情况下（大数据报在这种环境下传送非常容易遭到破坏）是一个非常有用的特性。这项技术大大减少了许多情况下数据报被重传的概率，从而提高了无线网络的整体性能。MAC 子层负责将收到的被分片的大数据报进行重新组装，对于上层协议这个分片的过程是完全透明的。

## 2.8  WLAN 传输技术

随着无线局域网技术的广泛应用和普及，用户对数据传输速率的要求越来越高。但是在室内这个较为复杂的电磁环境中，多径效应、频率选择性衰落和其他干扰源的存在使得实现无线信道中的高速数据传输比有线信道中更加困难，WLAN 需要采用合适的调制技术。

扩频通信技术是一种信息传输方式，其信号所占有的频带宽度远大于所传信息必需的最小带宽。频带的扩展是通过一个独立的码序列来完成，用编码及调制的方法来实现的，与所传信息数据无关。在接收端则用同样的码进行相关同步接收、解扩及恢复所传的信息数据。

扩频技术主要又分为频率跳频技术（FHSS）和直接序列扩频技术（DSSS）两种方式，而此两种技术能够在复杂的电磁环境中保持通信信号的稳定性和保密性。

### 2.8.1 FHSS 技术

FHSS 是一种利用频率捷变将数据扩展到频谱的 83MHz 以上的扩频技术。频率捷变是无线设备在可 RF 频段内快速改变发送频率的一种能力。跳频技术是依靠快速地转换传输的频率来实现的，每一个时间段内使用的频率和前后时间段的都不一样，所以发送者和接收者必须保持一致的跳变频率，这样才能保证接收的信号正确。

在 FHSS 系统中，载波根据伪随机序列来改变频率或跳频，有时它也称为跳码。伪随机序列定义了 FHSS 信道，跳码是一个频率的列表。载波以指定的时间间隔跳到该列表中的频率上，发送器使用这个跳频序列来选择它的发射频率。载波在指定的时间内保持频率不变。接着，发送器花少量的时间跳到下一个频率上，当遍历了列表中的所有频率时，发送器就会重复这个序列。这种方式的缺点是速度慢，只能达到 1Mb/s，如图 2-9 所示。

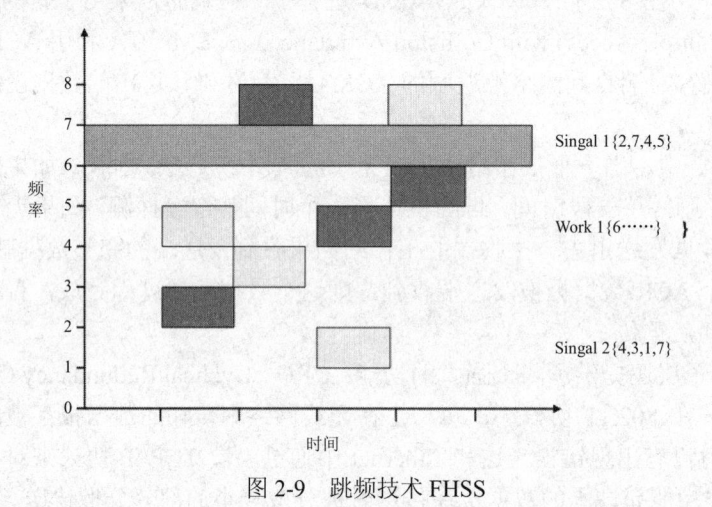

图 2-9 跳频技术 FHSS

### 2.8.2 DSSS 技术

基于 DSSS 的调制技术有三种。最初 IEEE 802.11 标准制定在 1Mb/s 数据速率下采用 DBPSK。若提供 2Mb/s 的数据速率，则要采用 DQPSK，这种方法每次处理两个比特码元，称为双比特。第三种是基于 CCK 的 QPSK，是 802.11b 标准采用的基本数据调制方式。它采用了补码序列与直序列扩频技术，是一种单载波调制技术，通过 PSK 方式传输数据，传输速率分为 1Mb/s、2Mb/s、5.5Mb/s 和 11Mb/s。CCK 通过与接收端的 Rake 接收机配合使用，能够在高效率传输数据的同时有效地克服多径效应。IEEE 802.11b 使用了 CCK 调制技术来提高数据传输速率，最高可达 11Mb/s。但是传输速率超过 11Mb/s，CCK 为了对抗多径干扰，需要更复杂的均衡及调制，实现起来非常困难。因此，802.11 工作组为了推动无线局域网的发展，又引入了新的调制技术，如图 2-10 所示。

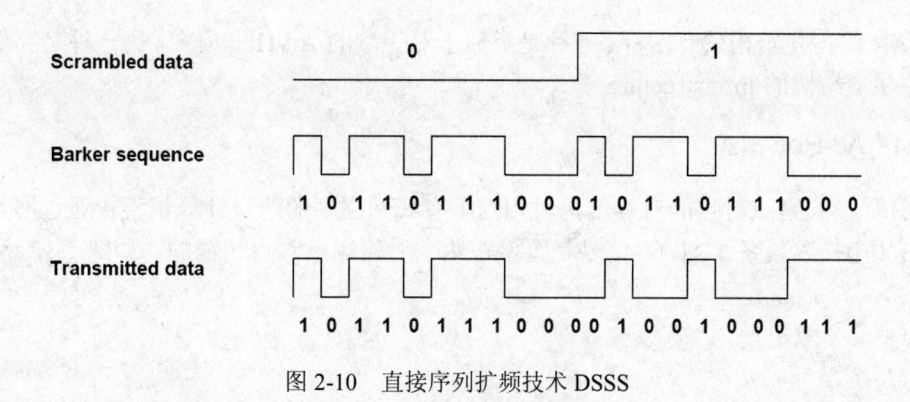

图 2-10 直接序列扩频技术 DSSS

### 2.8.3 PBCC 调制技术

PBCC 调制技术已作为 802.11g 的可选项被采纳。PBCC 也是单载波调制，但它与 CCK 不同，它使用了更多复杂的信号星座图。PBCC 采用 8PSK，而 CCK 使用 BPSK/QPSK；另外 PBCC 使用了卷积码，而 CCK 使用区块码。因此，它们的解调过程是不同的。PBCC 可以完成更高速率的数据传输，其传输速率为 11Mb/s、22Mb/s 和 33Mb/s。

### 2.8.4 OFDM 技术

OFDM 技术是一种无线环境下的高速多载波传输技术。无线信道的频率响应曲线大多是非平坦的，而 OFDM 技术的主要思想就是在频域内将给定信道分成许多正交子信道，在每个子信道上使用一个子载波进行调制，并且各子载波并行传输，从而有效地抑制无线信道的时间弥散所带来的 ISI（符号间干扰）。这样就减少了接收机内均衡的复杂度，有时甚至可以不采用均衡器，仅通过插入循环前缀的方式消除 ISI 的不利影响，如图 2-11 所示。

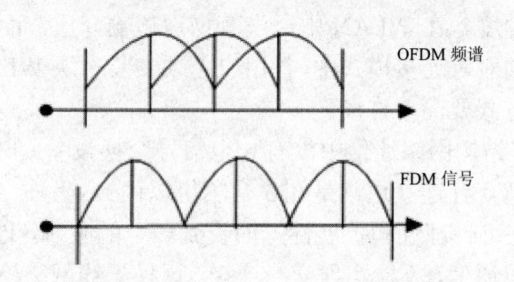

图 2-11 FDM 信号与 OFDM 信号频谱比较

OFDM 技术有非常广阔的发展前景，已成为第 4 代移动通信的核心技术。IEEE 802.11a/g 标准为了支持高速数据传输都采用了 OFDM 调制技术。目前，OFDM 结合时空编码、分集、干扰（包括符号间干扰 ISI 和邻道干扰 ICI）抑制以及智能天线技术，最大程度地提高物理层的可靠性。若再结合自适应调制、自适应编码以及动态子载波分配、动态比特分配算法等技术，可以使其性能进一步优化。

## 2.9　WLAN 拓扑

WLAN 的拓扑结构只有两种：一种是类似于对等网的 Ad-Hoc 模式，另一种是类似于有线局域网中星型结构的 Infrastructure 模式。

### 2.9.1　Ad-Hoc 模式

Ad-Hoc 模式是点对点的对等结构，相当于有线网络中的两台计算机直接通过网卡互连，中间没有集中接入设备（AP），信号是直接在两个通信端点对点传输的，如图 2-12 所示。

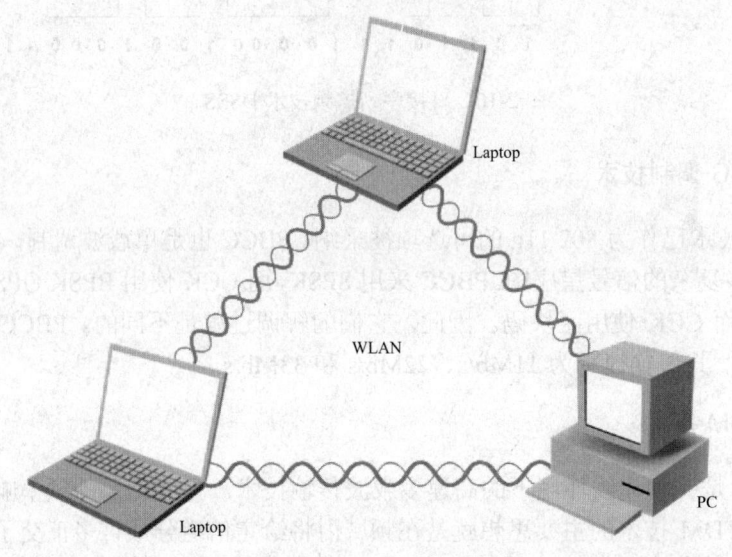

图 2-12　Ad-Hoc 模式

在有线 LAN 网络中，如果将多台计算机互连在一起，可以使用交换机将计算连接到一起，如果没有交换机，那么需要在计算机上安装多块网卡来实现，这时增加了临时构建网络的成本，也增加了计算互连的复杂程度。在 WLAN 中，没有物理传输介质，而是以电磁波的形式发散传播的，所以在 WLAN 中的对等连接模式中，各用户无须安装多块 WLAN 网卡也无需交换机，相比有线网络来说，组网方式要简单许多。

由于使用 Ad-Hoc 对等结构网络通信中没有一个信号交换设备，网络通信效率较低，所以仅适用于较少数量的无线节点互连（通常是在 5 台主机以内）。另外，由于这一模式没有中心管理单元，所以这种网络在可管理性和扩展性方面受到一定的限制，连接性能也不是很好。而且各无线节点之间只能单点通信，不能实现交换连接。这种无线网络模式通常只适用于临时的无线应用环境，如小型会议室、SOHO 家庭无线网络等。

此外，为了达到无线连接的最佳性能，所有主机最好都使用同一品牌、同一型号的无线网卡，并且要详细了解一下相应型号的网卡是否支持 Ad-Hoc 网络连接模式，因为有些无线网卡只支持下面将要介绍的 Infrastructure（基础结构）模式，当然绝大多数无线网卡是同时支持两种网络结构模式的。

### 2.9.2 Infrastructure 模式

Infrastructure（基础结构）模式属于集中式结构，其中无线 AP 相当于有线网络中的交换机或集线器，起着集中连接无线节点和数据交换的作用。通常无线 AP 都提供了一个有线以太网接口，用于与有线网络设备的连接，例如以太网交换机。Infrastructure 模式网络如图 2-13 所示。

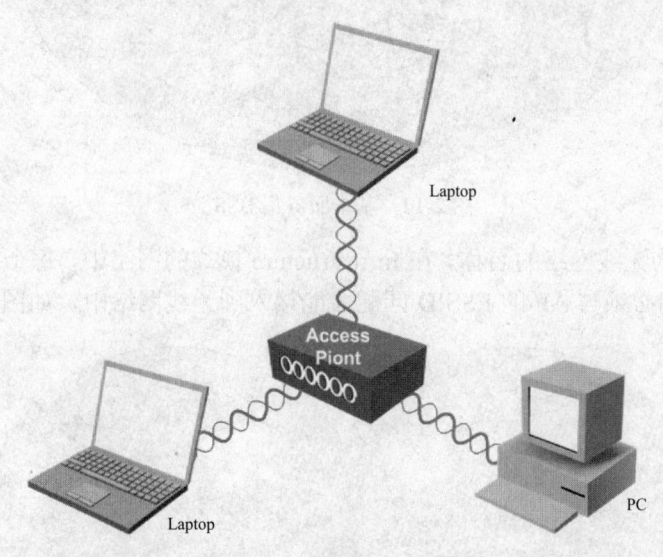

图 2-13 Infrastructure 模式

Infrastructure 模式有网络易于扩展、便于集中管理、能提供用户身份验证等方面的优势，另外数据传输性能也明显高于 Ad-Hoc 模式。在 Infrastructure 模式中，可以通过速率的调整来发挥相应网络环境下的最佳连接性能。AP 和无线网卡还可针对具体的网络环境调整网络连接速率，如 11Mb/s 的 IEEE 802.11b 的速率可以调整为 1Mb/s、2Mb/s、5.5Mb/s 和 11Mb/s。

在实际的网络应用环境中，网络连接性能往往受到许多方面因素的影响，所以实际连接速率要远低于理论速率。由于上述原因，所以 AP 和无线网卡可针对特定的网络环境动态调整速率。由于无线网络部署的场景不同、应用不同的要求，需要对连接 AP 的无线节点的数量进行控制。如果应用对于带宽要求较高（如多媒体教学、电话会议和视频点播等），单个 AP 所连接的无线节点数要少些；对于带宽要求较低的应用，单个 AP 所连接的无线节点数可以适当多些。如果是支持 IEEE 802.11a 或 IEEE 802.11g 的 AP，因为它的速率可达到 54Mb/s，理论上单个 AP 的连接节点数在 100 个以上，但实际应用中所连接的用户数最好在 20 个以内。同时，要求单个 AP 所连接的无线节点要在其有效的覆盖范围内，这个距离通常为室内 100m 左右，室外则可达 300m 左右。

BSS（Basic Service Set，基本服务集）是一个 AP 提供的覆盖范围所组成的局域网，如图 2-14 所示。

一个 BSS 可以通过 AP 来进行扩展。当超过一个 BSS 连接到有线 LAN，则称为 ESS（Extended Service Set，扩展服务集），一个或多个以上的 BSS 即可被定义成一个 ESS。用户可以在 ESS 上漫游及存取 BSS 系统中的任何资源。

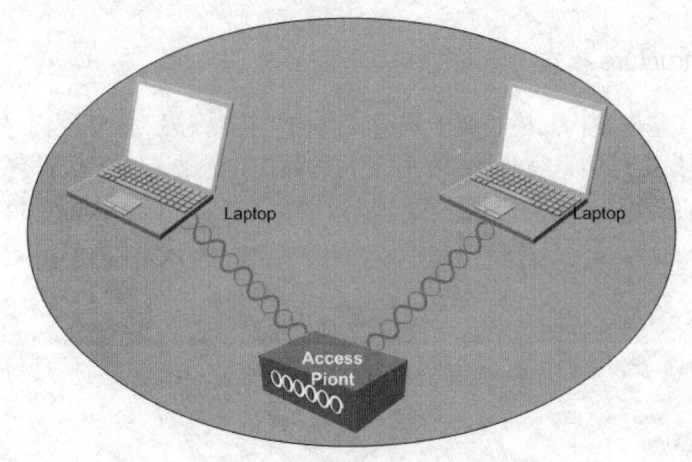

图 2-14 基本服务集 BSS

ESSID 可以称为无线网络的名称。在 Infrastructure 模式的网络中，每个 AP 必须配置一个 ESSID，每个客户端必须与 AP 的 ESSID 匹配才能接入到无线网络中，如图 2-15 所示。

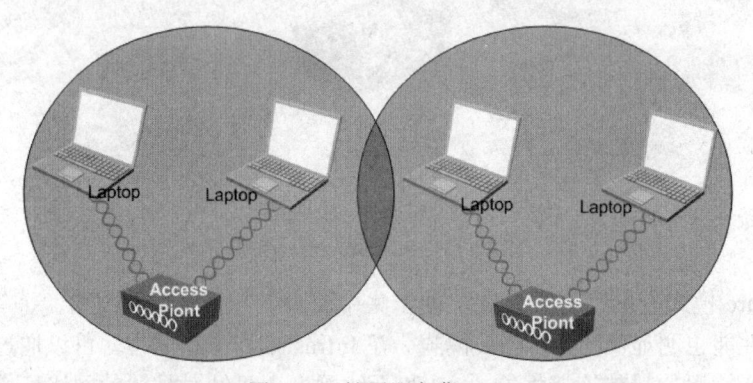

图 2-15 扩展服务集 ESS

如果单个 AP 不满足覆盖范围，可以增加任意多的单元来扩展，建议相互邻接的 BSS 单元存在 10%～15%的重叠，如图 2-16 所示，这样可以允许远程用户进行漫游而不丢失 RF 连接。为了确保最好的性能，位于边缘的单元应该使用不同的信道。

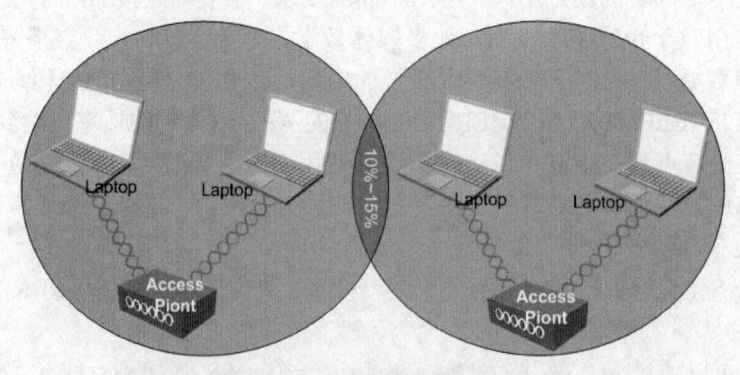

图 2-16 扩展服务集

另外，Infrastructure 模式的 WLAN 不仅可以应用于独立的无线局域网中，如小型办公室无线网络、SOHO 家庭无线网络，也可以以它为基本网络结构单元组建成庞大的 WLAN 系统，如 ISP 在"热点"位置为各移动办公用户提供的无线上网服务，在宾馆、酒店、机场为用户提供的无线上网区等。

如图 2-17 所示的是一家宾馆的无线网络方案，宾馆中各楼层的无线用户通过接入该楼层并与有线网络相连接的无线 AP 实现与 Internet 的连接。

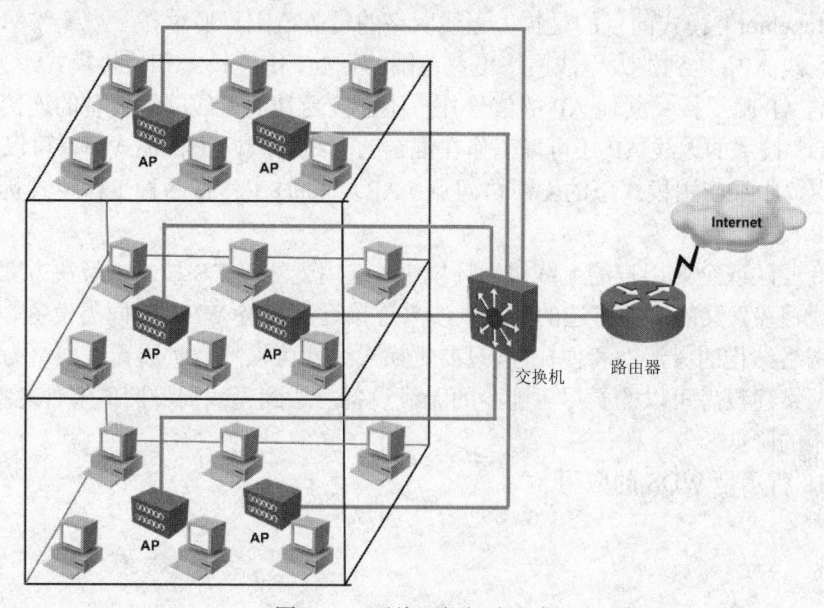

图 2-17 无线网络解决方案

### 2.9.3 无线分布式系统（WDS）

WDS 是 Wireless Distribution System，即无线网络部署延展系统的简称，是指用多个无线网络相互连接的方式构成一个整体的无线网络。简单地说，WDS 就是利用两个（或以上）无线 AP 通过相互连接的方式将无线信号向更深远的范围延伸。

WDS 把有线网络的信息通过无线网络传送到另外一个无线网络环境或者是另外一个有线网络。因为通过无线网络形成虚拟的网络线，所以有人称为这是无线网络桥接功能。严格地说，无线网络桥接功能通常指的是一对一，但是 WDS 架构可以做到一对多，并且桥接的对象可以是无线网卡或有线系统。所以 WDS 最少要有两台同功能的 AP，最多数量则由厂商设计的架构来决定。

IEEE 802.11 标准将分布式系统定义为用于连接接入点的基础设施。要建立分布式无线局域网，需要在两个或多个接入点配置相同的服务集标识符（SSID）。配置有相同 SSID 的接入点在广播域中组成了一个单一逻辑网络，这意味着它们都必须能通信。分布式系统就是用来连接它们，使它们能够通信的。

无线分布式系统经常部署在跨越两座建筑物搭建无线局域网。最基本的无线分布式系统（WDS）由两个接入点组成，它们能互相转发信息。

在使用 WDS 来规划网络时，首先所有 AP 必须是同品牌、同型号才能很好地工作在一起。WDS 工作在 MAC 物理层，两个设备必须相互配置对方的 MAC 地址。WDS 可以被链接在多个 AP 上，但对等的 MAC 地址必须配置正确，并且对等的两个 AP 必须配置相同的信道和相同的 SSID。

WDS 具有无线桥接（Bridge）和无线中继（Repeater）两种不同的应用模式。

桥接（Bridge）模式用于连接两个不同的局域网，桥接两端的无线 AP 只与另一端的 AP 沟通，不接受其他无线网络设备的连接。

中继（Repeater）模式的目的是扩大无线网络的覆盖范围，通过在一个无线网络覆盖范围的边缘增加无线 AP，达到扩大无线网络覆盖范围的目的。中继模式和桥接模式最大的区别是，中继模式中的 AP 除了接受其他 AP 的信号外，还会接受其他无线网络设备的连接。

支持 WDS 技术的无线 AP 还可以工作在混合的无线局域网工作模式下，可以支持在点对点、点对多点、中继应用模式下的无线访问点（AP），同时工作在两种工作模式状态，即中继桥接模式+AP 模式。

在大型商业区或企业用户的无线组网环境中，选用无线 WDS 技术的解决方案，可以在本区域做到无线覆盖，又能通过可选的定向天线来连接远程支持 WDS 的同类设备。这样就大大提高了整个网络结构的灵活性和便捷性，只要更换天线就可以随意扩展无线网络为覆盖或者桥接，使无线网络建设者可以购买尽可能少的无线设备，达到无线局域网的多种连接组网工程，实现组网成本的降低。

如图 2-18 所示是 WDS 的应用。

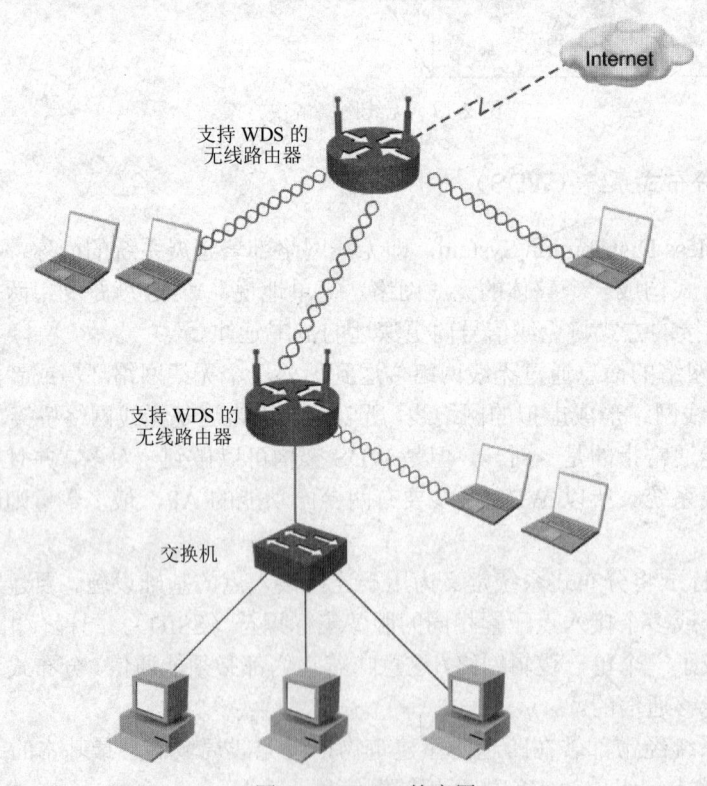

图 2-18　WDS 的应用

如图 2-19 所示为 WDS 的点对点（一对一）的应用。

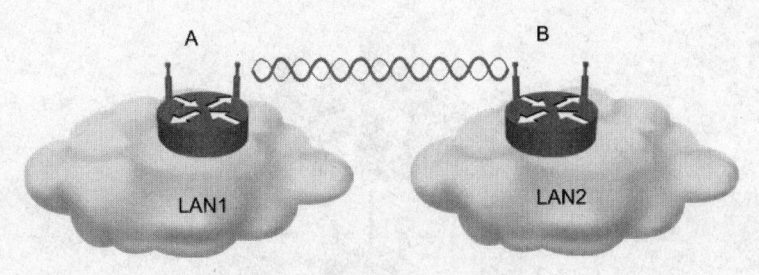

图 2-19　WDS 的一对一应用

如图 2-20 所示为 WDS 的一对多的应用。

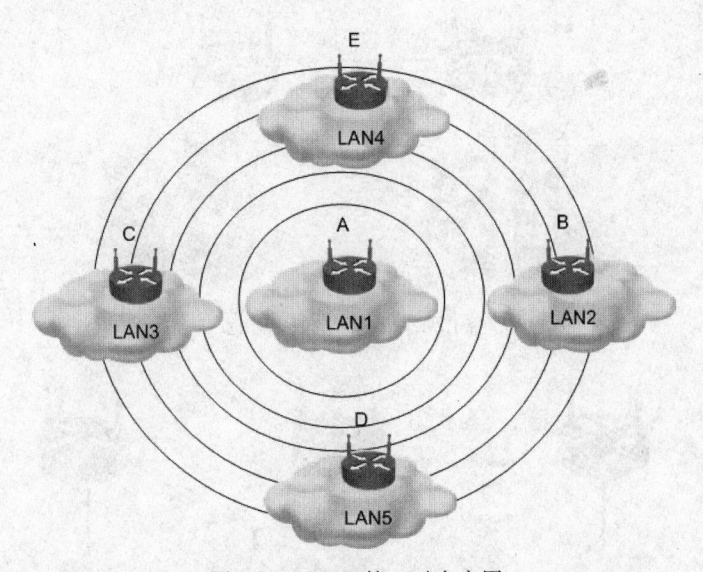

图 2-20　WDS 的一对多应用

严格地说，无线网络桥接功能通常指的是一对一，但是 WDS 架构可以做到一对多，并且桥接的对象可以是无线网卡或有线系统。

一般的 AP 在使用了无线的桥接功能之后就无法使用其他的无线功能了，比如说基本的 AP（Access Point）功能，如果具有 WDS 功能之后则不会出现这样的现象。

在整个 WDS 无线网络中，把多个 AP 通过桥接或中继器的方式连接起来，使整个局域网络以无线的方式为主。

两种模式的主要不同点在于：对于中继模式，从某一接入点接收的信息包可以通过 WDS 连接转发到另一个接入点；而桥接模式，通过 WDS 连接接收的信息包只能被转发到有线网络或无线主机。换句话说，只有中继模式可以进行 WDS 到 WDS 信息包的转发。

如图 2-21 所示为 WDS 桥接功能，如图 2-22 所示为 WDS 中继功能。

合理设计和选择无线分布式系统（WDS）的无线网络，能更好地支持及满足企业、电信热点覆盖的应用，从而达到扩大覆盖区域的目标，轻松地在这个区域内漫游。

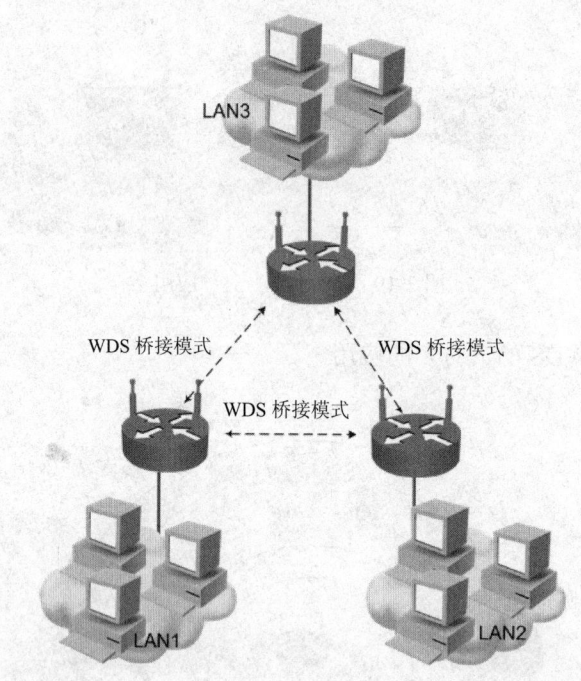

图 2-21 WDS 桥接功能

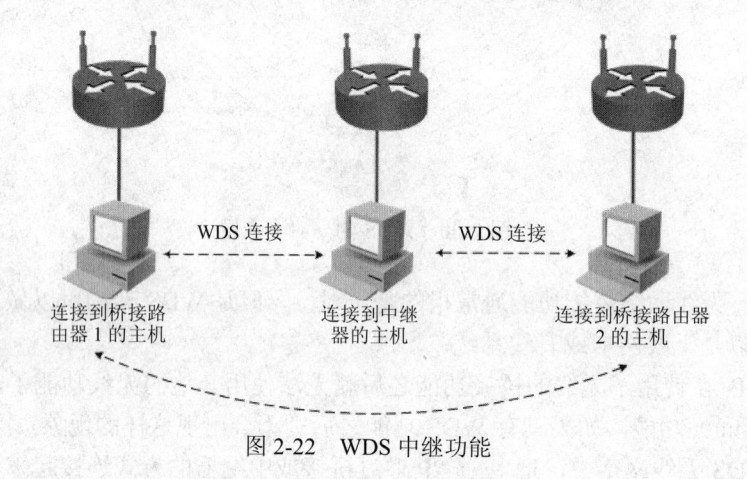

图 2-22 WDS 中继功能

## 2.10 WLAN 组件

WLAN 可独立存在，也可与有线局域网共同存在并进行互连。在 WLAN 中最常见的组件如下：
- 工作站
- 无线网卡
- 无线接入点（AP）
- 无线交换机
- 天线

### 2.10.1 STA

STA（Station，工作站）是一个配备了无线网络设备的网络节点。具有无线网络适配器的个人计算机称为无线客户端。无线客户端能够直接相互通信或通过 AP 进行通信。

笔记本电脑和工作站作为无线网络的终端接入到网络中。笔记本电脑、掌上电脑、个人数字助理和其他小型计算设备正变得越来越普及，笔记本电脑和台式机最主要的区别是笔记本电脑的组件体积小，而且用 PCMCIA（个人计算机存储卡国际协会）插槽取代了扩展槽，从而可以接入无线网卡、调制解调器以及其他设备。

使用 Wi-Fi 标准的设备的一个明显优势是，目前很多笔记本电脑和 PDA 都预装了无线网卡，可以直接与其他无线产品或者其他符合 Wi-Fi 标准的设备进行交互。

### 2.10.2 Wireless LAN Card（无线网卡）

Wireless LAN Card 一般有 PCMCIA、USB、PCI 等几种，主要有用于便携机的 PCMCIA 无线网卡和用于台式机的 USB 无线终端。

无线网卡作为无线网络的接口，实现与无线网络的连接，作用类似于有线网络中的以太网网卡。无线网卡根据接口类型的不同，主要分为三种类型，即 PCMCIA 无线网卡、PCI 无线网卡和 USB 无线网卡。

PCMCIA 无线网卡仅适用于笔记本电脑，支持热插拔，可以非常方便地实现移动式无线接入。PCI 接口无线网卡适用于台式计算机使用，安装起来相对要复杂一些。USB 接口无线网卡适用于笔记本电脑和台式机，支持热插拔，而且安装简单，即插即用。目前 USB 接口的无线网卡得到了大量用户的青睐。

无线网卡的主要功能就是通过无线设备透明地传输数据包，工作在 OSI 参考模型的第 1 层和第 2 层。除了用无线连接取代线缆连接，这些适配器就像标准的网络适配器那样工作，不需要其他特别的无线网络功能。

RG-WG54U 是锐捷网络推出的基于标准 802.11g 协议的无线局域网外置 USB 接口网卡产品，如图 2-23 所示。

图 2-23　RG-WG54U 802.11g 无线局域网 USB 网卡

图 2-24 所示为思科（Cisco）LINKSYS USB 无线网卡 WUSB54GC。

图 2-24　RG-WG54U 802.11g 无线局域网 USB 网卡

### 2.10.3　AP

AP（Access Point，无线接入点）相当于基站，主要作用是将无线网络接入以太网，其次要将各无线网络客户端连接到一起，相当于以太网的集线器，使装有无线网卡的 PC 可以通过 AP 共享有线局域网络甚至广域网络的资源，一个 AP 能够在几十至上百米的范围内连接多个无线用户。

1. 什么是 AP

无线接入点（AP）的作用是提供无线终端的接入功能，类似于以太网中的集线器。当网络中增加一个无线 AP 之后，即可成倍地扩展网络覆盖直径。另外，也可使网络中容纳更多的网络设备。通常情况下，一个 AP 最多可以支持多达 30 台计算机的接入，推荐数量为 25 台以下。

无线 AP 基本上都拥有一个以太网接口，用于实现与有线网络的连接，从而使无线终端能够访问有线网络或 Internet 的资源。

无线 AP 主要用于宽带家庭、大楼内部以及园区内部，典型距离覆盖几十米至上百米。大多数无线 AP 还带有接入点客户端模式（AP Client），可以和其他 AP 进行无线连接，延展网络的覆盖范围。

单纯性无线 AP 就是一个无线的交换机，仅仅是提供一个无线信号发射的功能。单纯性无线 AP 的工作原理是将网络信号通过双绞线传送过来，经过 AP 产品的编译，将电信号转换成为无线电信号发送出去。根据不同的功率，可以实现不同程度、不同范围的网络覆盖，一般无线 AP 的最大覆盖距离可达 300m。此外，一些 AP 还具有高级功能以实现网络接入控制，例如 MAC 地址过滤、DHCP 服务器等。

如图 2-25 思科 AIR-AP1242G-P-K9，图 2-26 所示为 RG-P-720 双路双频三模室内型无线 AP。

图 2-25　思科 AIR-AP1242G-P-K9

图 2-26　RG-P-720 双路双频三模室内型无线 AP

2. AP 工作模式

WLAN 可以根据用户的不同网络环境的需求实现不同的组网方式。AP 可支持以下六种组网方式：

- AP 模式：又被称为基础架构（Infrastructure）模式，由 AP、无线工作站以及分布式系统（DSS）构成，覆盖的区域称为基本服务集（BSS）。其中 AP 用于在无线 STA 和有线网络之间接收、缓存和转发数据，所有的无线通信都经过 AP 完成。
- 点对点桥接模式：两个有线局域网间，通过两台 AP 将它们连接在一起，实现两个有线局域网之间通过无线方式的互连和资源共享，也可以实现有线网络的扩展。
- 点对多点桥接模式：点对多点的无线网桥能够把多个离散的远程网络连成一体，通常以一个网络为中心点发送无线信号，其他接收点进行信号接收。
- AP 客户端模式：该模式看起来比较特别，中心的 AP 设置成为 AP 模式，可以提供中心有线局域网络的连接和自身无线覆盖区域的无线终端接入，远端有线局域网络或单台 PC 所连接的 AP 设置成 AP 客户端模式，远端无线局域网络便可访问中心 AP 所连接的局域网络了。
- 无线中继模式：无线中继模式可以实现信号的中继和放大，从而延伸无线网络的覆盖范围。无线分布式系统（WDS）的无线中继模式，提供了全新的无线组网模式，可适用于那些场地开阔、不便于铺设以太网线的场所，如大型开放式办公区域、仓库、码头等。
- 无线混合模式：无线分布式系统（WDS）的无线混合模式，可以支持在点对点、点对多点、中继应用模式下的 AP，同时工作在两种工作模式状态，即桥接模式+AP 模式。这种无线混合模式充分体现了灵活、简便的组网特点。

### 2.10.4　无线交换机

在商用领域，为了使运作更方便快捷，企业中导入个人移动设备（如 Notebook、PDA、WiFi Phone 等具备无线上网功能的移动装置）也日益渐多，当无线技术在企业中广泛应用，面临大量设置、集中管理的问题时，企业用户呼唤着新技术新产品的出现，于是以无线网络控制器作为集中管理机制的无线交换机就产生了。

早期的无线网络通讯，是基于 Access Point 为平台而实现的，这种传统意义上的 AP 是最早构成无线网络的节点，当然，它很稳定，并且遵循 802.11 系列无线协议。但是在越来越多的使用环境下，第一代无线产品 Access Point 已经开始在很多方面变得弱小起来，甚至出现了一些问题，最明显的就是不好管理，在这种趋势的催生下，Symbol 于 2002 年 9 月提出了一个全新的无线网络理念——无线交换机系统。

无线交换机系统摒除了以 AP 为基础传输平台的传统方法，而转而采用了 back end-front end 方式，所谓 back end-front end 方式是指将一台无线交换机置于用户的机房内，称为 back-end，而将若干类似于天线功能的 Access Port 置于前端，称为 front-end。

如图 2-27 所示为 AIR-WLC2106-K9，图 2-28 所示为 RG-MXR-8。

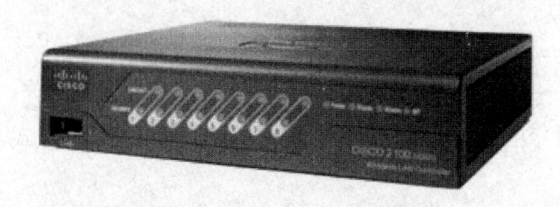

图 2-27  AIR-WLC2106-K9

图 2-28  RG-MXR-8

### 2.10.5 无线路由器

无线路由器是带有无线覆盖功能的路由器，它主要应用于用户上网和无线覆盖。市场上流行的无线路由器一般都支持专线 XDSL、CABLE、动态 XDSL、PPTP 四种接入方式，它还具有其他一些网络管理的功能，如 DHCP 服务、NAT 防火墙、MAC 地址过滤等功能。

根据 IEEE 802.11 标准，一般无线路由器所能覆盖的最大距离通常为 300m，不过覆盖的范围主要与环境的开放与否有关，在设备不加外接天线的情况下，在视野所及之处约为 300m；若属于半开放性空间或有隔离物的区域，传输大约在 35～50m 左右。如果借助于外接天线（做链接），传输距离则可以达到 30～50 千米甚至更远，这要视天线本身的增益而定。因此，需视用户的需求而加以应用。

无线路由器也像其他无线产品一样属于射频（RF）系统，需要工作在一定的频率范围之内，才能够与其他设备相互通讯，我们把这个频率范围叫做无线路由器的工作频段。但不同的产品由于采用不同的网络标准，故采用的工作频段也不太一样。目前无线路由器主要遵循 IEEE 802.11b、IEEE 802.11a、IEEE 802.11g 等网络标准。

### 2.10.6 天线

在无线网络中，天线可以达到增强无线信号的目的，可以把它理解为无线信号的放大器。无线天线分类多种多样，可分为定向天线、全向天线、单极化天线、双极化天线、常规天线、隐蔽天线、普通天线和特殊天线等。

天线的两个最重要参数是天线增益和方向性。方向性指的是天线辐射和接收是否有指向，即天线是否对某个角度过来的信号特别灵敏和辐射能量是否集中在某个角度上。天线根据水平面方向性的不同，可以分为全向天线和定向天线等。

增益表示天线功率放大倍数，数值越大表示信号的放大倍数越大，也就是说增益数值越大，信号越强，传输质量就越好。目前市场中销售的无线路由大多都是自带 2dbi 或 3dbi 的天线，用户可以按不同需求更换 4dbi、5dbi 甚至是 9dbi 的天线。

1. 定向天线和全向天线

根据天线辐射方向的不同，可分为定向天线和全向天线。有一个或多个辐射与接收能力最大方向的天线称为定向天线。定向天线能量集中，增益相对全向天线要高，适合于远距离点对点通信，同时由于具有方向性，抗干扰能力比较强。比如一个小区里，需要横跨几幢楼建立无线连接时，就可以选择这类天线，如图 2-29 所示。

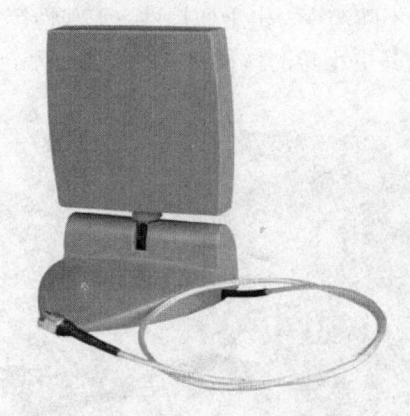

图 2-29　定向天线

全向天线安装起来比较方便，可以将信号均匀分布在中心点周围 360 度全方位区域，不需要考虑两端天线安装角度的问题，全向天线的特点是覆盖面积广、承载功率大、架设方便、极化方式（水平极化或垂直极化）可灵活选择，如图 2-30 所示。

图 2-30　全向天线

2. 单极子、双极子天线

根据天线极化方式不同，可分为单极子天线和双极子天线。

现在市面上买到的天线多为双极子天线，所谓双极子天线，就是由两根粗细和长度都相同的导线构成，中间为两个馈电端，如图 2-31 所示，左图为单极子天线，右图为双极子天线，双极子天线性能要比单极子天线好很多。

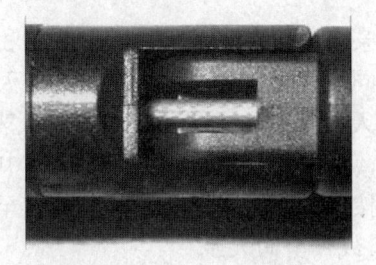

图 2-31　单极子天线和双极子天线

### 3. 常规天线和隐式天线

根据天线架构的不同，可分为常规天线和隐式天线。当我们提到无线设备，其标志性特点就是具有一根或多根天线，高增益天线和多天线多发多收 MIMO 等技术都能有效增大信号覆盖范围，但随着无线设备的不断演变，出于便携性、美观性等方面的考虑，一些厂商采用内置天线设计，牺牲性能来换取其更小巧的体积和更时尚的外观，如图 2-32 所示。

图 2-32　内隐式天线

常规天线就不用多介绍了，一般普通无线路由器背后都配有一根或多根无线天线，如图 2-33 所示。

图 2-33　常规天线

#### 4. 普通天线和特殊天线

实际上，特殊天线的分类不是特别严格，毕竟特殊天线所具备的功能和作用是多方位的。如图 2-34 所示的吸顶天线、网状天线都可以列入特殊天线行列。

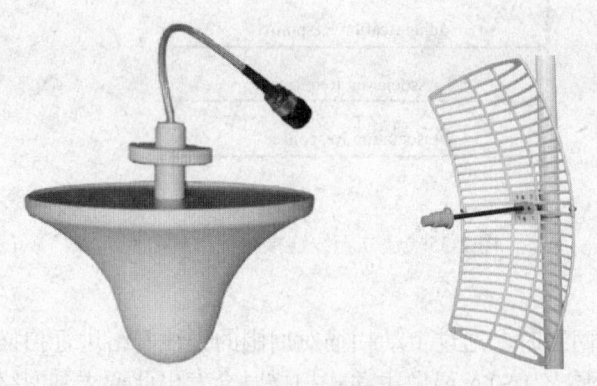

图 2-34 特殊天线

## 2.11 无线连接技术

### 2.11.1 无线连接技术概述

在无线网络中，当 STA 接入网络时，需要经过 Scanning（扫描）、Joining（加入）、Authentication（验证）和 Association（结合）四个阶段。

Scanning（扫描）是 STA 端的无线网卡能自动"听"，以确定附近是否有一个 WLAN 系统。通过 Scanning 之后，STA 可以得到多个可加入的 WLAN 信息。

Joining（加入）是 STA 内部需要决定应与哪一个 WLAN 结合。

Joining 之后则为与 AP 之间的 Authentication（验证）和 Association（结合）两个动作。

Scanning 发生于所有其他动作之前，因为 Client 靠 Scanning 来寻找 WLAN。无线的连接就是 STA 与 AP 的无线握手过程，具体的原理和实现过程经过以下四个阶段：

（1）无线 AP 通过广播 BEACON（无线信标）帧在网络中寻找 AP。

（2）当网络中的 AP 收到了 STA 发出的广播 BEACON（无线信标）帧之后，无线 AP 也发送广播 BEACON 帧用来回应 STA。

（3）当 STA 收到 AP 的回应之后，STA 向目标 AP 发起 REQUEST BEACON（请求帧）。

（4）无线 AP 响应 STA 发出的请求，如果符合 STA 连接的条件，给予应答，即向无线 AP 发出应答帧，否则将不予理睬。

### 2.11.2 扫描（Scaning）

扫描（Scanning）可分为主动扫描和被动扫描。在无线网络中 STA 发现 AP 时，AP 每隔 100ms 发出 Beacon（无线信标），Beacon 之中包括 SSID 及与该 AP 相关的许多其他参数。

STA 首先通过主动/被动扫描进行接入，在通过认证和关联两个过程后才能和 AP 建立连接，如图 2-35 所示。

图 2-35 建立无线连接过程

## 1. 主动扫描

当 STA 主动寻找无线网络时,通过主动扫描对周围的无线网络进行扫描,主动式扫描是由 STA 发出一个探测帧要求,当 STA 要做主动式扫描时会发出此要求到网络上。这个要求会包含一个 SSID 或是广播型 SSID。假如是单一 SSID 的探测帧,则 SSID 相同的 AP 会回应。如探测帧中的 SSID 属于广播型,则所有的 AP 都会响应,发出探测帧的目的是寻找 WLAN。一旦发现适当的 AP,此 STA 可开始进行验证与结合动作。

依据是否携带指定 SSID,主动扫描可以分为两种。

当 STA 不携带指定 SSID 发送探测请求帧时,STA 预先配有一个信道列表,STA 在信道列表中的信道上广播探测请求帧。AP 收到探测请求帧后,回应探测响应帧。STA 会选择信号最强的 AP 进行关联。这种方法适用于 STA 通过主动扫描可以获知是否存在可使用的无线网络服务,如图 2-36 所示。

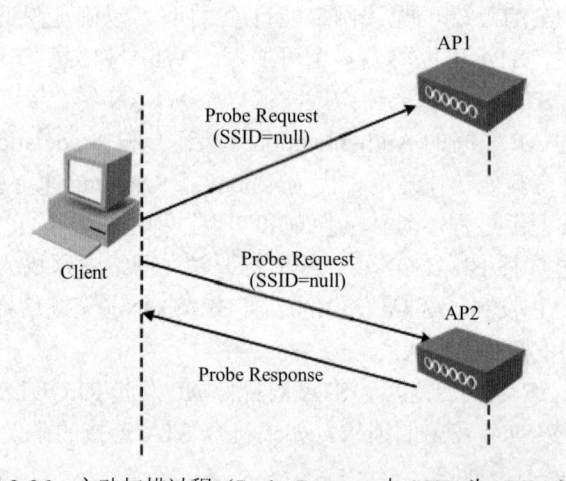

图 2-36 主动扫描过程(Probe Request 中 SSID 为 NULL)

当 STA 携带指定 SSID 客户端发送探测查询帧的情况下,因为 STA 携带指定的 SSID,只会单播发送探查请求帧,相应的 AP 接收到后回复请求。这种方法适用于无线客户端通过主动扫描接入指定的无线网络,如图 2-37 所示。

## 2. 被动扫描

被动扫描是指 STA 通过侦听 AP 定期发送的 Beacon 帧来发现网络。用户预先配有用于扫描的信道列表，在每个信道上监听信标。例如结构模式下由 AP 送出的 Beacon 或 Ad-hoc 模式下 STA 所轮流送出的 Beacon，然后比较各个 Beacon。找出将要"加入"（Joining）的 SSID 值。之后启动验证与结合动作。若有多台的 SSID 相同，则选取信号最强以及封包错误率最低的 AP。

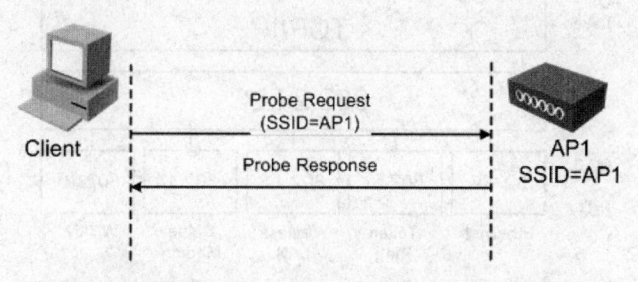

图 2-37　主动扫描过程（Probe Request 携带指定的 SSID）

被动扫描要求 AP 周期性发送 Beacon 帧。当用户需要节省电量时，可以使用被动扫描。一般 VoIP 语音终端通常使用被动扫描方式，如图 2-38 所示。

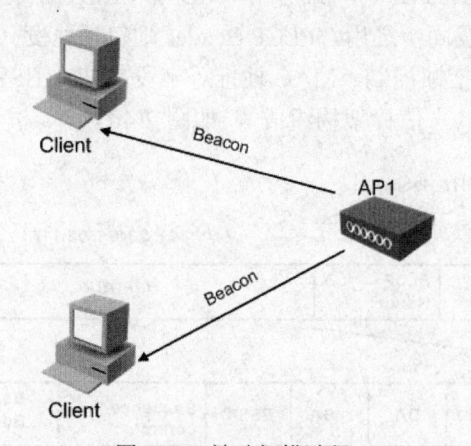

图 2-38　被动扫描过程

### 3. SSID

SSID（Service Set Identifier）为 WLAN 系统之中唯一的、字母大小写有关的、2～32 字母长所表示的 WLAN 网络名称。在一个 ESS（Extended Service Set）中，SSID 为唯一的，相同 SSID 下的 AP 属于同群组，若此 AP 支持 802.1Q VLAN，则属于同 VLAN 的 User 亦属于同 SSID，此时的 SSID 比较虚拟，也就是说同一台 AP 可支持多个 SSID。此名称有助于网络的区隔，是最基本的安全方法，且用在 STA 与 AP 结合上。SSID 存在于 Beacon、Probe Request/Response（探测查询帧/探测回应帧）以及一些其他的 Frame 之中（如 Association Frame）。

### 4. Beacon（无线信标）

Beacon 是 Beacon Management Frame 的简称，AP 约每隔 100ms 会广播一个 Beacon 或在 Ad-hoc 模式下各 STA 轮流所送出的短封包。

ISO 定义了 OSI 七层模型中，第一层称为物理层，第二层称为数据链路层。以 IEEE 802.11 而言，物理层（或称 PHY）再被拆为上半的 PLCP（Physical Layer Convergence Protocol）和下半的 PMD（Physical Medium Dependent）。OSI 第二层亦被拆为上半的 LLC（Logical Link Control）和下半的 MAC（Medium Access Control）。而 802.11 本身只定义 PHY 和 MAC，LLC 则在 802.2 被定义，如图 2-39 所示。

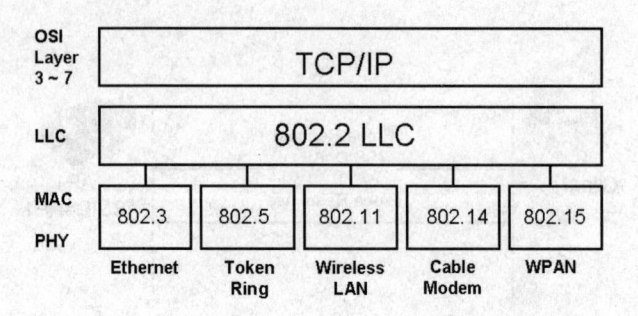

图 2-39　IEEE 802.x Services

Beacon 帧分为三部分：
- PHY Header：此 Header 可再细分为 PMD 和 PLCP 两部分。Preamble 用来让接收者作 Carrier Detect 及同步之用，PLCP Header 则包括速度（如 5.5Mb/s）、帧长度等。
- MAC Header：包括帧控制、MAC 地址等字段，其中 BSSID 表示 AP 的 MAC 地址。
- Beacon Frame Body（信标架构组成），如图 2-40 所示。

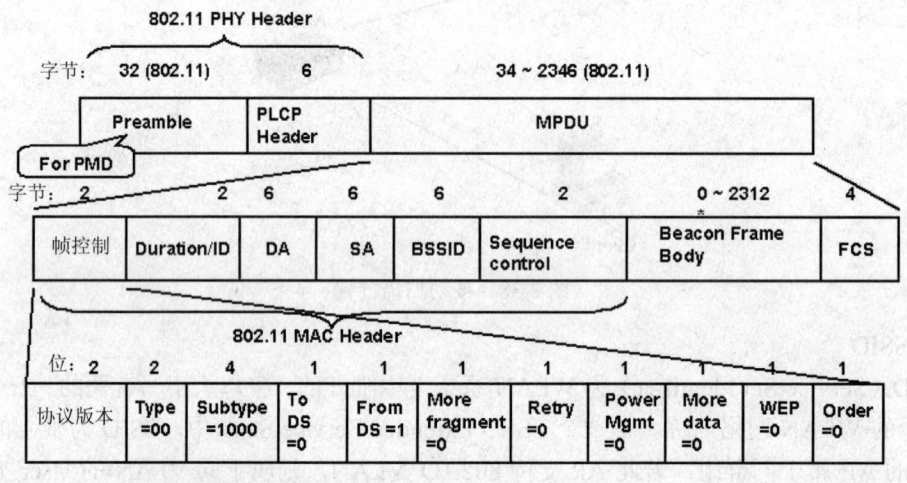

图 2-40　Beacon 帧格式

Beacon 利用其内的时间戳表示传送的正确时间。当 STA 收到 Beacon 时，则将自己的时间与 Beacon 进行同步，同步的时间可让时间敏感的功能，例如 FHSS 的跳频时间或者收到 Frame 后何时需要回答 Ack Frame 等能够精确地发生。每隔约 100ms 的 Beacon 能持续修正各 STA 的内部定时器。

STA 查看 Beacon 中的 SSID 以决定是否进行结合。当找到适当的 SSID，STA 再检查其

MAC 地址作为结合之用。如 STA 被设定为可接受任何 SSID，则 STA 可与第一个发出 Beacon 或信号最强的 AP 进行结合。

### 2.11.3 加入（Joining）

当 STA 通过 Scanning 得到多个 Beacon 或 Probe Response 的信息，STA 考虑应加入到哪一个 WLAN 的动作，Joining 发生于 STA 内部的动作。802.11 并未规定考虑点的优先级，而由厂商自行来定义。很多生产厂商都以信号好坏作为标准，也有很多生产厂商是以 STA 的多个 SSID 的顺序作为首选标准。

### 2.11.4 验证（Authentication）

当 STA 与 AP 完成 Scanning（扫描）和 Joining（加入）的过程后，由 AP 通过验证和结合两个动作完成 WLAN 的连接动作。WLAN 的连接包括两个步骤：第一个步骤为验证，第二个步骤为结合。结合是指第 2 层（MAC）的结合，而验证只与 PC 卡有关（因 WEP Key 或 SSID 等设定只与网卡有关），而非使用者。这个观念在 WLAN 的安全、除错上都很重要。

验证是与 WLAN 相连的第一个动作，是 AP 响应 STA 的联机请求所做的验证动作。有时这个动作是虚的，STA 也可以不需要身份证明即能完成验证。这个"虚验证"（Open Authentication）是一般 AP 与网卡出厂的预设状态。结构模式下，由 STA 送出一个验证请求到 AP 而开始验证程序。验证流程可发生在 AP，或 AP 会将验证请求再传送到上游的验证主机。例如 RADIUS，RADIUS 会依照程序通过 AP 而验证 STA，最后通过 AP 告诉 STA 验证是否成功完成。

### 2.11.5 结合（Association）

当 STA 验证成功后，STA 则开始与 AP 进行结合。如果 STA 与 AP 结合成功，则 STA 可以与 AP 传送和接收数据。

首先 STA 发送验证要求给 AP；无线 AP 收到验证要求后，AP 开始进行验证，当验证完成后，AP 回答可以或不可以结合。

未验证且未结合是指在网络初始状态，节点与网络完全不相关，且无法与 AP 沟通。AP 保有一个名单称为结合名单，每家厂商在此名单中分别以不同名称表示各状态。一般以"未验证"表示未验证且未结合的 STA，或是验证失败的 STA。

已验证但未结合是指 STA 已通过了验证程序，但尚未与 AP 进行结合。此时 STA 尚未被允许对 AP 传送或接收数据。AP 的结合名单一般显示"已验证"。因为 STA 已通过验证阶段，而且可能在千分之几秒之内就可能结合成功。因此通常见不到这种状态。最常见的是第一种"未验证"和第三种"已结合"。

已验证且已结合是指在此最后阶段，STA 与 AP 完全联机成功，且 STA 能与 AP 传送和接收数据。一般在 AP 的结合名单中，此状态被称为"已结合"。表示此 STA 已完全与网络结合。

### 工作任务

任务 1：构建点对点对等结构 SOHO 无线局域网络。

【任务名称】构建点对点对等结构 SOHO 无线局域网络

【任务分析】某大学学生小李从学校毕业后直接进入北京一家 IT 企业担任网络管理员，在与前任网管交接工作时，发现手上没有交叉线，两台计算机的资料不能快速共享，但是很快发现大家都有无线网卡，于是建议用 Ad-Hoc 的方式来组网，通过无线网卡来快速地开展工作。

【项目设备】3 台安装 Windows XP 系统的计算机、3 块 RG-WG54U 网卡。

【项目拓扑】拓扑如图 2-41 所示。

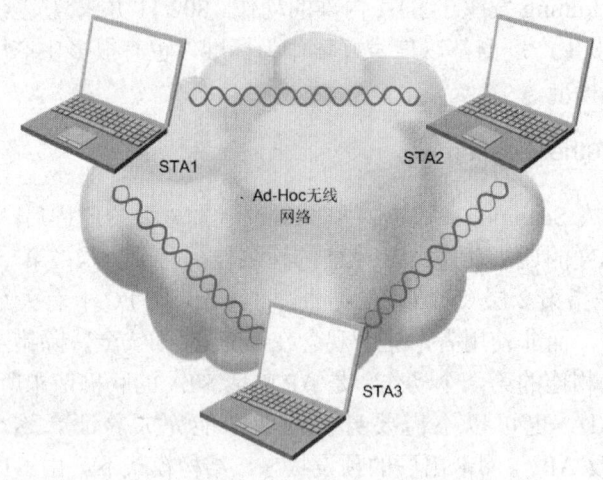

图 2-41  任务 1 拓扑图

【项目实施】

第一步：配置 STA 1，建立自组网（Ad-Hoc）模式无线网络。

（1）STA 1 安装无线网卡 RG-WG54U 以及客户端软件 IEEE 802.11g Wireless LAN Utility。

（2）在 Windows 控制面板中，打开"网络连接"窗口，如图 2-42 所示。

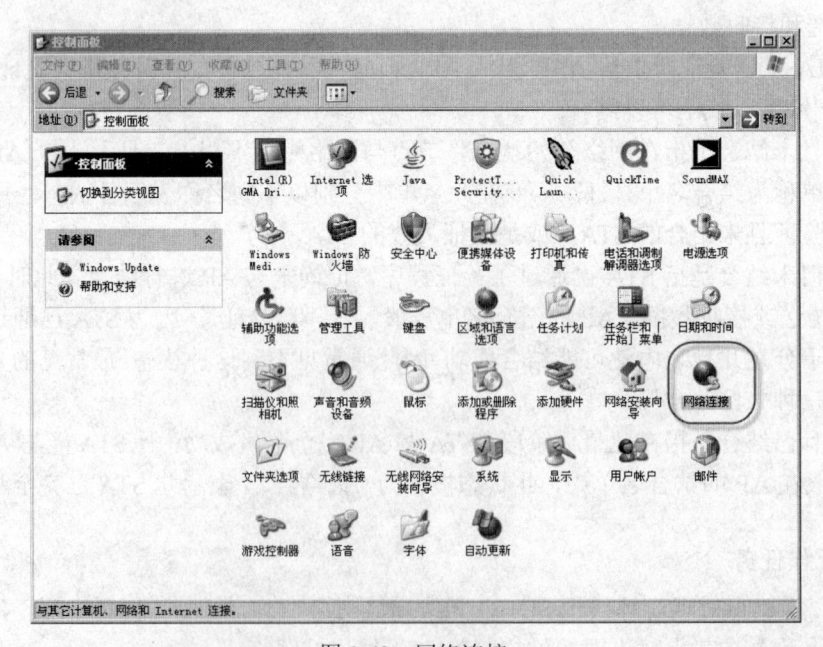

图 2-42  网络连接

项目二 SOHO无线网络组建

（3）右击"无线网络连接"，在弹出的快捷菜单中选择"属性"，如图2-43所示。

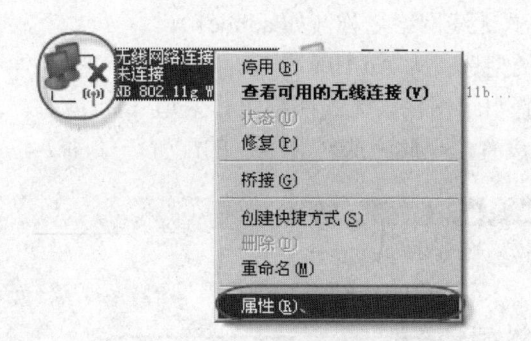

图2-43 无线网络连接

（4）在"常规"选项卡中，双击"Internet 协议（TCP/IP）"，如图2-44所示。
（5）配置 STA 1 无线网卡的 TCP/IP 设置，单击"确定"按钮完成设置，如图2-45所示。
IP 地址：192.168.0.1。
子网掩码：255.255.255.0。
默认网关：192.168.0.1。

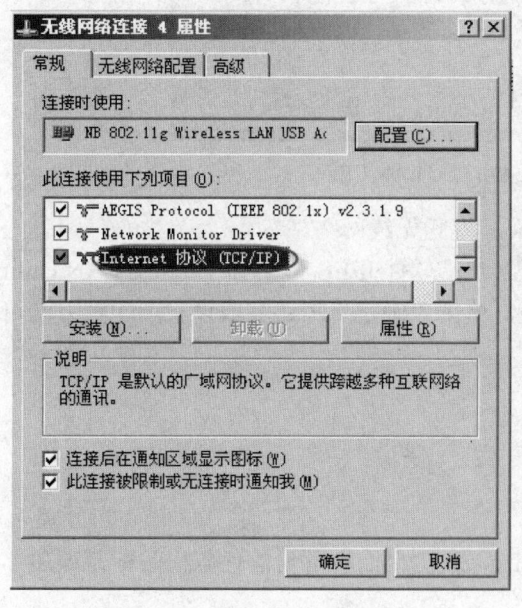

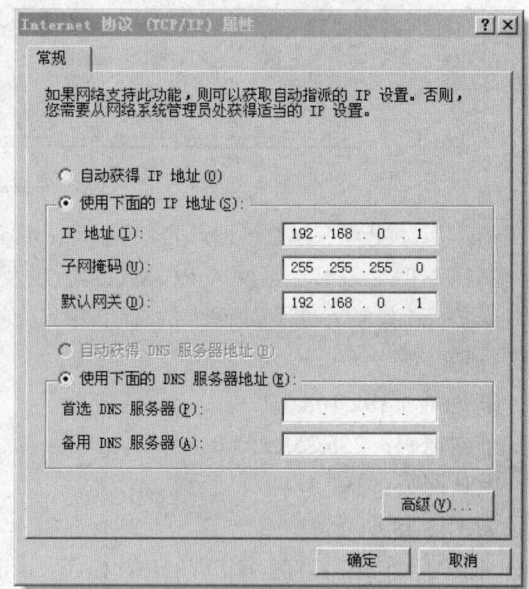

图2-44 无线网络连接属性　　　　图2-45 本地连接

（6）运行 IEEE 802.11g Wireless LAN Utility，双击桌面右下角的任务栏图标，如图2-46所示。

图2-46 网络连接图标

61

（7）在 Configuration 选项卡中，配置自组网模式无线网络。

SSID：配置自组网模式无线网络名称（如 adhoc1）。

Network Type：网络类型选择为 Ad-Hoc。

Ad-Hoc Channel：选择自组网模式无线网络工作信道（如 1）。

单击 Apply 按钮应用设置，至此完成对 STA 1 的配置，如图 2-47 所示。

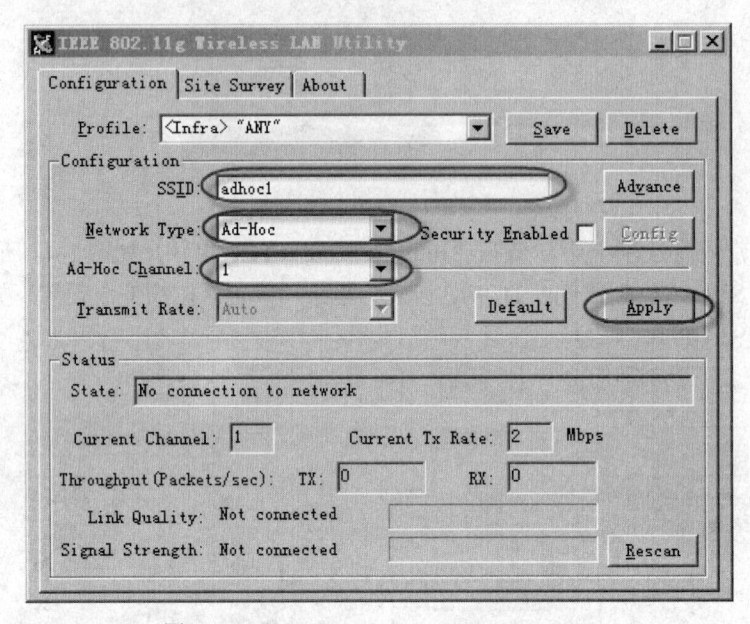

图 2-47　IEEE 802.11g Wireless LAN Utility

第二步：配置 STA 2，加入自组网（Ad-Hoc）模式无线网络。

（1）STA 2 安装无线网卡 RG-WG54U 以及客户端软件 IEEE 802.11g Wireless LAN Utility。

（2）配置 STA 2 无线网卡的 TCP/IP 设置，单击"确定"按钮完成设置。配置方法可参考第一步。

IP 地址：192.168.0.2。

子网掩码：255.255.255.0。

默认网关：192.168.0.1。

如图 2-48 所示。

（3）运行 IEEE 802.11g Wireless LAN Utility，双击桌面右下角的任务栏图标，如图 2-49 所示。

（4）在 Configuration 选项卡中，配置加入自组网模式无线网络。

SSID：配置自组网模式无线网络名称，与 STA 1 保持一致。

Network Type：网络类型选择为 Ad-Hoc。

Ad-Hoc Channel：选择自组网模式无线网络工作信道，与 STA 1 保持一致。

单击 Apply 按钮应用设置，至此完成对 STA 2 的配置，如图 2-50 所示。

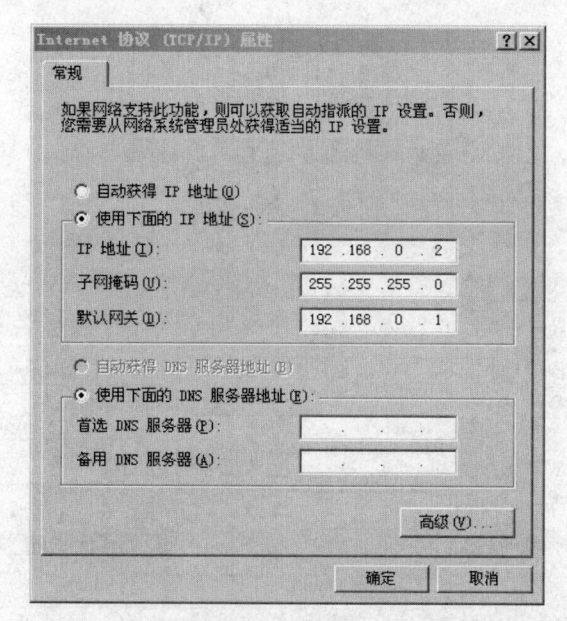

图 2-48　本地连接

图 2-49　网络连接图标

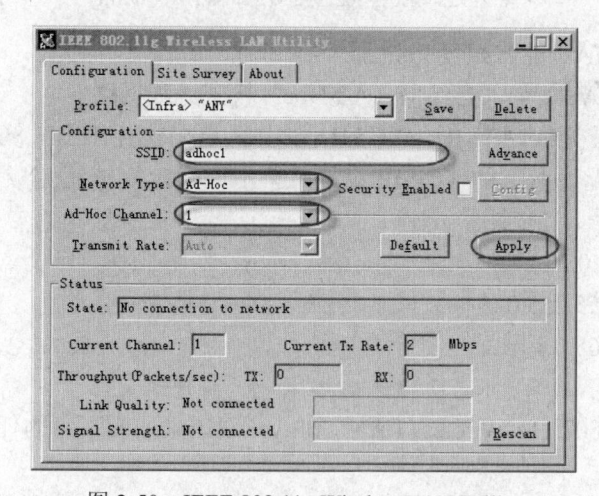

图 2-50　IEEE 802.11g Wireless LAN Utility

第三步：验证测试。

（1）在 STA 1 和 STA 2 均可以看到无线网络连接状态为"已连接上"，如图 2-51 所示。在 STA 1 和 STA 2 的 IEEE 802.11g Wireless LAN Utility 可以看到如下信息：

State：<Ad-Hoc> - adhoc1 - [STA 1 MAC 地址]。

Current Channel：自组网（Ad-Hoc）模式无线网络信道。

如图 2-52 所示。

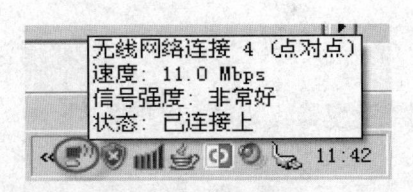

图 2-51　网络连接

图 2-52　IEEE 802.11g Wireless LAN Utility

（2）STA 1 与 STA 2 能够相互 Ping 通。

第四步：配置 STA 3，加入自组网（Ad-Hoc）模式无线网络。

（1）STA 3 安装无线网卡 RG-WG54U 以及客户端软件 IEEE 802.11g Wireless LAN Utility；配置 STA 3 无线网卡的 TCP/IP 设置，单击"确定"按钮完成设置。配置方法可参考第一步。

IP 地址：192.168.0.3。

子网掩码：255.255.255.0。

默认网关：192.168.0.1。

如图 2-53 所示。

（2）运行 IEEE 802.11g Wireless LAN Utility，双击桌面右下角的任务栏图标，如图 2-54 所示。

在 Configuration 选项卡中，配置加入自组网（Ad-Hoc）模式无线网络。

SSID：配置自组网模式无线网络名称，与 STA 1 保持一致。

Network Type：网络类型选择为 Ad-Hoc。

Ad-Hoc Channel：选择自组网模式无线网络工作信道，与 STA 1 保持一致。

单击 Apply 按钮应用设置，至此完成对 STA 3 的配置，如图 2-55 所示。

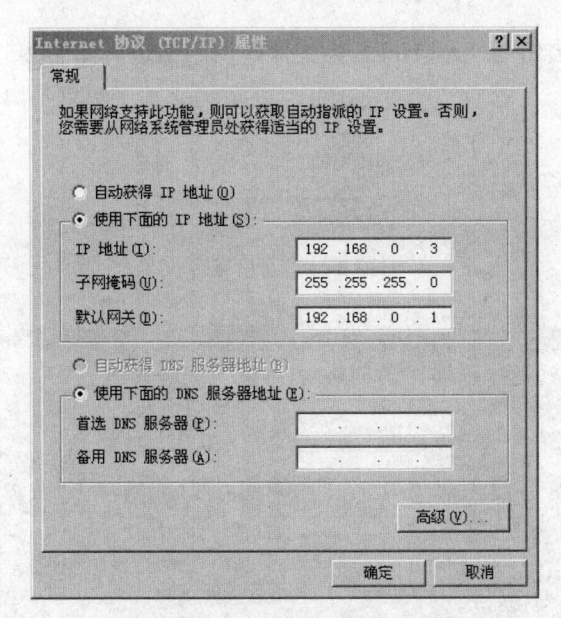

图 2-53　本地连接

图 2-54　网络连接图标

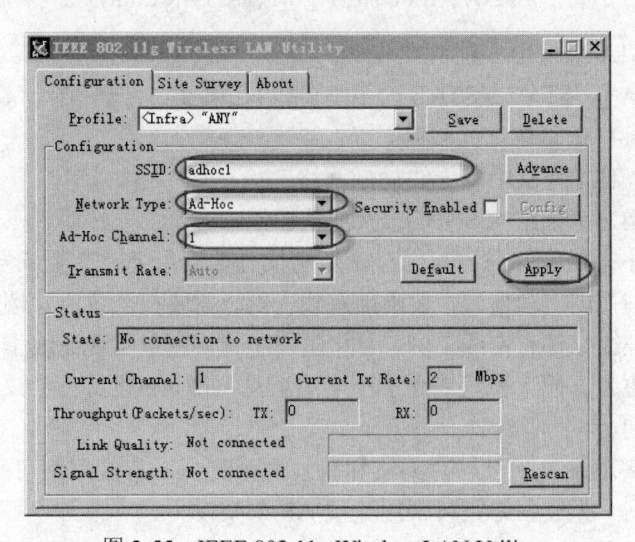

图 2-55　IEEE 802.11g Wireless LAN Utility

第五步：验证测试。

（1）在 STA 1、STA 2、STA 3 均可以看到无线网络连接状态为"已连接上"，如图 2-56 所示。

（2）在 STA 1、STA 2、STA 3 的 IEEE 802.11g Wireless LAN Utility 可以看到如下信息：
State：<Ad-Hoc> - adhoc1 - [STA 1 MAC 地址]。

Current Channel：自组网（Ad-Hoc）模式无线网络信道，如图 2-57 所示。

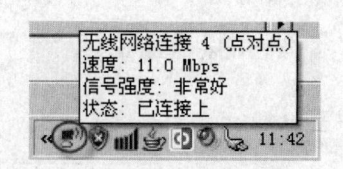

图 2-56　网络连接

图 2-57　IEEE 802.11g Wireless LAN Utility

（3）STA 1、STA 2、STA 3 能够相互 Ping 通。

注意：保证 STA 1、STA 2、STA 3 的 IP 地址均已配置，保证 STA 1、STA 2、STA 3 无线连接的 SSID 名、Ad-Hoc 信道设置相同。

任务 2：构建基础结构 SOHO 无线局域网络。

【任务名称】构建基础结构 SOHO 无线局域网络

【任务分析】小李供职的公司租用一个新房间作为会议室，并且希望在会议室能上网，作为公司的网络管理员向上司建议：如果用有线上网，需要在会议室穿墙凿洞，重新布线，而且开会时也不能保证大家都有网线上网，因此建议在会议室里实现无线上网，使大家开会时的交流和信息的互通更为方便。公司采纳了小李的意见，用 AP 设备在会议室架设了无线网络，受到大家的热烈欢迎。

单就上网这个需求来讲，可以有无线和有线两个选择，有线网络可采用交换机、路由器等常见网络设备组网，无线网络则可采用无线 AP 来架设。

在不破坏环境的前提下，尽可能保证参会人员均能接入网络。有线网络的使用，布线是关键，并且需要一定的部署时间，架设无线网络方便快捷，而且部署灵活，适合移动办公或会议室场所。

【项目设备】3 台安装了 Windows XP 系统的台式电脑、2 块 RG-WG54U 无线网卡、1 台 RG-WG54P 无线 AP。

【项目拓扑】拓扑如图 2-58 所示。

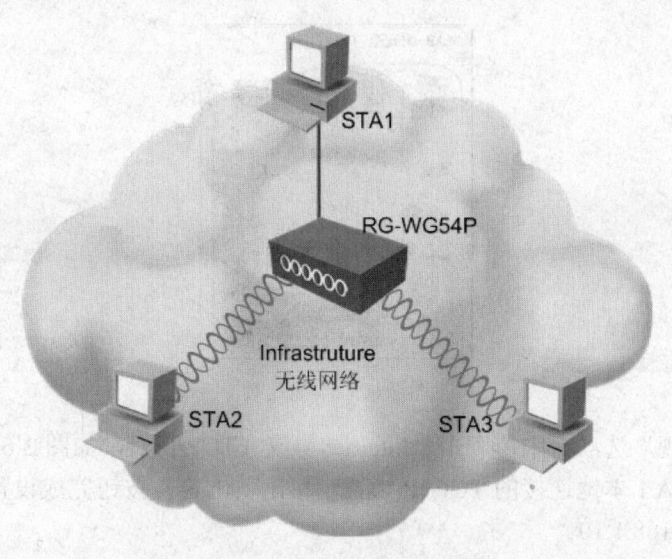

图 2-58 任务 2 实施拓扑

【项目实施】

第一步：配置 STA 1，与 RG-WG54P 相连接。

（1）用一根直通线将 STA 1 与 RG-WG54P 供电模块的 Network 口相连。

（2）在 Windows 控制面板中，打开"网络连接"窗口，如图 2-59 所示。

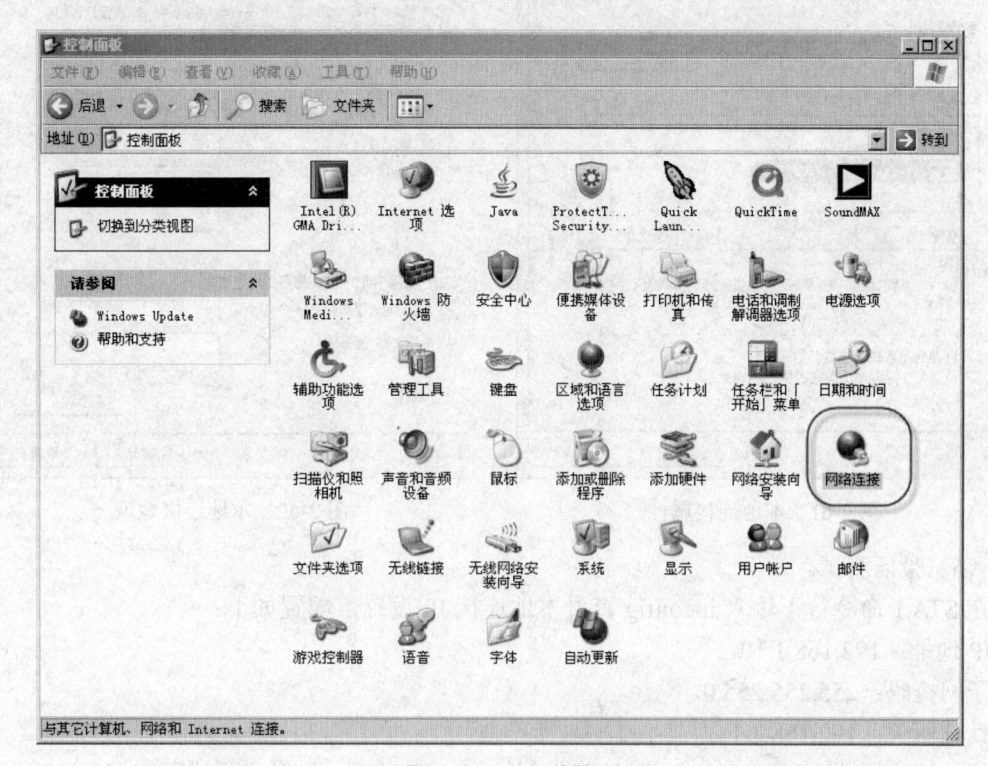

图 2-59 网络连接

（3）右击"本地连接"，在弹出的快捷菜单中选择"属性"，如图 2-60 所示。

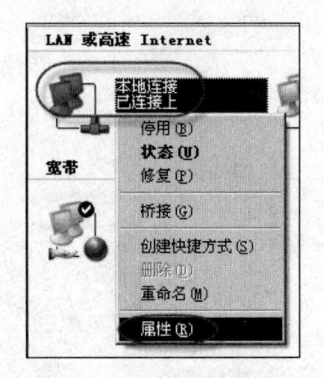

图 2-60　本地连接

（4）在"常规"选项卡中，双击"Internet 协议（TCP/IP）"，如图 2-61 所示。

（5）配置 STA 1 本地连接的 TCP/IP 设置，单击"确定"按钮完成设置。

IP 地址：192.168.1.10。

子网掩码：255.255.255.0。

默认网关：192.168.1.1。

如图 2-62 所示。

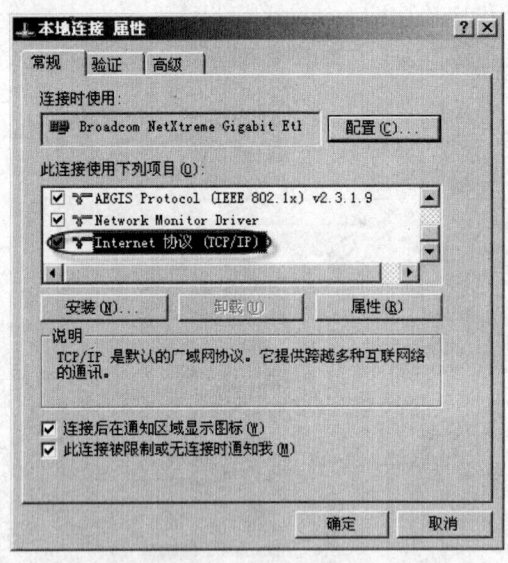

图 2-61　本地连接属性

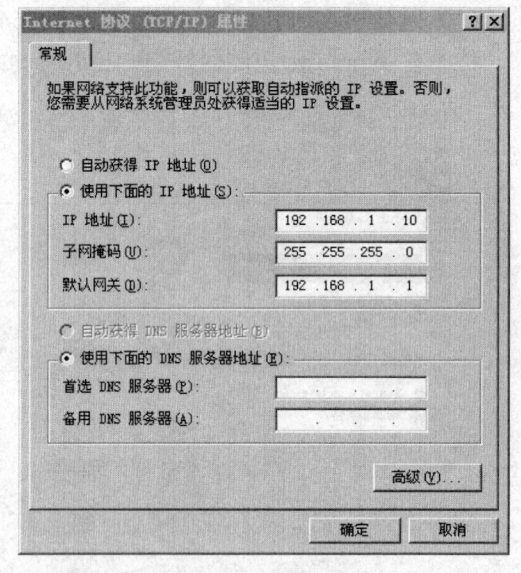

图 2-62　本地连接地址

（6）验证测试。

在 STA 1 命令行下输入 ipconfig 查看本地连接 IP 设置，配置如下：

IP 地址：192.168.1.10。

子网掩码：255.255.255.0。

默认网关：192.168.1.1。

第二步：配置 RG-WG54P，搭建基础结构（Infrastructure）模式无线网络。

（1）STA 1 登录 RG-WG54P 管理页面（http://192.168.1.1，默认密码：default），如图 2-63 所示。

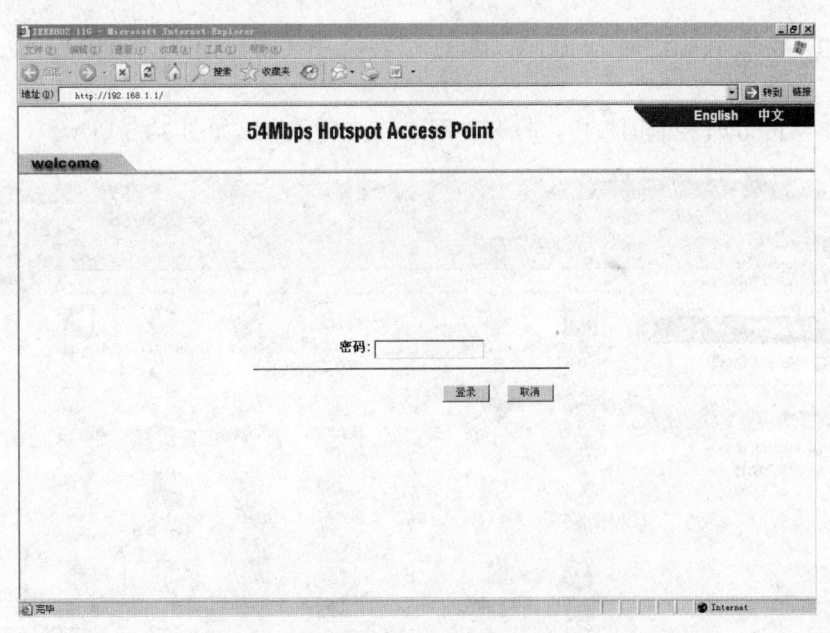

图 2-63　登录无线 AP

（2）进入路径：配置→常规，配置 IEEE 802.11 参数。
ESSID：配置基础结构模式无线网络名称（如 labtest1）。
信道/频段：选择基础结构模式无线网络工作信道（如 CH 6/2437MHz）。
单击"应用"按钮，完成无线接入点设置。
如图 2-64 所示。

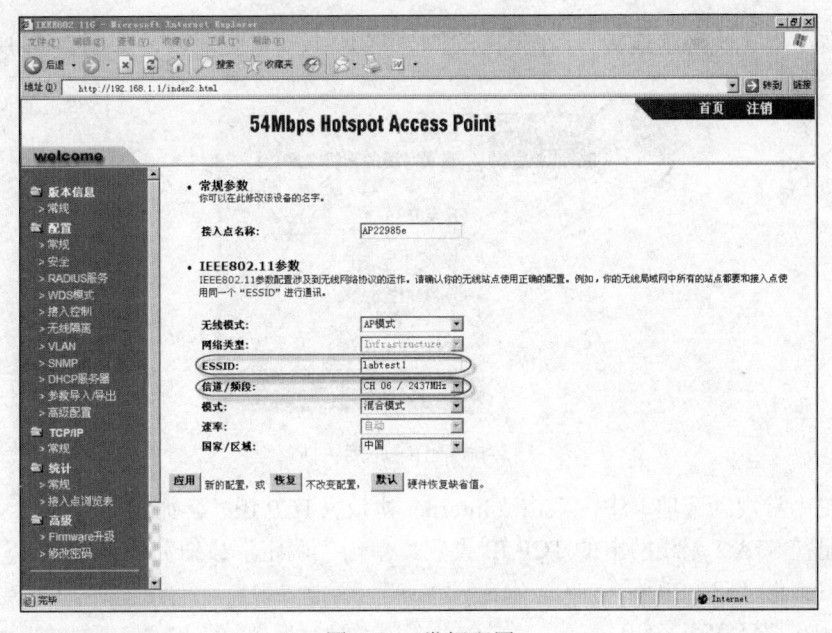

图 2-64　常规配置

第三步：配置 STA 2，加入基础结构（Infrastructure）模式无线网络。

（1）STA 2 安装无线网卡 RG-WG54U 以及客户端软件 IEEE 802.11g Wireless LAN Utility。

（2）在 Windows 控制面板中，打开"网络连接"窗口，如图 2-65 所示。

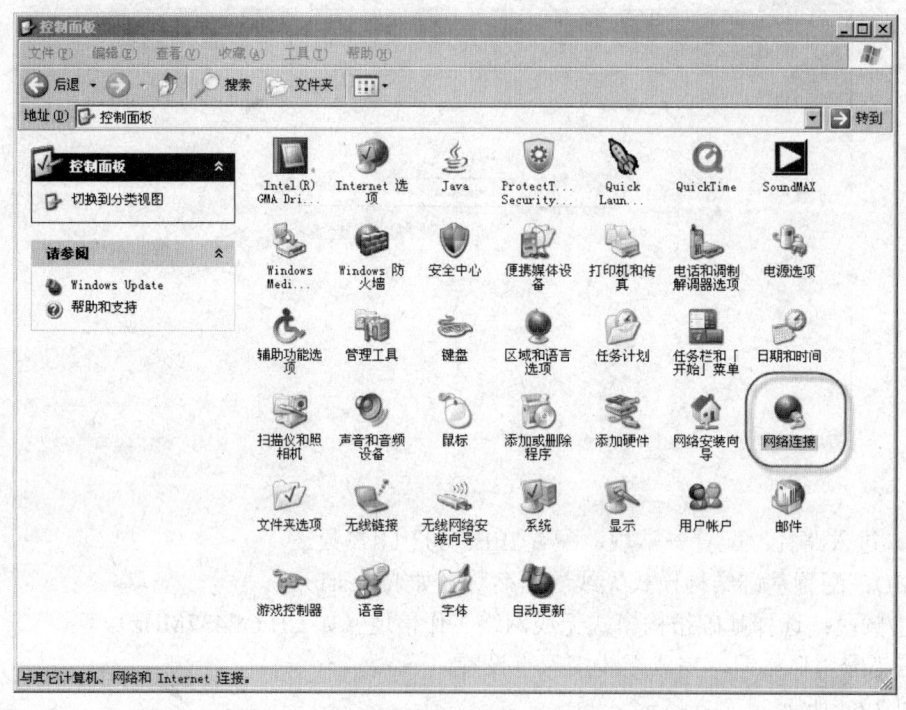

图 2-65　网络连接

（3）右击"无线网络连接"，在弹出的快捷菜单中选择"属性"，如图 2-66 所示。

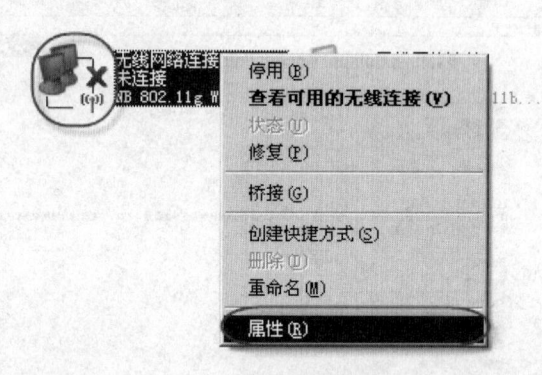

图 2-66　无线连接属性

（4）在"常规"选项卡中，双击"Internet 协议（TCP/IP）"，如图 2-67 所示。

（5）配置 STA 2 无线网卡的 TCP/IP 设置，单击"确定"按钮完成设置。

IP 地址：192.168.1.20。

子网掩码：255.255.255.0。

默认网关：192.168.1.1。

如图 2-68 所示。

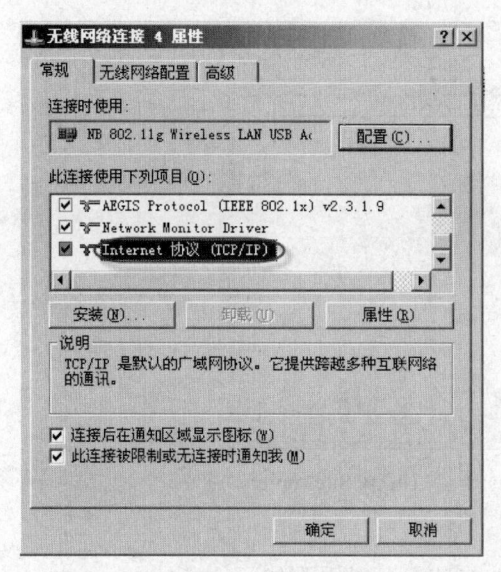

图 2-67　本地连接协议　　　　　　　　　图 2-68　本地连接地址

（6）运行 IEEE 802.11g Wireless LAN Utility，双击桌面右下角的任务栏图标，如图 2-69 所示。

图 2-69　网络连接图标

在 Configuration 选项卡中，配置加入基础结构模式无线网络。
SSID：配置基础结构模式无线网络名称，与 RG-WG54P 上配置保持一致。
Network Type：网络类型选择为 Infrastructure。
单击 Apply 按钮应用设置，至此完成对 STA 2 的配置。
也可以在 Site Survey 选项卡中直接发现所搭建的基础结构模式无线网络，单击 Join 按钮即可加入网络，如图 2-70 和图 2-71 所示。

图 2-70　IEEE 802.11g Wireless LAN Utility

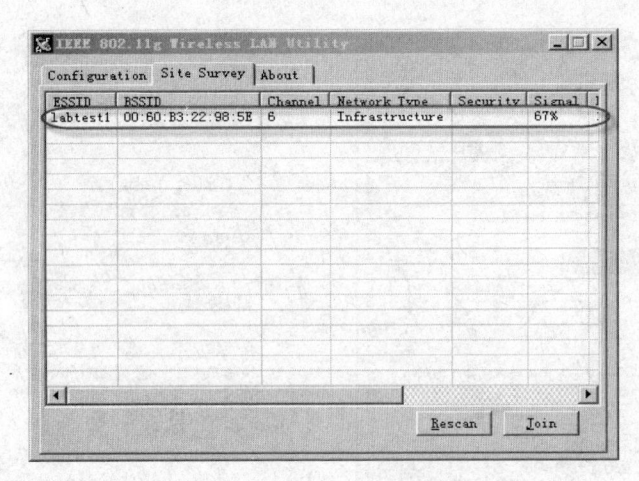

图 2-71　IEEE 802.11g Wireless LAN Utility Site survery

第四步：验证测试。

（1）在 STA 2 的 IEEE 802.11g Wireless LAN Utility 可以看到如下信息：
State：<Infrastructure> - [ESSID] - [无线接入点的 MAC 地址]。
Current Channel：基础结构模式无线网络工作信道。

如图 2-72 所示。

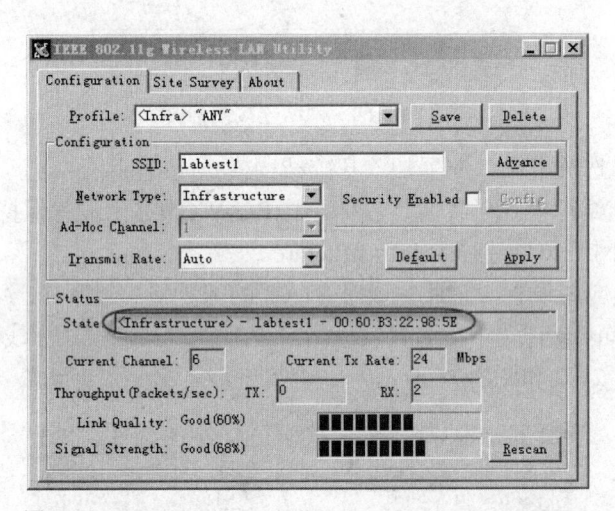

图 2-72　IEEE 802.11g Wireless LAN Utility Configuration

（2）STA 1、STA 2 能够相互 Ping 通。

第五步：配置 STA 3，加入基础结构（Infrastructure）模式无线网络。

（1）STA 3 安装无线网卡 RG-WG54U 以及客户端软件 IEEE 802.11g Wireless LAN Utility。

（2）配置 STA 3 无线网卡的 TCP/IP 设置，单击"确定"按钮完成设置，具体操作可参考第三步。

IP 地址：192.168.1.30。

子网掩码：255.255.255.0。

默认网关：192.168.1.1。

如图 2-73 所示。

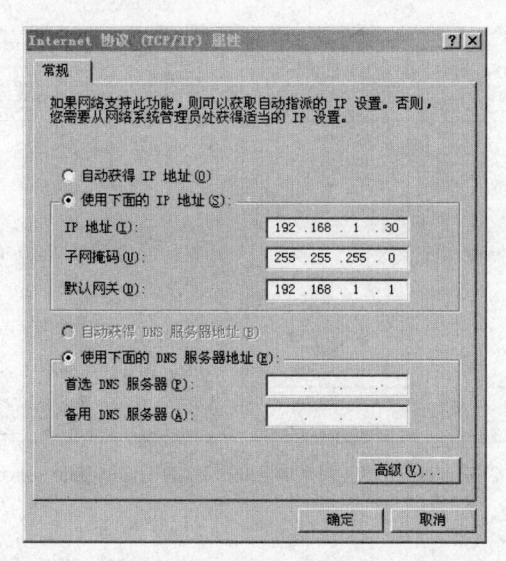

图 2-73 本地连接地址

（3）运行 IEEE 802.11g Wireless LAN Utility，双击桌面右下角的任务栏图标，如图 2-74 所示。

图 2-74 网络连接图标

在 Configuration 选项卡中，配置加入基础结构模式无线网络。
SSID：配置基础结构模式无线网络名称，与 RG-WG54P 上配置保持一致。
Network Type：网络类型选择为 Infrastructure。
单击 Apply 按钮应用设置，至此完成对 STA 3 的配置。
也可以在 Site Survey 选项卡中直接发现所搭建的基础结构模式无线网络，单击 Join 按钮即可加入网络，如图 2-75 和图 2-76 所示。

图 2-75 IEEE 802.11g Wireless LAN Utility

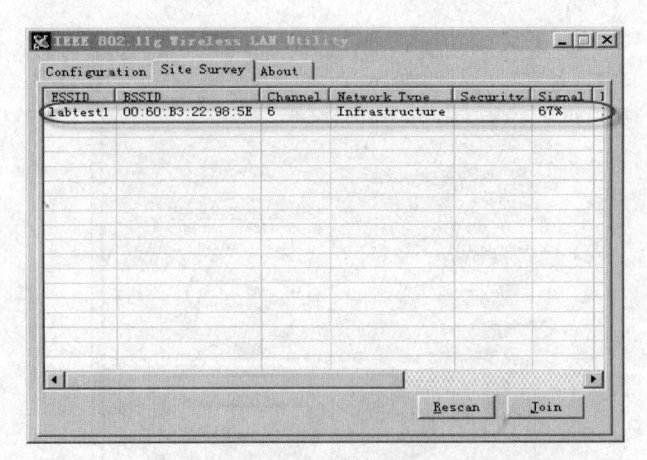

图 2-76　IEEE 802.11g Wireless LAN Utility Site survery

第六步：验证测试。

（1）在 STA 3 的 IEEE 802.11g Wireless LAN Utility 可以看到如下信息：

State：<Infrastructure> - [ESSID] - [无线接入点的 MAC 地址]。

Current Channel：基础结构模式无线网络工作信道，如图 2-77 所示。

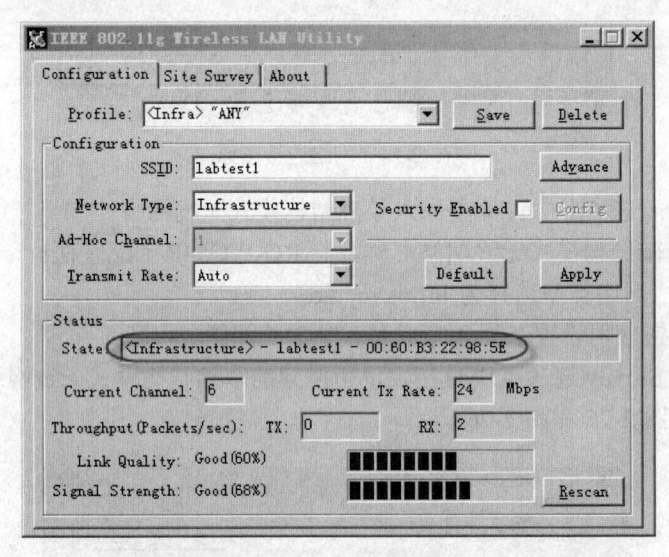

图 2-77　IEEE 802.11g Wireless LAN Utility Configuration

（2）STA 1、STA 2、STA 3 能够相互 Ping 通。

**注意**：保证 STA 1、STA 2、STA 3 的 IP 地址均已配置，保证 STA 2、STA 3 无线连接的 ESSID 设置与 AP 上的设置相同。

任务 3：构建 WDS 模式 SOHO 无线局域网络。

【任务名称】构建 WDS 模式 SOHO 无线局域网络

【任务分析】员工小李在会议室使用了无线网络后，公司上下都感受到了无线网络带来的便捷。因此公司希望能在整个办公区也部署无线网络，目前的状况是办公区比较大，分了南北两个区，作为公司网络管理员需要承担起这次无线网络的建设任务。

在公司整个办公区部署无线网络，南北两个区域均要覆盖。

当需要扩大无线网络的范围时，将两个或两个以上无线区域连接起来，需要在架设无线时用到多个 AP 作为桥接。

【项目设备】3 台安装了 Windows XP 系统的台式计算机、3 块 RG-WG54U 无线网卡、2 台 RG-WG54P 无线 AP。

【项目拓扑】拓扑如图 2-78 所示。

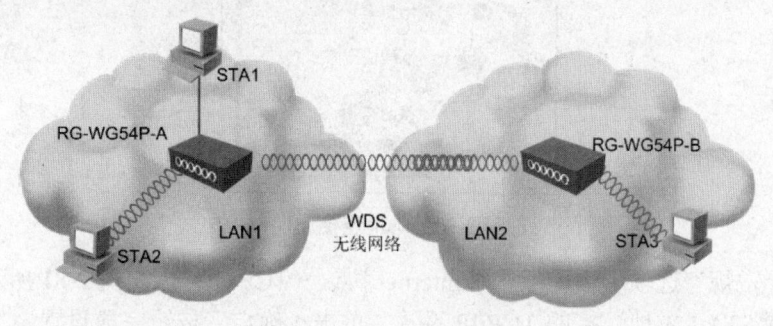

图 2-78　任务 3 实施拓扑

【项目实施】

第一步：配置 STA 1。

（1）用一根直通线将 STA 1 与 RG-WG54P.A 供电模块的 Network 口相连。

（2）在 Windows 控制面板中，打开"网络连接"窗口，如图 2-79 所示。

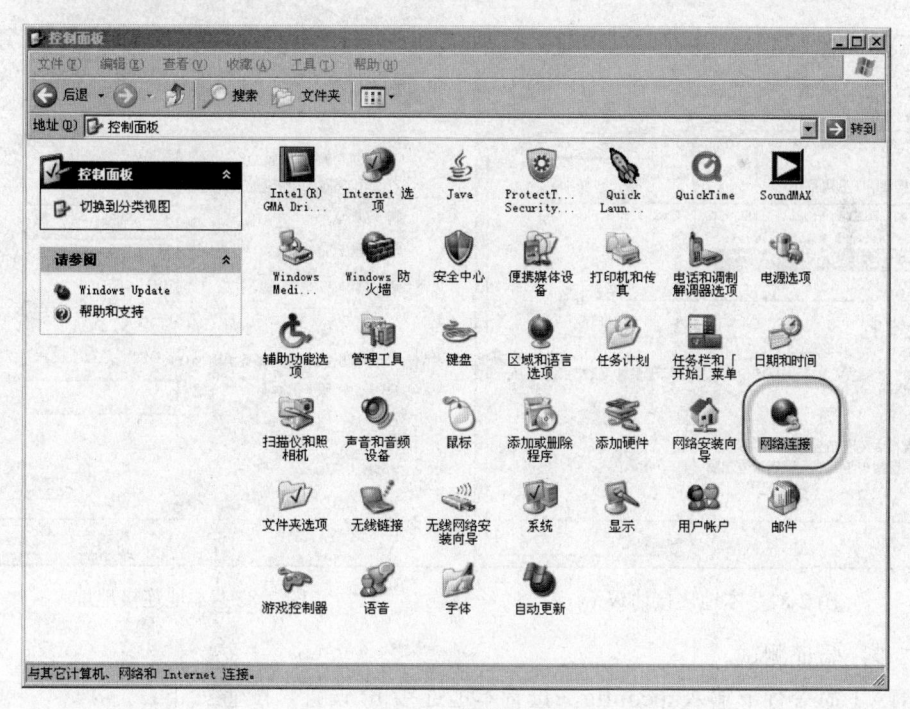

图 2-79　控制面板

（3）右击"本地连接"，在弹出的快捷菜单中选择"属性"，如图 2-80 所示。

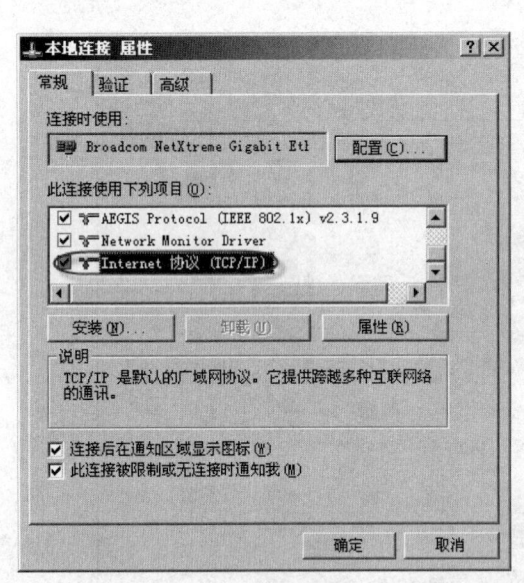

图 2-80　本地连接属性

（4）在"常规"选项卡中，双击"Internet 协议（TCP/IP）"，如图 2-81 所示。
（5）配置 STA 1 本地连接的 TCP/IP 设置，单击"确定"按钮完成设置。
IP 地址：192.168.1.10。
子网掩码：255.255.255.0。
默认网关：192.168.1.1。
如图 2-82 所示。

图 2-81　本地连接协议　　　　图 2-82　本地连接地址

第二步：验证测试。
在 STA 1 命令行下输入 ipconfig，查看本地连接 IP 设置，配置如下：
IP 地址：192.168.1.10。
子网掩码：255.255.255.0。
默认网关：192.168.1.1。

第三步：登录设备，配置管理地址，收集设备信息。

（1）STA 1 登录 RG-WG54P.A 管理页面（http://192.168.1.1，默认密码：default），如图 2-83 所示。

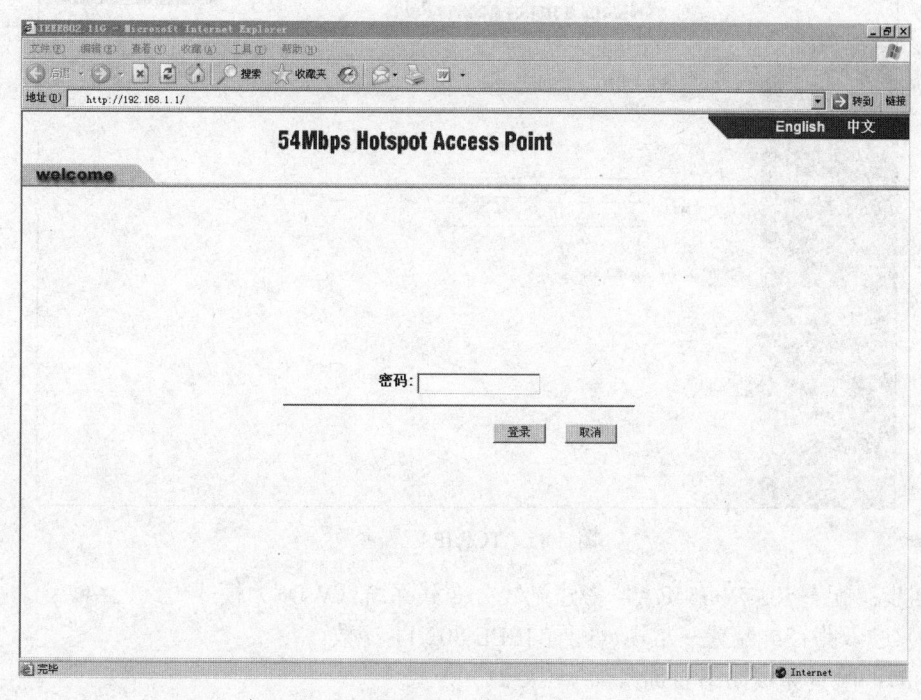

图 2-83　登录 AP

（2）进入路径：版本信息→常规，记录下 RG-WG54P.A 的 MAC 地址，如图 2-84 所示。

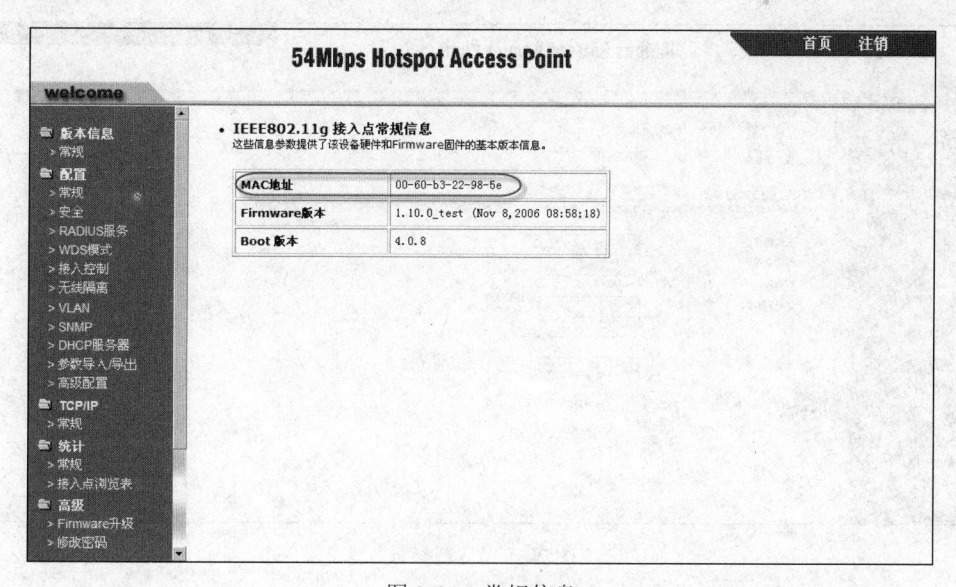

图 2-84　常规信息

（3）通过 STA 1 登录 RG-WG54P.B 的管理页面（http://192.168.1.1，默认密码：default）。

（4）进入路径：版本信息→常规，记录下 RG-WG54P.B 的 MAC 地址。

（5）进入路径：TCP/IP→常规，将 RG-WG54P.B 的管理地址修改为 192.168.1.2，如图 2-85 所示。

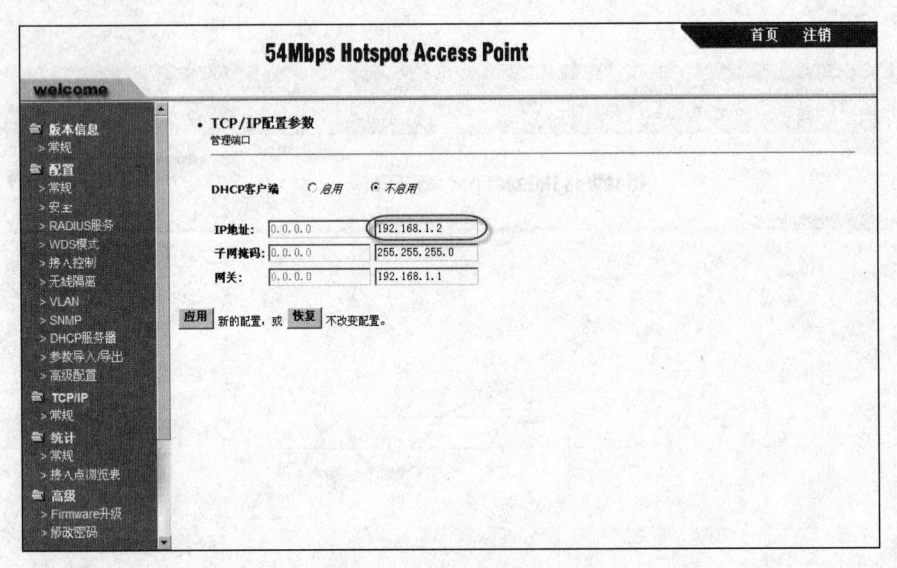

图 2-85　TCP/IP 配置参数

第四步：配置 RG-WG54P.A，搭建无线分布式系统（WDS）模式无线网络。

（1）进入路径：配置→常规，配置 IEEE 802.11 参数。

ESSID：配置无线网络名称（如 wdstest1）。

信道/频段：选择无线网络工作信道（如 CH 6/2437MHz）。

单击"应用"按钮，如图 2-86 所示。

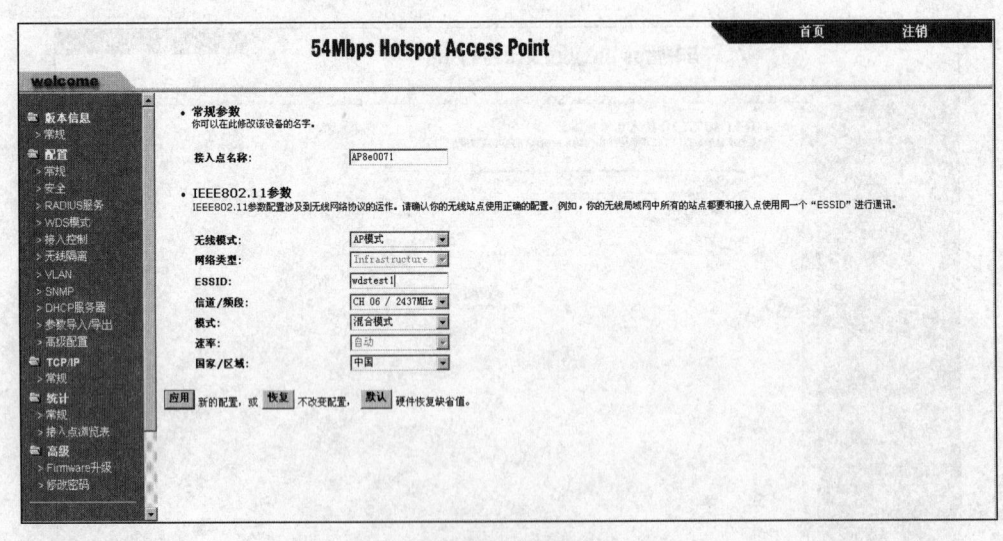

图 2-86　常规参数

（2）进入路径：配置→WDS 模式，配置 WDS 模式相关参数。

勾选"手动"方式。

Remote MAC 地址 1：输入对端 AP，即 RG-WG54P.B 的 MAC 地址。

单击"应用"按钮,如图 2-87 所示。

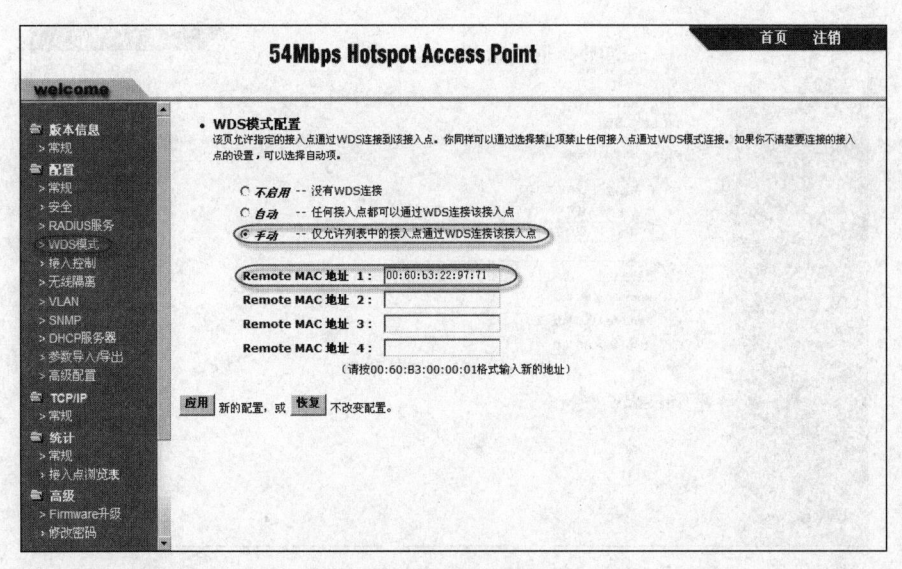

图 2-87 WDS 模式

第五步:配置 RG-WG54P.B,搭建无线分布式系统(WDS)模式无线网络。

(1)进入路径:配置→常规,配置 IEEE 802.11 参数。

ESSID:配置无线网络名称(如 wdstest2)。

信道/频段:选择无线网络工作信道,此处配置需要与 RG-WG54P.A 保持一致(如 CH 6 / 2437MHz)。

单击"应用"按钮,如图 2-88 所示。

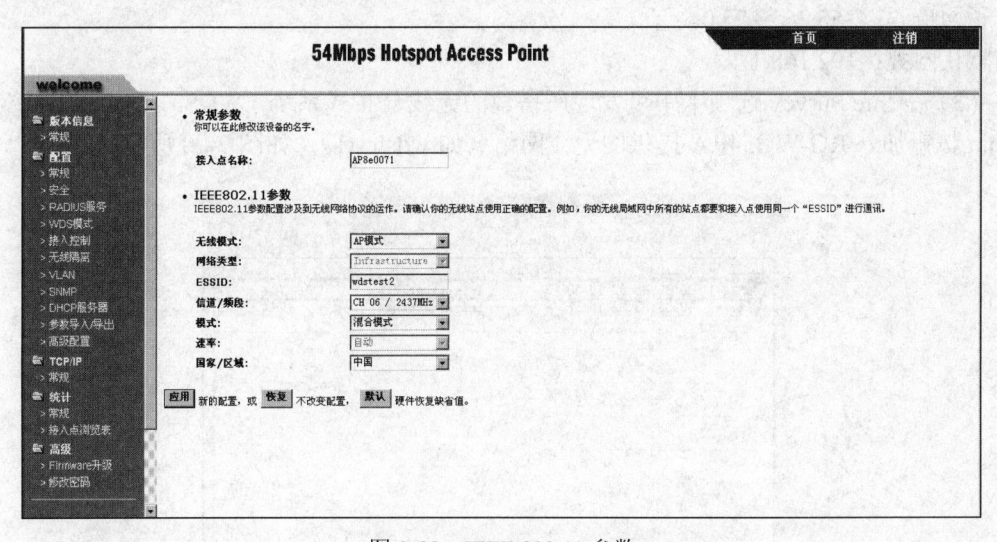

图 2-88 IEEE 802.11 参数

(2)进入路径:配置→WDS 模式,配置 WDS 模式相关参数。

勾选"手动"方式。

Remote MAC 地址 1:输入对端 AP,即 RG-WG54P.A 的 MAC 地址。

单击"应用"按钮，如图 2-89 所示。

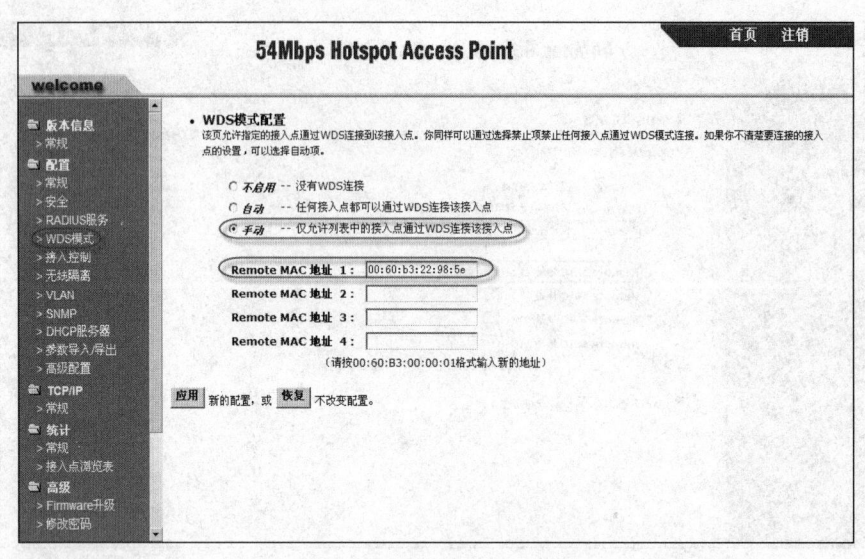

图 2-89　WDS 模式配置

（3）至此无线分布式系统（WDS）无线网络搭建完成，将 STA1 通过有线链路与 RG-WG54P.A 相连。

第六步：配置 STA 2，加入无线分布式系统（WDS）模式无线网络。

（1）STA 2 安装无线网卡 RG-WG54U 以及客户端软件 IEEE 802.11g Wireless LAN Utility。

（2）配置 STA 2 无线网卡的 TCP/IP 设置。

IP 地址：192.168.1.20。

子网掩码：255.255.255.0。

默认网关：192.168.1.1。

（3）在 Site Survey 选项卡中可发现所搭建的无线分布式系统（WDS）模式无线网络，单击 Join 按钮加入 RG-WG54P.A 提供的无线网络（如 wdstest1），如图 2-90 所示。

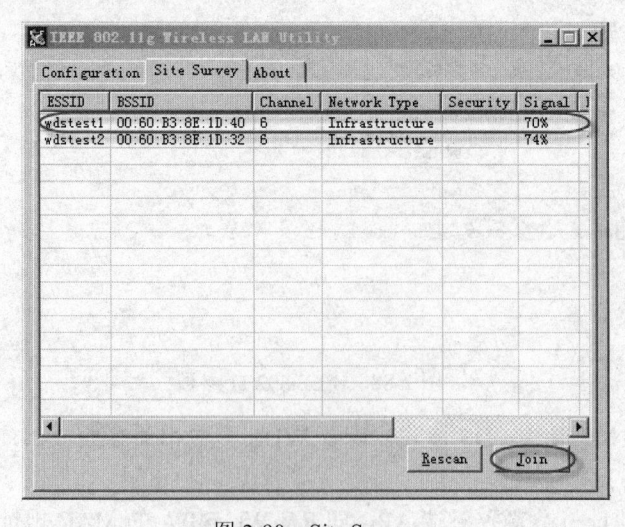

图 2-90　Site Survey

第七步：验证测试。

（1）在 STA 2 的 IEEE 802.11g Wireless LAN Utility 可以看到如下信息：

State：<Infrastructure> - [ESSID] - [无线接入点的 MAC 地址]。

Current Channel：无线分布式系统（WDS）模式无线网络工作信道。

如图 2-91 所示。

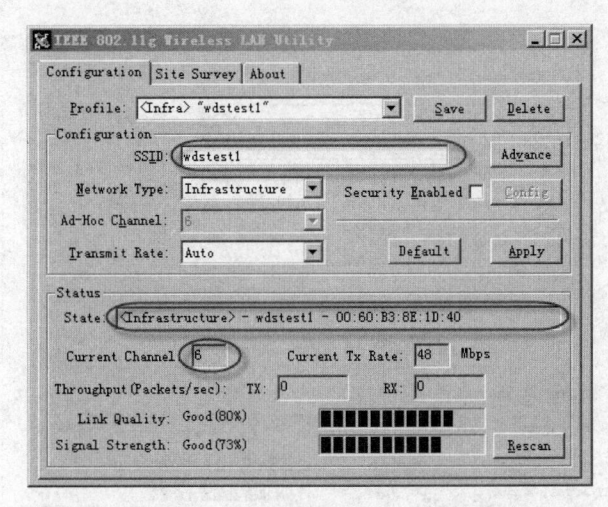

图 2-91　IEEE 802.11g Wireless LAN Utility Configuration

（2）STA 1、STA 2 能够相互 Ping 通。

第八步：配置 STA 3，加入无线分布式系统（WDS）模式无线网络。

（1）STA 3 安装无线网卡 RG-WG54U 以及客户端软件 IEEE 802.11g Wireless LAN Utility；配置 STA 3 无线网卡的 TCP/IP 设置。

IP 地址：192.168.1.30。

子网掩码：255.255.255.0。

默认网关：192.168.1.2。

（2）在 Site Survey 选项卡中可发现所搭建的无线分布式系统（WDS）模式无线网络，单击 Join 按钮加入 RG-WG54P.B 提供的无线网络（如 wdstest2），如图 2-92 所示。

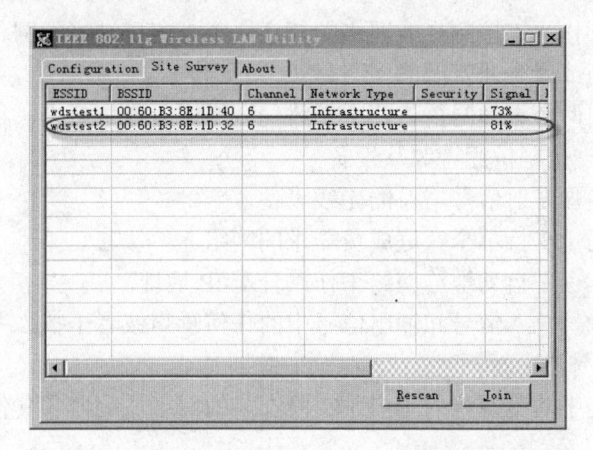

图 2-92　IEEE 802.11g Wireless LAN Utility Site Survey

第九步：验证测试。

（1）在 STA 3 的 IEEE 802.11g Wireless LAN Utility 可以看到如下信息：

State：<Infrastructure> - [ESSID] - [无线接入点的 MAC 地址]。

Current Channel：无线分布式系统（WDS）模式无线网络工作信道。

如图 2-93 所示。

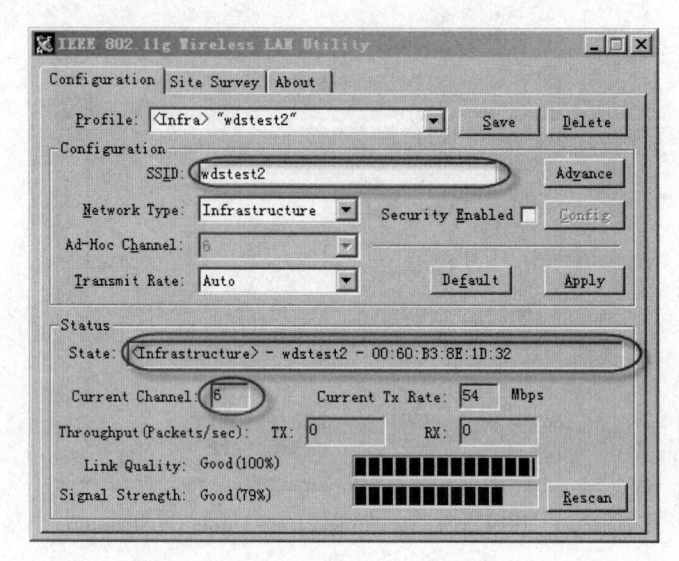

图 2-93　IEEE 802.11g Wireless LAN Utility Configuration

（2）STA 1、STA 2、STA3 能够相互 Ping 通。

**注意：**保证 STA 1、STA 2、STA 3 的 IP 地址均已配置，保证 RG-WG54P.A 和 RG-WG54P.B 的工作信道相同，保证 RG-WG54P.A 和 RG-WG54P.B 正确指定了对端 MAC 地址。

## 思考与操作

**一、填空题**

1. _____ 推荐作为连接到企业网络的任意一个无线局域网的网关设备。
2. 连接整个公司或者企业资源的网络是 _____ 。
3. _____ 使用两个无线网桥将两个无线局域网网段连接起来，将其中的一个网桥配置为主设备，并且将另一个网桥配置为从设备。
4. _____ 是增加发射信号增益的无线设备。
5. _____ 是用于支持单个家庭成员需求的网络。
6. 可以使用 _____ 自动地给网络工作站分配 IP 地址。
7. _____ 过滤掉输入信号和输出信号中的任何噪声或者干扰，并且提高输出信号的功率以扩展它的覆盖范围。
8. _____ 为处于其范围内的用户 PC 内安装的网络适配器和其他的无线电设备提供了射频连接。

9. 将一类_____桥接配置为一个主设备和两个或多个从设备。

10. _____网络通常支持单个人，并且提供到企业网络及其资源的连接。

二、选择题

1. 下列（　）无线传输现象引起了 ISI。
   A．单径传播　　　B．多径传播　　　C．DSSS　　　D．FHSS

2. 802.11a PHY 使用的调制方法是（　）。
   A．DSSS　　　B．FHSS　　　C．QAM　　　D．OFDM

3. 在以下的（　）802.11x 拓扑结构中，在同一网络的接入点之间转发数据帧。
   A．BSS　　　B．ESS　　　C．DSSS　　　D．对等

4. 下列（　）IEEE 802.11 标准没有定义 PHY 层。
   A．801.11a　　　B．802.11b　　　C．802.11i　　　D．802.11g

5. 为了获得 100Mb/s 的吞吐量，正在开发下列（　）IEEE 802.11 标准。
   A．802.11c　　　B．802.11h　　　C．802.11i　　　D．802.11n

6. 以下（　）术语用于表示 802.11x 标准的物理层。
   A．PYC　　　B．PHY　　　C．WLAN　　　D．BSS

7. 原始 IEEE 802.11 标准的当前名称是（　）。
   A．801.11a　　　B．802.11b　　　C．802.11 传统　　　D．802.11x

8. 下列术语（　）用于表示控制介质接入的 IEEE 802.11 层。
   A．BSS　　　　　　　　B．MAC
   C．WLAN　　　　　　　D．PHY

9. 在对等网络中，布置无线站点的 802.11b 拓扑结构是（　）。
   A．BSS　　　　　　　　B．ESS
   C．基础结构　　　　　　D．ad-hoc

10. 802.11 标准定义的连网结构是（　）。
    A．WLAN　　　　　　　B．WPAN
    C．WMAN　　　　　　　D．BSS

11. 使用以下（　）首字母缩略语来代表用于支持单个家庭成员的需求的网络。
    A．HAN　　　　　　　B．CAN
    C．LAN　　　　　　　D．SOHO

12. 以下（　）无线设备为处于其范围内的用户 PC 内安装的网络适配器和其他的无线电设备提供了射频连接。
    A．接入点　　　　　　B．网桥
    C．中继器　　　　　　D．路由器

13. 以下（　）网络支持远程办公设备连接到企业内部网及其资源。
    A．HAN　　　　　　　B．CAN
    C．LAN　　　　　　　D．SOHO

14. 使用以下（　）协议动态地给网络工作站分配 IP 地址。
    A．DHCP　　　　　　　B．IP

C. TCP D. IPSee

15. 使用以下（　）类无线连网设备过滤掉天线和接入点之间信号中的噪声或干扰，并且提高它的功率。

A. 放大器 B. 无线网桥
C. 无线中继器 D. 信号增强器

16. 以下（　）无线桥接模式用一对多的形式连接网桥。

A. 专用线路 B. P2P
C. P2MP D. 交换

### 三、项目实施

1. 根据本章学习的内容，请自己设计一个 SOHO 无线网络，且分别采用三种 WLAN 拓扑模式，需要提交设计方案、实施报告以及采用三种模式构建网络的优势和劣势。

# 项目三　中型企业无线网络组建

一般而言，企业网是基于有线的交换网络，它从核心层下连到通过电缆连接的接入层的最终用户。通过使用无线网络，在企业覆盖网络的整个区域内设计和安装无线网络设备，最终用户可以移动，而不会失去网络连接。

在任何无线网络中，传播信号的能力是关键因素，许多因素可以对无线传输产生影响，如有些可能导致信号无法传播，有些会缩短信号的传输距离。在组建一个企业的无线网络时，可能会有多种技术和部署选择，如合理选用天线、无线网桥、无线交换机等。终端用户也越来越希望，在一个位置开始一个传输后，随后又可以无缝地改变位置继续传输，这就需要漫游功能来发挥作用。

## 情境描述

某大型国有集团企业因为信息化建设和公司业务发展的需要，需要在全国各城市分公司及总部组建无线网络，小李作为企业的 IT 技术工程师，需要对全公司的无线网络进行组建、维护和管理，网络拓扑如图 3-1 所示。

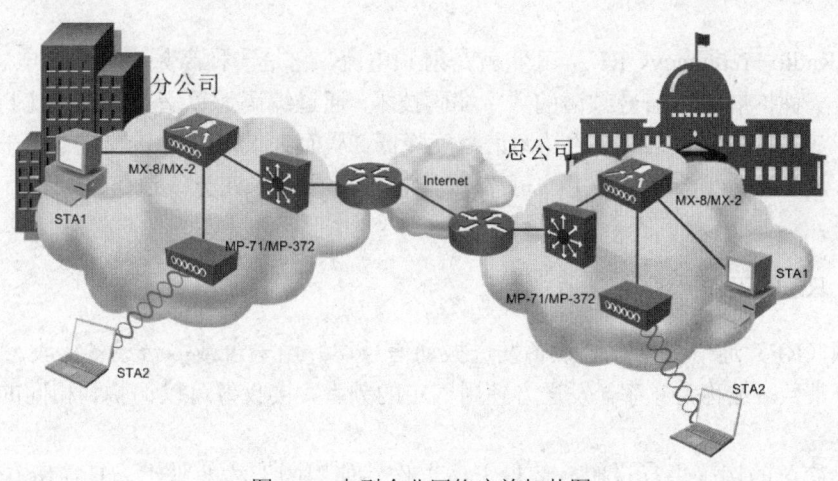

图 3-1　中型企业网络实施拓扑图

## 学习目标

通过本项目的学习，读者应能达到如下目标：

### 知识目标

- 了解两种类型的 AP 工作原理
- 掌握无线局域网信号覆盖的概念
- 掌握无线局域网漫游的作用及分类
- 掌握无线 AP 的组网模式

- 掌握无线交换机+FIT AP 的组网模式
- 掌握无线局域网的规划与设计

✿ 技能目标

- 能根据用户的需求进行网络状况的需求分析
- 清楚所需的无线网桥、无线交换机、天线和 PoE 供电的性价比，合理选择所需的无线网络组件
- 能进行中型企业无线网络的实际应用，对天线、无线网桥、无线交换机进行正确的安装和配置，确保无线网络的通畅
- 掌握中型企业无线网络性能测试、流量测试、覆盖测试的方法

✊ 素质目标

- 形成良好的合作观念，会进行业务洽谈
- 形成严格按操作规范进行操作的习惯
- 形成严谨细致的工作态度和追求完美的工作精神
- 学会自我展示的能力和查阅资料的能力

✍ 专业知识

## 3.1 无线局域网射频（RF）

射频（Radio Frequency，RF），其实就是射频电流，它是一种高频交流变化电磁波的简称。它采用的是一种扩展窄带信号频谱的数字编码技术，通过编码运算增加了发送比特的数量，扩大使用的带宽，使得带宽上信号的功率谱密度降低，从而大大提高了系统抗电磁干扰、抗串话干扰的能力，使得无线数据传输更加可靠，所以 RF 射频技术在无线通信领域具有广泛而不可替代的作用。

### 3.1.1 RF 的工作原理

在射频（RF）通信中，一台设备发送振动信号，并由一台或多台设备接收。这种振动信号基于一个常数，被称为频率。发送方使用固定的频率，接收方可以调整到相同的频率，以便接收该信号。

下面以简单的例子进行说明，假设无线工作站使用的天线非常小，且在所有方向均匀地发送或接收 RF 信号，如图 3-2 上半部分所示，其中的每个弧表示发射器生成的无线电波的一部分。每个弧实际上是一个球，因为无线电波是在三维空间移动的。这也可以显示为表示 RF 信号的振动波，如图 3-2 下半部分所示。虽然该示意图从技术上说不正确，但这里旨在说明 RF 信号是如何在两台设备之间传输的。

用于类似功能的频率范围称为波段，例如，调幅无线波频率范围为 550～170MHz。通常情况下的无线局域网通信使用的是 2.4GHz 的波段，而其他无线局域网使用的波段为 5GHz。在这里，波段是使用大概的频率表示的，2.4GHz 实际上表示的是频率范围 2.412～2.484GHz，而 5GHz 实际上指的是频率范围 5.150～5.825GHz。

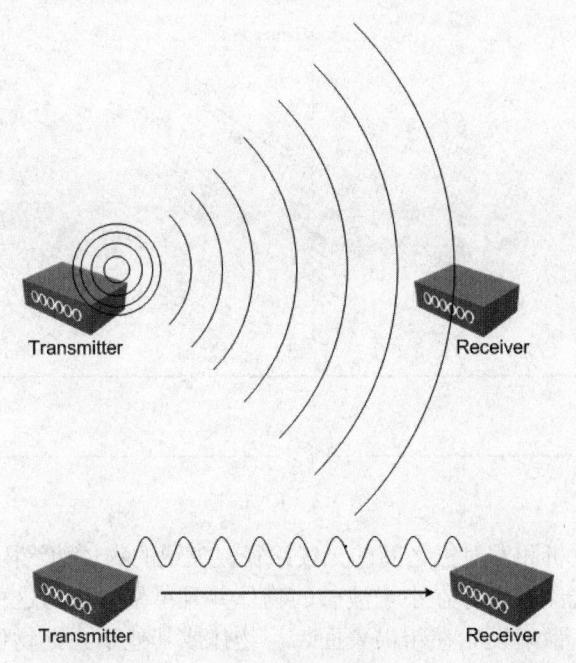

图 3-2　无线信号

无线工作站发送的信号被称为载波信号。载波信号只是一种频率固定的稳定信号。载波信号本身不包含任何音频、视频或数据，因为它是用于承载其他东西的。

要发送其他信息，发射器必须对载波信号进行调制，以独特的方式插入信息（对其进行编码），接收站必须进行相反的处理，对信号进行解调以恢复原始信息。

有些调制技术很简单，比如调幅（AM）广播采用调幅技术，即根据音频信息改变载波信号的强度。FM 广播采用调频技术（FM），即音频的高低导致载波信号的频率发生变化，WLAN 使用的调制技术要复杂得多，因为它们的数据速率比音频信号高得多。

WLAN 调制的理念是在无线信号中封装尽可能多的数据，并尽可能减少由于干扰或噪声而丢失的数据量。这是由于数据丢失后必须重传，从而占用更多的无线资源。

发送方和接收方载波的频率是固定的，并在特殊规定的范围内变化。这种范围称为信道（Channel），虽然信道通常用数字或索引（而不是频率）表示。WLAN 信道是由当前使用的 80.11 标准决定的。如图 3-3 说明了载波频率（中间频率）、调制、信道和波段之间的关系。

无线信道是无线通信的传输媒质，是以无线信号作为传输媒体的数据信号传送通道。

### 3.1.2　RF 的特征

RF 信号以电磁波的方式通过空气传播。在理论上信号到达接收方时与发送方发送的相同，而实际上并非总是如此。

RF 信号从发送方传输到接收方时，将受其遇到的物体和材质的影响。

无线信号最基本的四种传播机制为直射、反射、绕射和散射。

- 直射：即无线信号在自由空间中的传播。
- 反射：当电磁波遇到比波长大得多的物体时，发生反射，反射一般在地球表面、建筑物、墙壁表面发生。

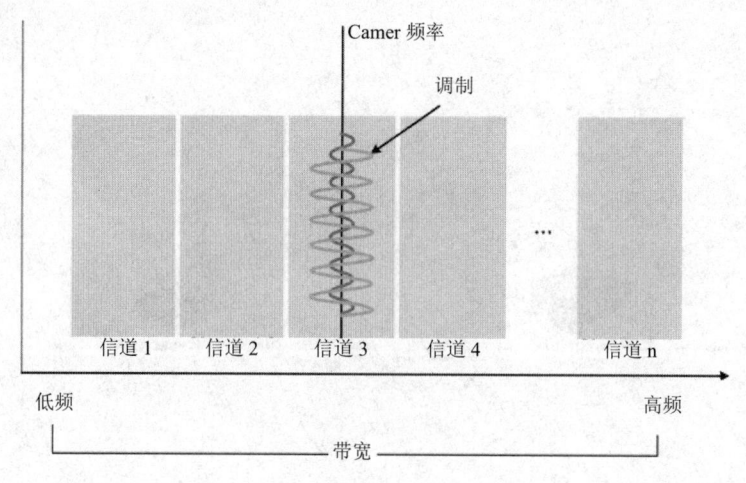

图 3-3　RF 信号

- 绕射：当接收机和发射机之间的无线路径被尖锐的物体边缘阻挡时发生绕射。
- 散射：当无线路径中存在小于波长的物体并且单位体积内这种障碍物体的数量较多时发生散射。散射发生在粗糙表面、小物体或其他不规则物体上，一般树叶、灯柱等会引起散射。

1. 反射

无线信号以电波的方式在空气中传播时，如果遇到密集的反射材质，将发生反射。如图 3-4 说明了 RF 信号的反射，室内的物体，如金属家具、文件柜和金属门等可能导致反射，室外的无线信号可能在遇到水面或大气层时发生反射。

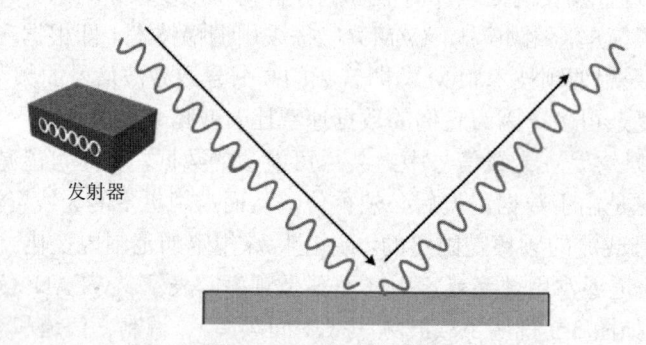

图 3-4　RF 信号的反射

2. 折射

在两种密度不同的介质之间的边界上，RF 信号也可能发生折射。反射是遇到表面后弹回来，而折射是在穿过表面时发生弯曲。

折射信号的角度与原始信号不同，传播速度也可能降低，如图 3-5 说明了这种概念，例如，信号穿过密度不同的大气层或密度不同的建筑物墙面时，将发生折射。

3. 吸收

RF 信号进入能够吸收其能量的物质时，信号将衰减。材质的密度越高，信号的衰减越严重，如图 3-6 说明了吸收对信号的影响，过低的信号强度将影响接收方。

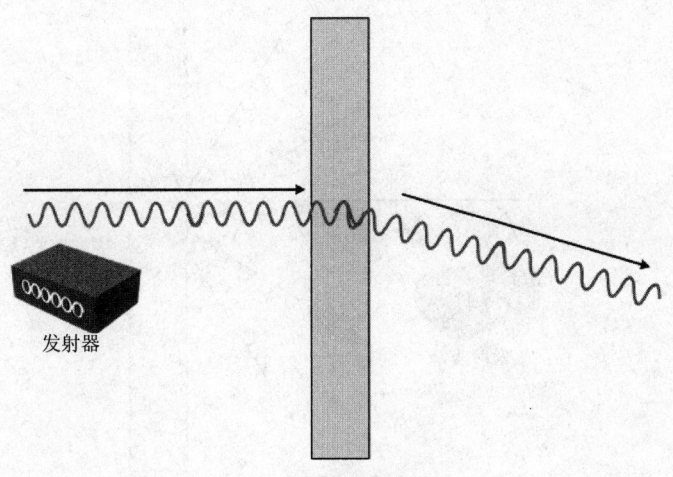

图 3-5  RF 信号的折射

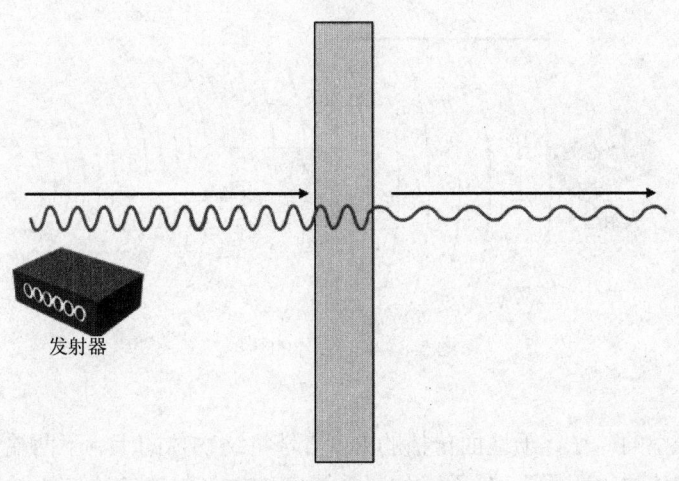

图 3-6  RF 信号的吸收

最常见的吸收情形是无线信号穿过水分，水分可能包含在无线传输路径中的树叶或无线设备附近的人体中。

4．散射

RF 信号遇到粗糙、不均匀的材质或由非常小的颗粒组成的材质时，可能向很多不同的方向散射，这是因为材质中不规则的细微表面将反射信号，如图 3-7 所示，无线信号穿过充满灰尘或砂粒的环境时将发生散射。

5．衍射

RF 信号如果遇到其不能穿过的物体或能够吸收其能量的物体，可能将出现一个阴影（其中没有信号），如果形成这样的阴影，将导致 RF 信号没有覆盖的静区。然而，在 RF 传播中，信号通常会通过弯曲绕过物体，最终组合成完全的电波。

如图 3-8 说明了无线电不透明物体（阻断或吸收 RF 信号的物体）将导致 RF 信号发生衍射，衍射生成的是同心波而不是振动信号，因此将影响实际电波。在该图中，衍射导致信号能够绕过吸收它的物体，并完成自我修复。这种特殊性使得在发送方和接收方之间有建筑物时仍能够接收到信号，然而，信号不再与原来的相同，它因为衍射而失真。

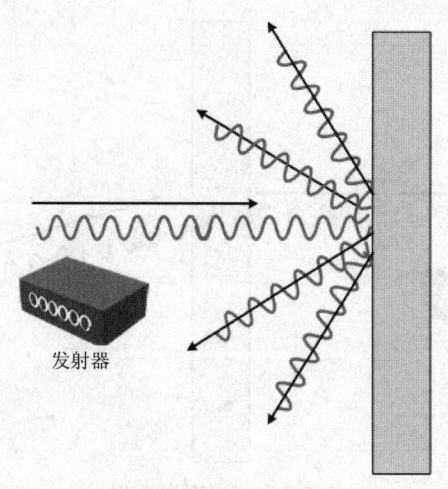

图 3-7　RF 信号的散射

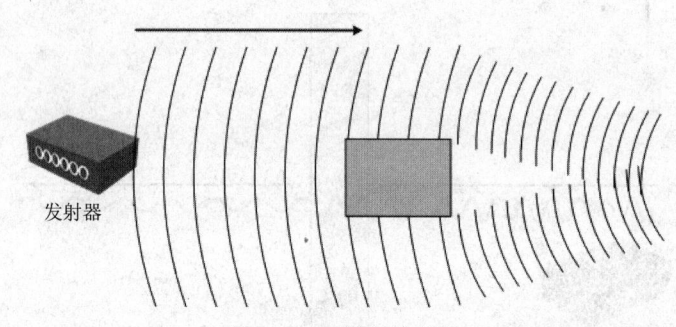

图 3-8　RF 信号的衍射

### 6. 菲涅耳区

如果物体是悬空的，平行于地面传播的 RF 信号将绕物体的上、下两端发生衍射，因此信号通常能够覆盖物体的"阴影"。然而，如果非悬空物体（如建筑物或山脉）阻断了信号，在垂直方向信号将受到负面影响。

如图 3-9 中，一座大楼阻断了信号的部分传输路径。由于沿大楼前端和顶端发生了衍射，信号发生了弯曲或衰减，导致信号无法覆盖大楼后面的大部分区域。

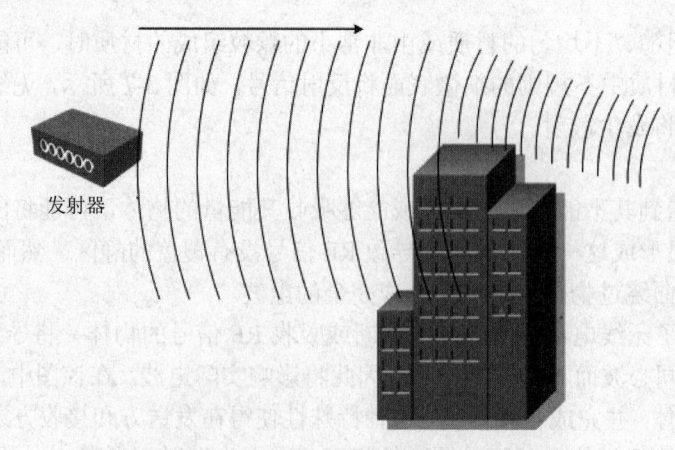

图 3-9　障碍物导致的信号衍射

在狭窄的视线（line-of-sight）无线传输中，必须考虑到这种衍射，这种信号不沿所有方向传输，而是聚焦成束，如图 3-10 所示，要形成视线路径，在发送方和接收方的天线之间信号不能受任何障碍物的影响，在大楼或城市之间的路径中，通常有其他大楼、树木或其他可能阻断信号的物体。在这种情况下，必须升高天线，使其高于障碍物，以获得没有障碍的路径。

图 3-10 沿视线传输的信号

远距离传输时，弯曲的地球表面也将成为影响信号的障碍物，距离超过两公里时，将无法看到远端，因为它稍低于地平线，尽管如此，无线信号通常沿环绕地球的大气层以相同的曲度传播。

即使物体没有直接阻断信号，狭窄的视线信号也可能受衍射的影响。在环绕视频的椭球内也不能有障碍，这个区域被称为菲涅耳区，如图 3-11 所示。如果菲涅耳区内有物体，部分 RF 信号可能发生衍射，这部分信号将弯曲，导致延迟或改变，进而影响接收方收到的信号。

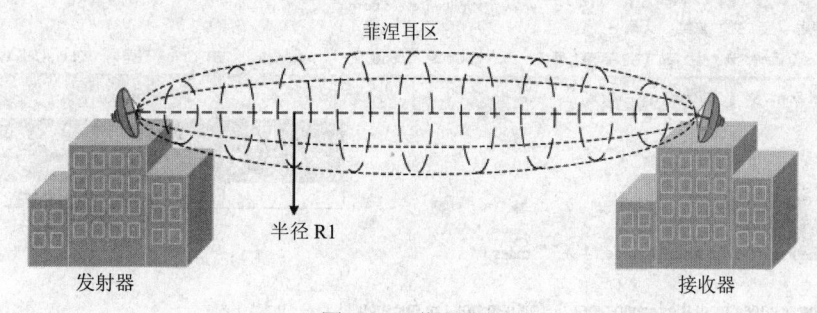

图 3-11 菲涅耳区

在传输路径的任何位置，都可以计算出菲涅耳区半径 R1。在实践中，物体必须离菲涅耳区的下边缘有一定的距离，有些资料建议为半径的 60%，其他资料则建议为 50%。

在图 3-12 中，在信号的传输路径中有一座大楼，但没有阻断信号束，然而，它却位于菲涅耳区内，因此信号将受到负面影响。

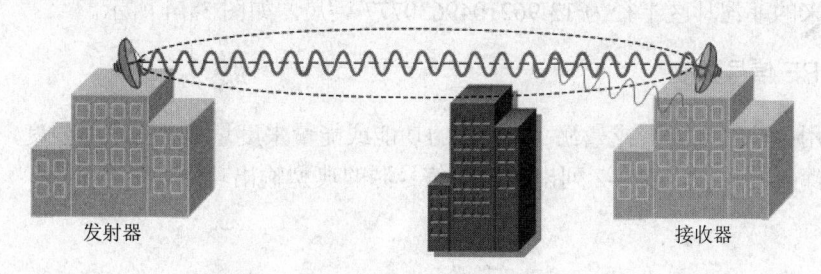

图 3-12 菲涅耳区的障碍物导致信号降低

通常，应该增加视线系统的高度，使菲涅耳区的下边缘也比所有障碍物高。注意传输路径非常长，弯曲的地球表面也将进入菲涅耳区并导致信号的延迟或改变问题。

可以使用一个复杂的公式来计算菲涅耳区的半径，但我们只需要知道存在菲涅耳区，且其中不能有任何障碍物，如表 3-1 列出了使用频段 2.4GHz 时无线传输路径中点处的菲涅耳区半径值。

表 3-1 菲涅耳区半径值

| 传输距离（英里） | 路径中点处的菲涅耳区的半径 |
| --- | --- |
| 0.5 | 16 |
| 1.0 | 23 |
| 2.0 | 33 |
| 5.0 | 52 |
| 10.0 | 72 |

First mile wireless 网站提供了一个计算菲涅耳区半径的计算器，可以登录到 http://www.firstmilewireless.com/calc_fresnel.html 网址进行菲涅耳区半径值计算，如果视线距离为 1 英里，传输距离也为 1 英里，在网页中输入，单击 Submit 按钮进行计算，如图 3-13 所示。

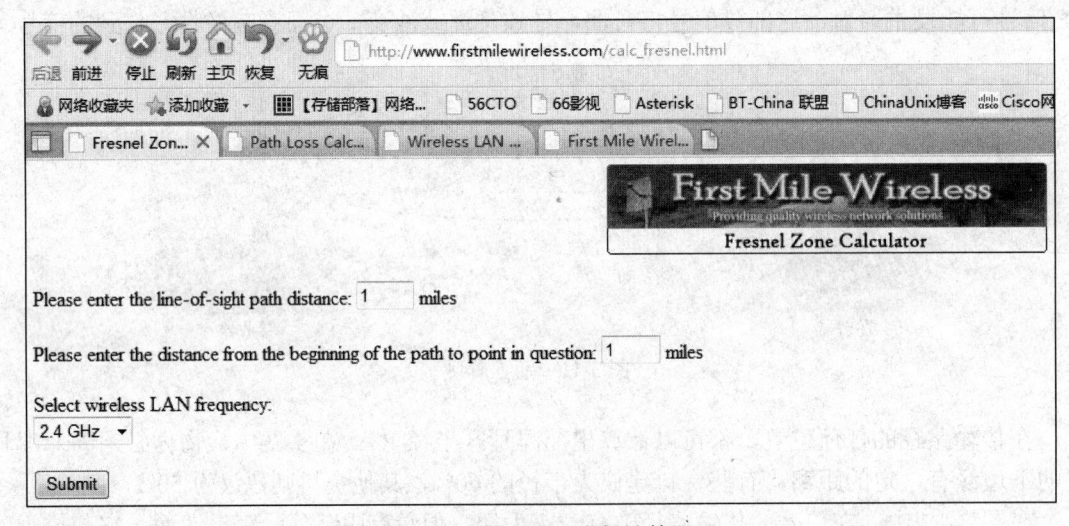

图 3-13 菲涅耳区半径计算器

计算出来的菲涅耳区半径为 13.9621049630777 英尺，如图 3-14 所示。

### 3.1.3 RF 信号强度

可以使用单位瓦（W）或毫瓦（mW）的功能或能量来度量 RF 信号的强度，为让大家对信号功能有深入的认识，表 3-2 列出了各种信号源的典型输出功率。

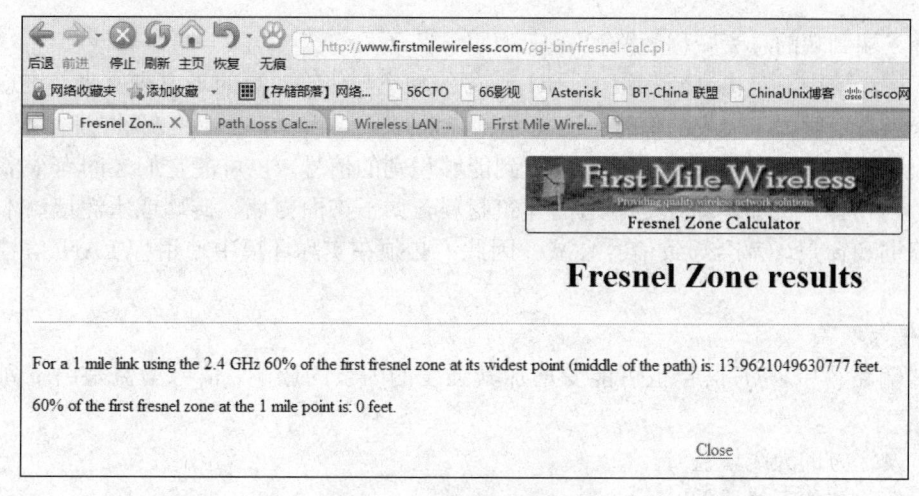

图 3-14 菲涅耳区半径计算

表 3-2 典型 RF 的输出功率

| 信号源 | 输出功率 |
| --- | --- |
| 短波广播站 | 500000W |
| AM 广播站 | 50000W |
| 微波炉（2.4GHz） | 600～1000W |
| 手机 | 200mW |
| 无线局域网 AP（2.4GHz） | 1～200mW |

功率的范围非常大，这使得计算起来非常困难，分贝（dB）是一种灵活的表示功能的方式，因为 dB 度量的是实际功率和参考功率的比例，又因为 dB 是对数，能够以线性方式表示更大范围的值。

在计算以 dB 为单位的功率比例时，可以使用图 3-15 所示的公式。

$$dB 10\log_{10}\left(\frac{P_{sig}}{P_{ref}}\right)$$

图 3-15 dB 计算公式

1. 信号的衰减

RF 信号离开发射器后，都将受到外部因素的影响而降低强度，这被称为信号衰减。导致信号衰减的因素如下：
- 发射器和天线之间的电缆衰减
- 信号在空气中传输时的自由空间衰减
- 外界的障碍物
- 外部的噪音或干扰
- 接收器和天线之间的电缆衰减

信号从发射器传送到接收器的过程中遇到各种各样的情况，衰减将不断累积，导致信号质量下降。端到端的总衰减称为路径衰减。

在任何环境中，自由衰减都很大，RF信号的功率与传输距离的平方成反比，这意味着随着接收器远离发射器，接收的信号强度将急剧降低。

接收器可能离发射器太远，无法接收到能够识别的信号，也可能它们之间有很多吸收或扭曲信号的物体，例如，即使是普通的建筑材料，如干饰面内墙、砖墙或水泥墙、木质或金属门、门框和窗户，都会导致信号衰减。因此，必须在实际环境中使用WLAN信号进行现场勘察。

2. 信号增益

在传输路径中，RF信号也可能受增加其强度的因素的影响，信号增益是由下列因素导致的：

- 发送方的天线增益
- 接收方的天线增益

天线本身并不能提高信号的功率，其增益指的是天线接收RF信号以及将沿特殊性定方向发射出去的能力。

天线增益通常使用单位dBi，其计算方法与dBm相同，唯一的差别是，参考功率为各项同性天线发射的信号功率。

3. 无线路径的性能

经常会在AP看到其发射功率标称，这通常指的是发射器的输出功率，没有考虑天线和电缆的影响，实际发射的信号的功率取决于使用的天线类型和天线电缆的长度。

在设计完整的无线系统时，不能仅仅考虑发射器或AP的功率，还需要考虑整个无线链路中将导致增益或衰减的每个组件。

为确定路径性能或总体增益，最简单的方法是将所有的增益或衰减dB值相加。可以参考下面的公式：

系统增益=发射功率（dBm）+发射天线的增益（dBi）+接收天线的增益（dBi）−发射端的电缆衰减（dB）−接收端的电缆衰减（dB）−接收器的灵敏度（dB）

注意，这里将接收器的灵敏度视为衰减，因此将其减去，接收器的灵敏度指的是可用信号的最低功率，因此必须减去它，以得到最终的增益。

无线链路的最大长度取决于整体路径性能。当总路径衰减等于或大于总路径增益时，接收器将无法收到信号。

### 3.1.4 无线信道的特点

（1）频谱资源有限。虽然可供通信用的无线频谱从数十MHz到数十GHz，但由于无线频谱在各个国家都是一种被严格管制使用的资源，因此对于某个特定的通信系统来说，频谱资源是非常有限的。而且目前移动用户处于快速增长中，因此必须精心设计移动通信技术，以使用有限的频谱资源。

（2）传播环境复杂。前面已经说明了电磁波在无线信道中传播会存在多种传播机制，这会使得接收端的信号处于极不稳定的状态，接收信号的幅度、频率、相位等均可能处于不断变化之中。

（3）存在多种干扰。电磁波在空气中的传播处于一个开放环境之中，而很多的工业设备和民用设备都会产生电磁波,这就对相同频率的有用信号的传播造成了干扰。此外,由于射频器件的非线性还会引入互调干扰,同一通信系统内不同信道间的隔离度不够还会引入邻道干扰。

(4)网络拓扑处于不断的变化之中。无线通信产生的一个重要原因是可以使用户自由地移动。同一系统中处于不同位置的用户以及同一用户的移动行为,都会使得在同一移动通信系统中存在着不同的传播路径,并会进一步产生信号在不同传播路径之间的干扰。此外,近年来兴起的自组织(ad-hoc)网络,更是具有接收器和发射器同时移动的特点,也会对无线信道的研究产生新的影响。

## 3.2 WLAN 天线

### 3.2.1 天线的分类及作用

无线电发射机输出的射频信号功率通过馈线(电缆)输送到天线,由天线以电磁波形式辐射出去。电磁波到达接收地点后,由天线接收下来(仅仅接收很小很小一部分功率),并通过馈线送到无线电接收机。可见,天线是发射和接收电磁波的一个重要的无线电设备,没有天线也就没有无线电通信。

天线品种繁多,以供不同频率、不同用途、不同场合、不同要求等不同情况下使用。

对于众多品种的天线,进行适当的分类是必要的。

- 按用途分类,可分为通信天线、电视天线、雷达天线等。
- 按工作频段分类,可分为短波天线、超短波天线、微波天线等。
- 按方向性分类,可分为全向天线、定向天线等。
- 按外形分类,可分为线状天线、面状天线等。

当发送或接收信号时,导线上有交变电流流动,就可以发生电磁波的辐射,辐射的能力与导线的长度和形状有关。如图 3-16(a)所示,若两导线的距离很近,电场被束缚在两导线之间,则辐射很微弱;将两导线张开,如图 3-16(b)所示,电场就散播在周围空间,因而辐射增强。

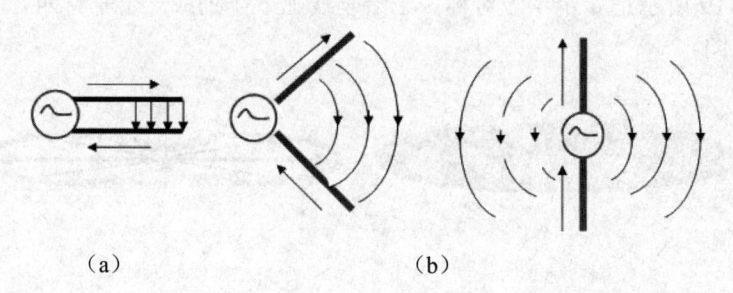

(a)　　　　　　(b)

图 3-16　电磁波的辐射

需要注意的是,当导线的长度 $L$ 远小于波长 $\lambda$ 时,辐射很微弱;导线的长度 $L$ 增大到可与波长相比拟时,导线上的电流将大大增加,因而就能形成较强的辐射。

对称振子是一种经典的、迄今为止使用最广泛的天线,单个半波对称振子可简单地独立地使用或用作抛物面天线的馈源,也可采用多个半波对称振子组成天线阵。两臂长度相等的振子叫做对称振子。每臂长度为四分之一波长、全长为二分之一波长的振子,称半波对称振子,如图 3-17 所示。另外,还有一种异型半波对称振子,可看成是将全波对称振子折合成一个窄长的矩形框,并把全波对称振子的两个端点相叠,这个窄长的矩形框称为折合振子,注意,折合振子的长度也是二分之一波长,故称为半波折合振子。

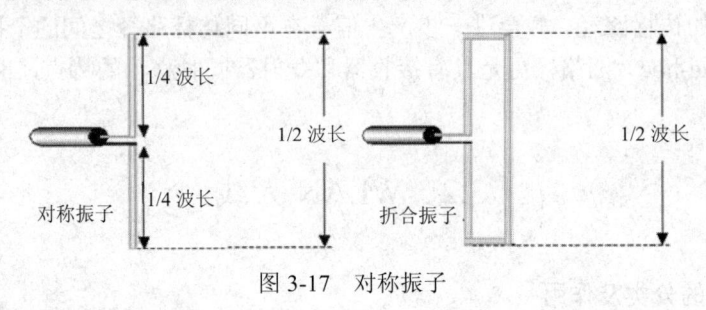

图 3-17 对称振子

### 3.2.2 天线的方向性

发射天线的基本功能是把从馈线取得的电子信号向周围空间辐射出去,并把大部分电子信号朝所需的方向辐射。天线方向通常分为立体方向、垂直方向和水平方向,天线方向示意图如图 3-18 所示,从图中可以看出,在振子的轴线方向上辐射为零,最大辐射方向在水平面上;在水平面上各个方向上的辐射一样大。

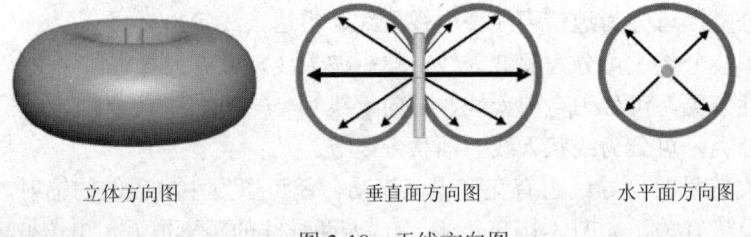

图 3-18 天线方向图

若干个对称振子组阵,能够控制辐射,产生"扁平的面包圈",把信号进一步集中到水平面方向上。图 3-19 所示是 4 个半波对称振子沿垂线上下排列成一个垂直四元阵时的立体方向图和垂直面方向图。

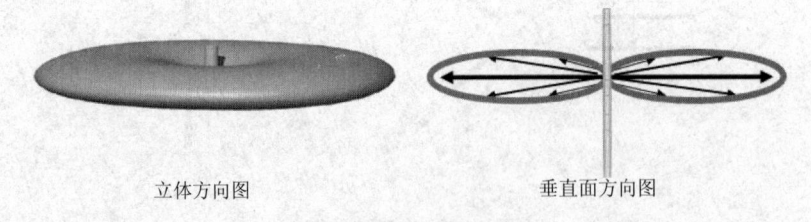

图 3-19 天线方向性增强

也可以利用反射板把辐射能控制到单侧方向,平面反射板放在阵列的一边构成扇形区覆盖天线。水平面方向图说明了反射面的作用——反射面把功率反射到单侧方向,提高了增益,如图 3-20 所示。

全向阵
（垂直阵列 • 不带平面反射板）

平面反射板

扇形区覆盖
（垂直阵列 • 带平面反射板）

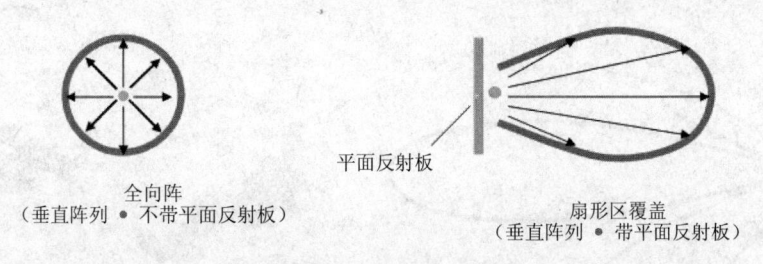

图 3-20 平面反射

抛物反射面的使用更能使天线的辐射像光学中的探照灯那样，把能量集中到一个小立体角内，从而获得很高的增益。不言而喻，抛物面天线的构成包括两个基本要素：抛物反射面和放置在抛物面焦点上的辐射源。

增益是指在输入功率相等的条件下，实际天线与理想的辐射单元在空间同一点处所产生的信号的功率密度之比。它定量地描述一个天线把输入功率集中辐射的程度。增益显然与天线方向图有密切的关系，方向图主瓣越窄，副瓣越小，增益越高。

方向图通常都有两个或多个瓣，其中辐射强度最大的瓣称为主瓣，其余的瓣称为副瓣或旁瓣。参见图 3-21，波瓣宽度越窄，方向性越好，作用距离越远，抗干扰能力越强。

还有一种波瓣宽度，即 10dB 波瓣宽度，顾名思义它是方向图中辐射强度降低 10dB（功率密度降至十分之一）的两个点间的夹角，如图 3-21 所示。

-3dB 点
峰值方向
（最大辐射方向）
3dB 波瓣宽度
-3dB 点

-10dB 点
峰值方向
（最大辐射方向）
10dB 波瓣宽度
-10dB 点

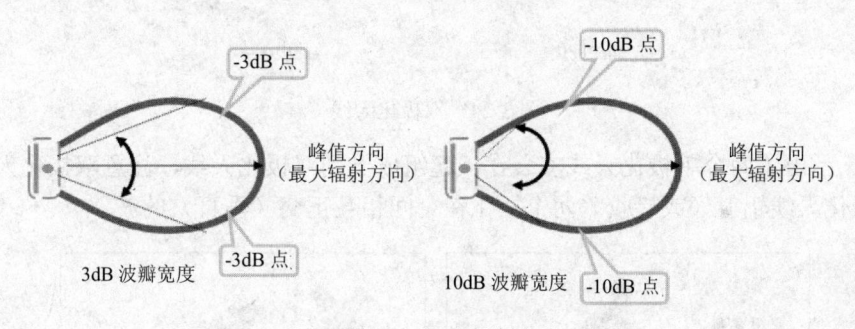

图 3-21 天线波瓣

### 3.2.3 天线的极化

对于基站天线，人们常常要求它的垂直面（即俯仰面）方向图中，主瓣上方第一旁瓣尽可能弱一些。这就是所谓的上旁瓣抑制。基站的服务对象是地面上的移动电话用户，指向天空的辐射是毫无意义的，如图 3-22 所示。

天线向周围空间辐射电磁波，电磁波由电场和磁场构成。人们规定：电场的方向就是天线极化方向。一般使用的天线为单极化的。图 3-23 示出了两种基本的单极化的情况：垂直极化（是最常用的）和水平极化（也是要被用到的）。

图 3-24 示出了另两种单极化的情况：+45°极化和-45°极化，它们仅仅在特殊场合下使用。这样共有四种单极化。把垂直极化和水平极化两种极化的天线组合在一起，或者把+45°极化和-45°极化两种极化的天线组合在一起，就构成了一种新的天线——双极化天线。

图 3-22 上旁瓣抑制

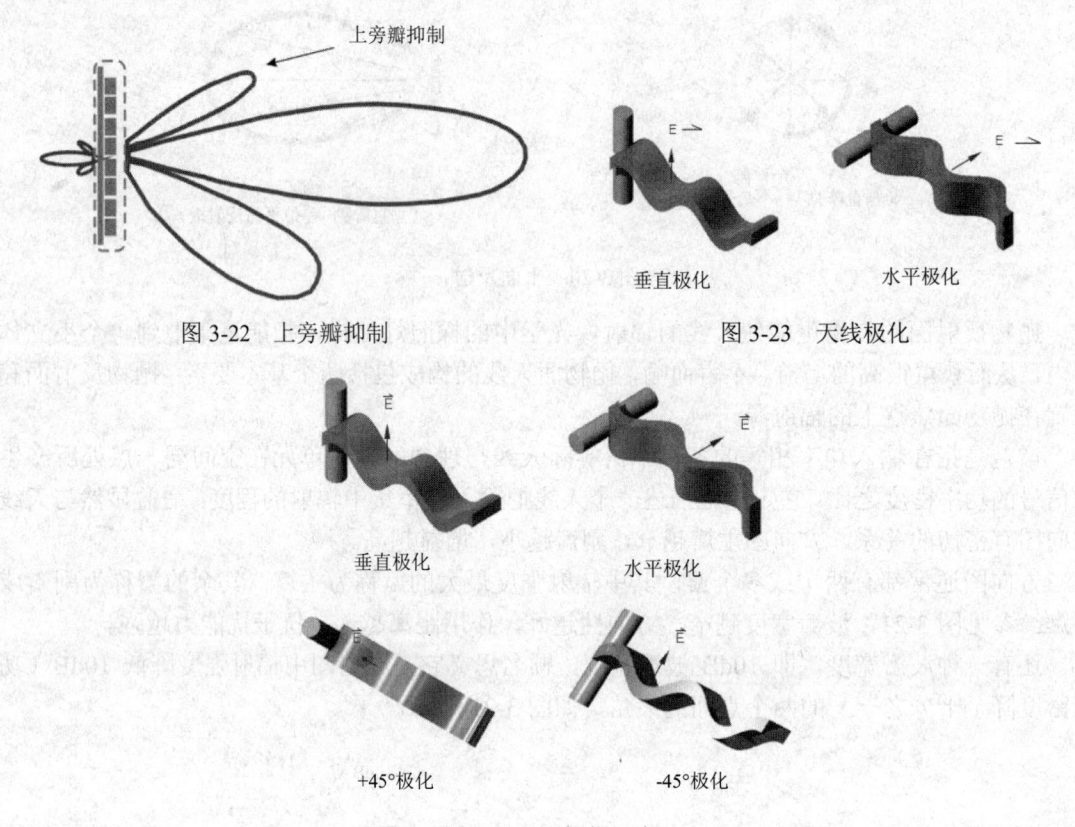

图 3-23 天线极化

垂直极化　　　水平极化

+45°极化　　　-45°极化

图 3-24 双极化天线

图 3-25 示出了两个单极化天线安装在一起组成一副双极化天线，注意双极化天线有两个接头。双极化天线辐射（或接收）两个极化在空间相互正交（垂直）的波。

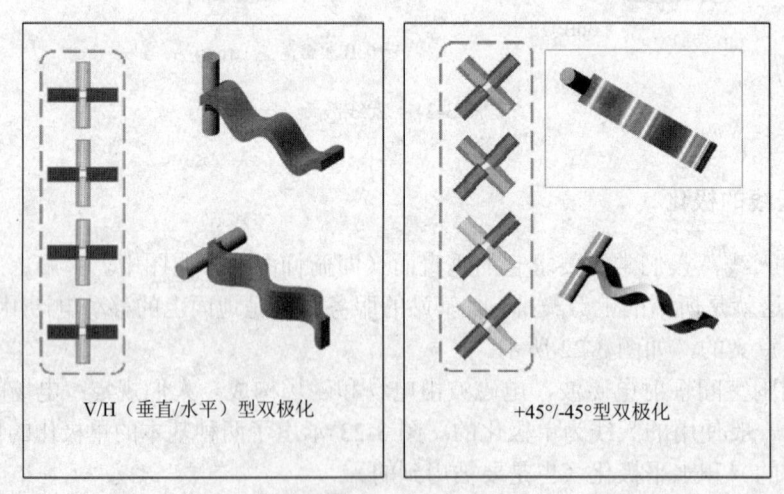

V/H（垂直/水平）型双极化　　　+45°/-45°型双极化

图 3-25 天线双极化

### 3.2.4 天线的输入阻抗

天线输入端信号电压与信号电流之比，称为天线的输入阻抗。输入阻抗具有电阻分量 $R_{in}$

和电抗分量 $X_{in}$，即 $Z_{in}=R_{in}+jX_{in}$。电抗分量的存在会减少天线从馈线对信号功率的提取，因此，必须使电抗分量尽可能为零，也就是应尽可能使天线的输入阻抗为纯电阻。事实上，即使是设计、调试得很好的天线，其输入阻抗中总还含有一个小的电抗分量值。

输入阻抗与天线的结构、尺寸以及工作波长有关，半波对称振子是最重要的基本天线，其输入阻抗为 $Z_{in}=73.1+j42.5$（Ω）。当把其长度缩短 3%～5%时，就可以消除其中的电抗分量，使天线的输入阻抗为纯电阻，此时的输入阻抗为 $Z_{in}=73.1$（Ω）（标称 75Ω）。注意，严格地说，纯电阻性的天线输入阻抗只是对点频而言的。

顺便指出，半波折合振子的输入阻抗为半波对称振子的四倍，即 $Z_{in}=280$（Ω）（标称 300Ω）。

### 3.2.5 天线的工作频率范围

无论是发射天线还是接收天线，它们总是在一定的频率范围（频带宽度）内工作，天线的频带宽度有两种不同的定义：
- 在驻波比 SWR≤1.5 条件下，天线的工作频带宽度。
- 天线增益下降 3dB 范围内的频带宽度。

在移动通信系统中，通常是按前一种定义的，具体地说，天线的频带宽度就是天线的驻波比 SWR 不超过 1.5 时天线的工作频率范围。

一般来说，在工作频带宽度内的各个频率点上，天线性能是有差异的，但这种差异造成的性能下降是可以接受的。

连接天线和发射机输出端（或接收机输入端）的电缆称为传输线或馈线。传输线的主要任务是有效地传输信号能量，因此，它应能将发射机发出的信号功率以最小的损耗传送到发射天线的输入端，或将天线接收到的信号以最小的损耗传送到接收机的输入端，同时它本身不应拾取或产生杂散干扰信号，这样，就要求传输线必须屏蔽。

顺便指出，当传输线的物理长度等于或大于所传送信号的波长时，传输线又叫做长线。

### 3.2.6 传输线的种类

超短波段的传输线一般有两种：平行双线传输线和同轴电缆传输线；微波波段的传输线有同轴电缆传输线、波导和微带。平行双线传输线由两根平行的导线组成，它是对称式或平衡式的传输线，这种馈线损耗大，不能用于 UHF 频段。同轴电缆传输线的两根导线分别为芯线和屏蔽铜网，因铜网接地，两根导体对地不对称，因此叫做不对称式或不平衡式传输线。同轴电缆工作频率范围宽，损耗小，对静电耦合有一定的屏蔽作用，但对磁场的干扰却无能为力。使用时切忌与有强电流的线路并行走向，也不能靠近低频信号线路。

### 3.2.7 反射损耗

馈线终端所接负载阻抗 $Z_L$ 等于馈线特性阻抗 $Z_0$ 时，称为馈线终端是匹配连接的。匹配时，馈线上只存在传向终端负载的入射波，而没有由终端负载产生的反射波，因此，当天线作为终端负载时，匹配能保证天线取得全部信号功率。如图 3-26 所示，当天线阻抗为 50Ω 时，与 50Ω 的电缆是匹配的，而当天线阻抗为 80Ω 时，与 50Ω 的电缆是不匹配的。

如果天线振子直径较粗，天线输入阻抗随频率的变化较小，容易和馈线保持匹配，这时天线的工作频率范围就较宽；反之，则较窄。

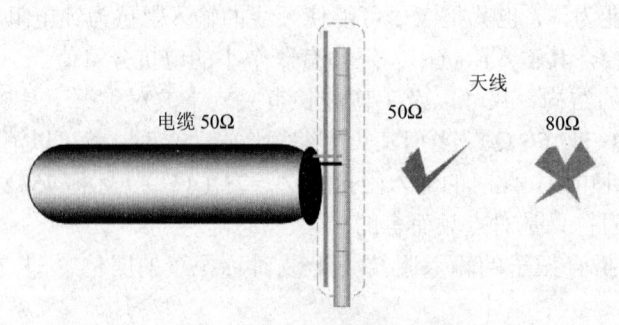

图 3-26 天线与馈线的匹配

在实际工作中，天线的输入阻抗还会受到周围物体的影响。为了使馈线与天线良好匹配，在架设天线时还需要通过测量，适当地调整天线的局部结构或加装匹配装置。

当馈线和天线匹配时，馈线上没有反射波，只有入射波，即馈线上传输的只是向天线方向行进的波。这时，馈线上各处的电压幅度与电流幅度都相等，馈线上任意一点的阻抗都等于它的特性阻抗。

而当天线和馈线不匹配时，也就是天线阻抗不等于馈线特性阻抗时，负载就只能吸收馈线上传输的部分高频能量，而不能全部吸收，未被吸收的那部分能量将反射回去形成反射波。

例如，在图 3-27 中，由于天线与馈线的阻抗不同，一个为 75Ω，一个为 50Ω，阻抗不匹配。

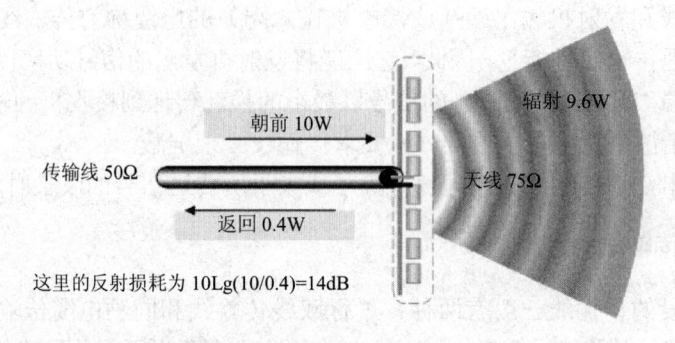

图 3-27 天线与馈线不匹配

## 3.2.8 WLAN 常用天线

**1. 高增益栅状抛物面天线**

从性能价格比出发，人们常常选用栅状抛物面天线作为 WLAN Inter-building 天线。由于抛物面具有良好的聚焦作用，所以抛物面天线集射能力强，直径为 1.5m 的栅状抛物面天线，在 2.4GHz 频段，其增益即可达 G=24dBi。它特别适用于点对点的通信。

抛物面采用栅状结构，一是为了减轻天线的重量，二是为了减少风的阻力。

抛物面天线一般都能给出不低于 30dB 的前后比，这也正是直放站系统防自激而对接收天线所提出的必须满足的技术指标，如图 3-28 所示。

图 3-28  高增益栅状抛物面天线

2. 板状天线

在 WLAN Inter-Building 中,板状天线是用得最为普遍的一类极为重要的天线。这种天线的优点是:增益高、扇形区方向图好、后瓣小、垂直面方向图俯角控制方便、密封性能可靠、使用寿命长。

板状天线也常常被用作直放站的用户天线,根据作用扇形区的范围大小,应选择相应的天线型号,如图 3-29 所示。

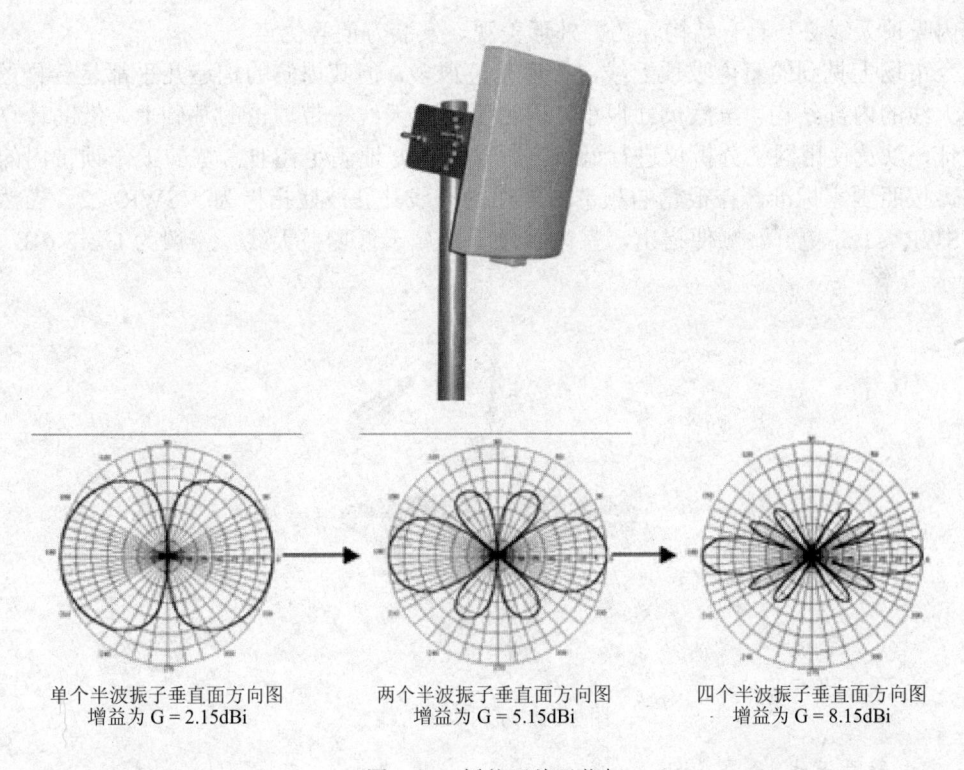

单个半波振子垂直面方向图
增益为 G = 2.15dBi

两个半波振子垂直面方向图
增益为 G = 5.15dBi

四个半波振子垂直面方向图
增益为 G = 8.15dBi

图 3-29  板状天线及指标

3. 八木定向天线

八木定向天线,具有增益较高、结构轻巧、架设方便、价格便宜等优点。因此,它特别适用于点对点的通信。

八木定向天线的单元数越多，其增益越高，通常采用 6～12 单元的八木定向天线，其增益可达 10～15dB，如图 3-30 所示。

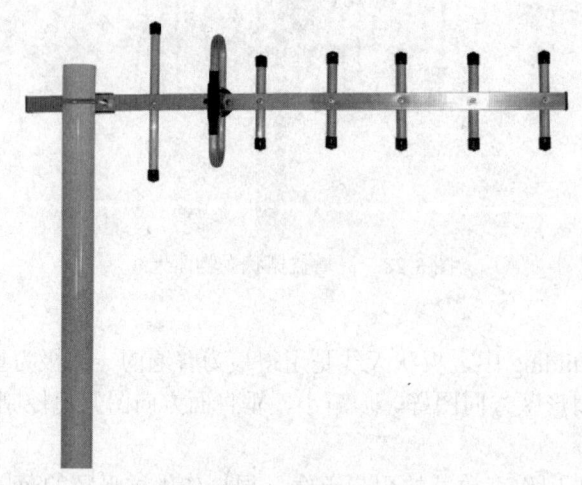

图 3-30　八木定向天线

#### 4. 室内吸顶天线

室内吸顶天线必须具有结构轻巧、外形美观、安装方便等优点。

现今市场上见到的室内吸顶天线，外形花色很多，但其内芯的构造几乎都是一样的。这种吸顶天线的内部结构，虽然尺寸很小，但由于是在天线宽带理论的基础上，借助计算机的辅助设计，以及使用网络分析仪进行调试，所以能很好地满足在非常宽的工作频带内的驻波比要求，按照国家标准，在很宽的频带内工作的天线其驻波比指标为 VSWR≤2。当然，能达到 VSWR≤1.5 更好。顺便指出，室内吸顶天线属于低增益天线，一般为 G =2 dB，如图 3-31 所示。

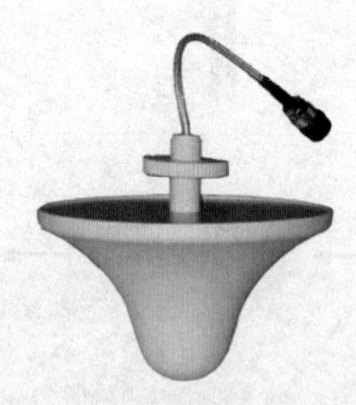

图 3-31　室内吸顶天线

#### 5. 室内壁挂天线

室内壁挂天线同样必须具有结构轻巧、外形美观、安装方便等优点。

现今市场上见到的室内吸顶天线，外形花色很多，但其内芯的构造几乎也都是一样的。这种壁挂天线的内部结构，属于空气介质型微带天线。由于采用了展宽天线频宽的辅助结构，借助计算机的辅助设计,以及使用网络分析仪进行调试,所以能较好地满足工作宽频带的要求。顺便指出,室内壁挂天线具有一定的增益,约为 G=7dB,如图 3-32 所示。

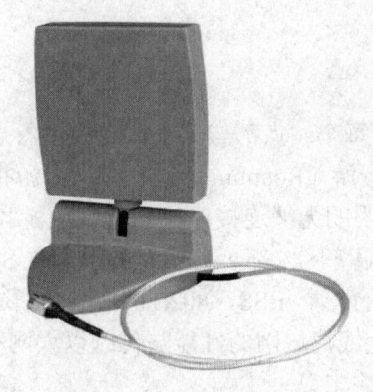

图 3-32　室内壁挂天线

### 3.2.9　移动通信系统天线安装规范

由于移动通信的迅猛发展,目前全国许多地区存在多网并存的局面,即 A、B、G 三网并存,其中有些地区的 G 网还包括 GSM9000 和 GSM1800。为充分利用资源,实现资源共享,我们一般采用天线共塔的形式。这就涉及了天线的正确安装问题,即如何安装才能尽可能地减少天线之间的相互影响。在工程中我们一般用隔离度指标来衡量,通常要求隔离度应至少大于 30dB,为满足该要求,常采用使天线在垂直方向隔开或在水平方向隔开的方法,实践证明,在天线间距相同时,垂直安装比水平安装能获得更大的隔离度。

总的来说,天线的安装应注意以下几个问题:

- 定向天线的塔侧安装:为减少天线铁塔对天线方向性图的影响,在安装时应注意:定向天线的中心至铁塔的距离为 $\lambda/4$ 或 $3\lambda/4$ 时,可获得塔外的最大方向性。
- 全向天线的塔侧安装:为减少天线铁塔对天线方向性图的影响,原则上天线铁塔不能成为天线的反射器。因此在安装中,天线总应安装于棱角上,且使天线与铁塔任一部位的最近距离大于 $\lambda$。
- 多天线共塔:要尽量减少不同网收发信号天线之间的耦合作用和相互影响,设法增大天线相互之间的隔离度,最好的办法是增大相互之间的距离。天线共塔时,应优先采用垂直安装。
- 对于传统的单极化天线(垂直极化),由于天线之间(RX-TX,TX-TX)的隔离度(≥30dB)和空间分集技术的要求,要求天线之间有一定的水平和垂直间隔距离,一般垂直距离约为 50cm,水平距离约为 4.5m,这时必须增加基建投资,以扩大安装天线的平台,而对于双极化天线(±45°极化),由于±45°的极化正交性可以保证+45°和-45°两副天线之间的隔离度满足互调对天线间隔离度的要求(≥30dB),因此双极化天线之间的空间间隔仅需 20～30cm,移动基站可以不必兴建铁塔,只需要架一根直径 20cm 的铁柱,将双极化天线按相应覆盖方向固定在铁柱上即可。

## 3.3 无线局域网漫游

### 3.3.1 漫游简介

IEEE 802.11 无线局域网的每个站点都与一个特定的接入点相关。如果站点从一个小区切换到另一个小区，这就是处在漫游（Roaming）过程中。漫游指无线工作站在一组无线访问点之间移动，并提供对于用户透明的无缝连接，包括基本漫游和扩展漫游。基本漫游是指无线 STA 的移动仅局限在一个扩展服务区内部，扩展漫游指无线 STA 从一个扩展服务区中的一个 BSS 移动到另一个扩展服务区的一个 BSS，802.11 并不保证这种漫游的上层连接。近年来，无线局域网技术发展迅速，但无线局域网的性能与传统以太网相比还有一定距离，因此如何提高和优化网络性能显得十分重要。

要达到无线漫游，无线网络必须具备一定的功能，所有的节点与 AP（Access Pointer）必须为每一个收到的封包进行回答，所有节点必须保持与 AP 的定期联系，所以就必须同时具备动态 RF 连接技术。

每个节点会自动搜寻最佳的 AP，分析与各个 AP 之间的信号强度及负载量，然后选择最佳连接点。当用户移动时，节点（笔记本电脑）也会不断检测，是因为要与原来的 AP 保持联系，如果不能再从原来 IP 获得任何信息时，它会开始新的搜索，寻找可用 AP，使通讯能够继续维持。

在设计 WLAN 时，客户端能够在 AP 之间进行无缝漫游是非常重要的，如图 3-33 所示。

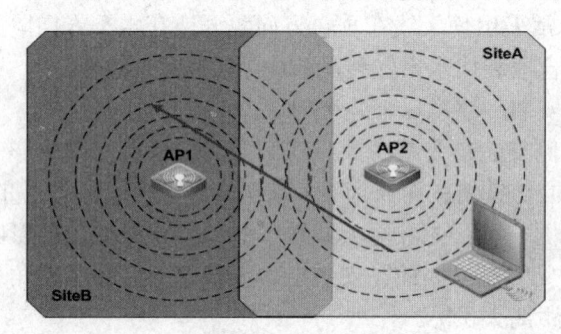

图 3-33　WLAN 漫游

当出现以下现象时会发生漫游：
- 无线工作站离开了当前 AP 的覆盖区
- 当前使用的无线频段受到严重的干扰
- 当前连接的 AP 停止了工作
- 正在使用的频段非常繁忙，此时还有可选的负载较轻的频段

在设计无缝漫游的 WLAN 时，需要考虑以下两个因素：
- 必须为整个路径提供充分的覆盖范围
- 整个漫游路径中必须能够分配一个可用的 IP 地址

无线工作站是基于 CCQL（Combined Communications-Quality & Load）条件决定是否发起漫游的改变，CCQL 数值基于以下参数计算：
- SNR（Signal to Noise Ratio，信噪比）：根据接收到的 Beacon 帧显示的平均信号等级，

与当前信道接收到的数据的平均噪音等级。
- 负载。
- 扫描的结果：Searching 时产生的结果，Probe Responses 的信噪比。

漫游协议并没有归入 802.11 协议中，而是采用 IAPP（Inter-Access Point Protocol，接入点间协议）。IAPP 将要成为一个校规的漫游协议。

IAPP 协议元素：
- WMP（WaveLAN Management Protocol）：单向协议是工作站发出的重新建立新的联合关系的信号协议。
- Announce Protocol：在同一区域内，AP 间相互确认和交换信息的通告协议。
- Hand-over Protocol：一个无线工作站和 AP 重新建立连接时，在 AP 间交换信息的双向协议。

### 3.3.2 WLAN 漫游常用术语

- HA：一个无线终端首次向漫游组内的某个无线控制器进行关联，该无线控制器即为它的 HA。
- FA：与无线终端正在连接，且不是 HA 的无线控制器，该无线控制器即为它的 FA。
- 可快速漫游终端：一个关联到漫游组的，可支持快速漫游服务的无线终端。
- 漫出终端：在漫游组中，一个漫游无线终端正连接到 HA 之外的无线控制器，该无线终端相对 HA 来说被称为漫出终端。
- 漫入终端：在漫游组中，一个漫游无线终端正连接到 HA 之外的某个无线控制器 FA 上，该无线终端相对当前 FA 来说被称为漫入终端。
- AC 内漫游：一个无线终端从无线控制器的一个 AP 漫游到同一个无线控制器内的另一个 AP 中，即称为 AC 内漫游。
- AC 间漫游：一个无线终端从无线控制器的 AP 漫游到另一个无线控制器内的 AP 中，即称为 AC 间漫游。
- AC 间快速漫游：如果一个终端可以采用 802.1x 认证方式，则该终端具有 AC 间快速漫游能力。

### 3.3.3 WLAN 漫游类型

基于无线控制器架构的漫游，分为控制器内漫游和控制器间漫游。也有分子网内漫游（二层漫游）、子网间漫游（三层漫游）、二层漫游，就是在相同子网内漫游，实现比较容易，切换速度较快；三层漫游需要跨子网，切换速度较慢，比较不同厂商产品性能好坏通常使用切换延迟作为一个重要指标。

二层漫游比较简单，通过由无线控制器缓存认证信息，使客户在不同 AP 切换时无需重新认证，不出现中断及重新关联的现象。

三层漫游实现起来比较麻烦，除了跟二层一样利用了 LWAPP 等 AP 和控制器间的隧道协议以外，还要进行 IPinIP 的协议，类似于 GRE 协议。WLAN 漫游的拓扑类型分类如下：
- AC 内漫游
- AC 间漫游

- FA 内漫游
- FA 间漫游
- 往返漫游

1. AC 内漫游

AC 内漫游的拓扑如图 3-34 所示。

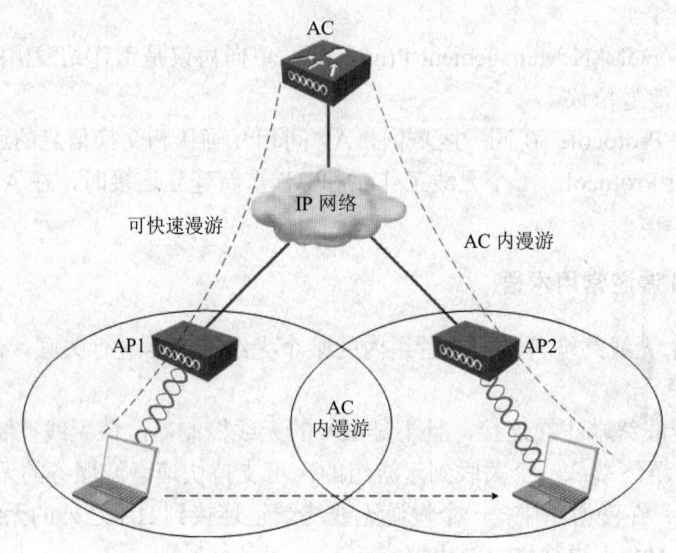

图 3-34　AC 内漫游

- 一个终端通过可快速漫游方式关联到 AP1，后者连接 AC。
- 该终端断开与 AP1 的关联，漫游到与同一无线控制器 AC 相连的 AP2 上。
- 该终端关联到 AP2 的过程即为 AC 内漫游。

2. AC 间漫游

AC 间漫游的拓扑如图 3-35 所示。

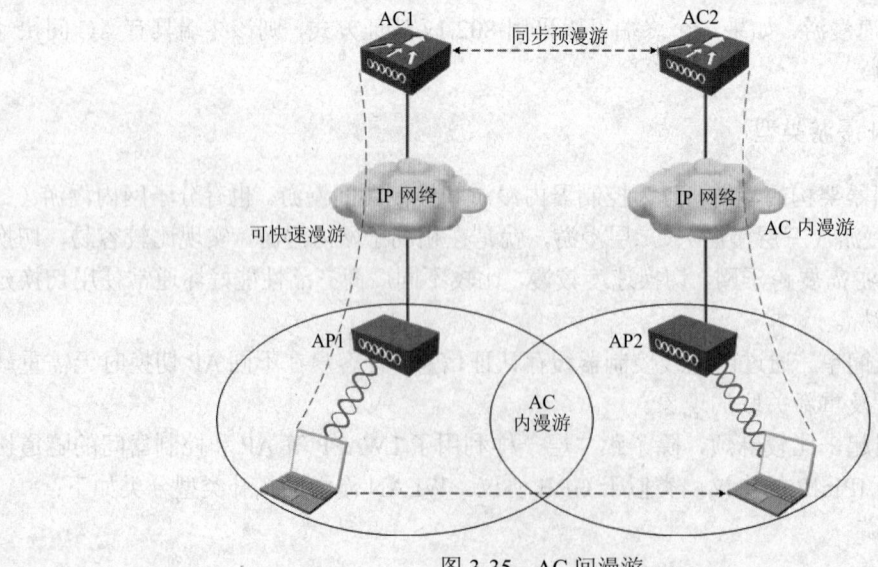

图 3-35　AC 间漫游

- 一个终端通过可快速漫游方式关联到 AP1，后者连接 AC1。
- 终端断开与 AP1 的关联，漫游到 AP2，后者连接到另一个无线控制器成员 AC2。
- 该终端关联到 AP2 的过程即为 AC 间漫游。在 AC 间漫游之前，AC1 需要和 AC2 通过 IACTP 隧道同步预漫游终端的信息。

### 3. FA 内漫游

FA 内漫游如图 3-36 所示。

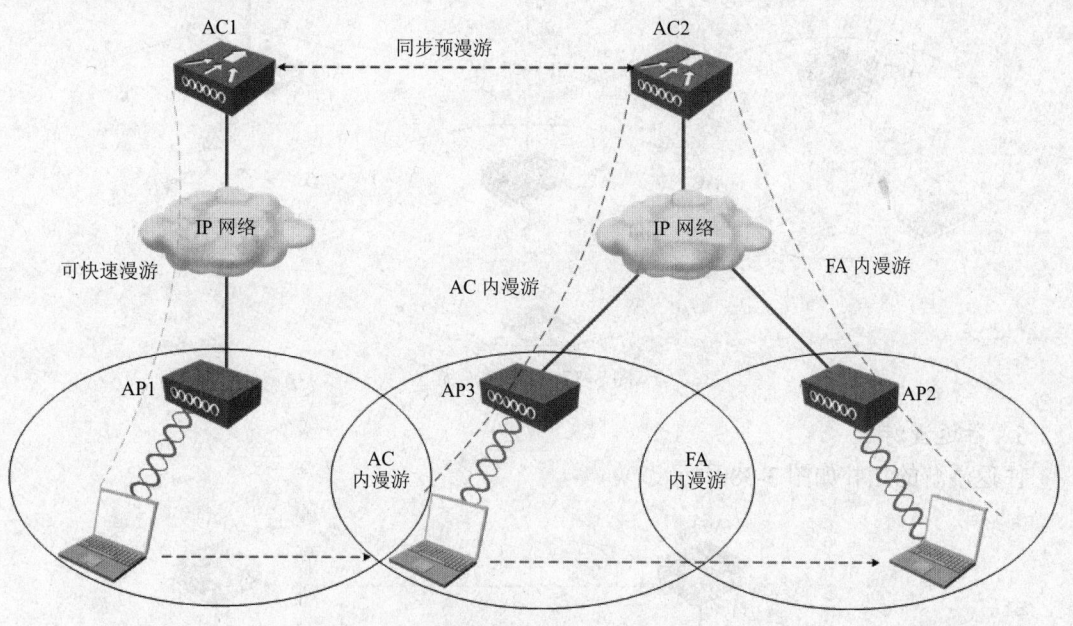

图 3-36  FA 内漫游

- 一个终端通过可快速漫游方式关联到 AP1，后者连接 AC1。
- 该终端断开与 AP1 的关联，漫游到 AP2，后者连接到另一个无线控制器成员 AC2。这时 AC2 就是终端的 FA。
- 该终端通过 AC 间漫游关联到 AP2。在 AC 间漫游之前，AC1 需要和 AC2 通过 IACTP 隧道同步预漫游终端的信息。
- 该终端断开与 AP2 的关联，漫游到 AP3，它和 AP2 连接到同一个无线控制器 AC2 下。终端关联到 AP3 的过程即为 FA 内漫游。

### 4. FA 间漫游

FA 间漫游如图 3-37 所示。

- 一个终端通过可快速漫游方式关联到 AP1，后者连接 AC1。
- 该终端断开与 AP1 的关联，漫游到另一个无线控制器成员 AC2 所连接的 AP2 上。这时 AC2 就是终端的 FA。
- 该终端关联到 AP2 的过程即为 AC 间漫游。
- 该终端断开与 AP2 的关联，漫游到另一个无线控制器成员 AC3 所连接的 AP3 上。这时 AC3 是该终端的 FA。该终端关联到 AP3 的过程即为 FA 间漫游。在 AC 间漫游前，AC1 需要和 AC2、AC3 通过 IACTP 隧道同步预漫游终端的信息。

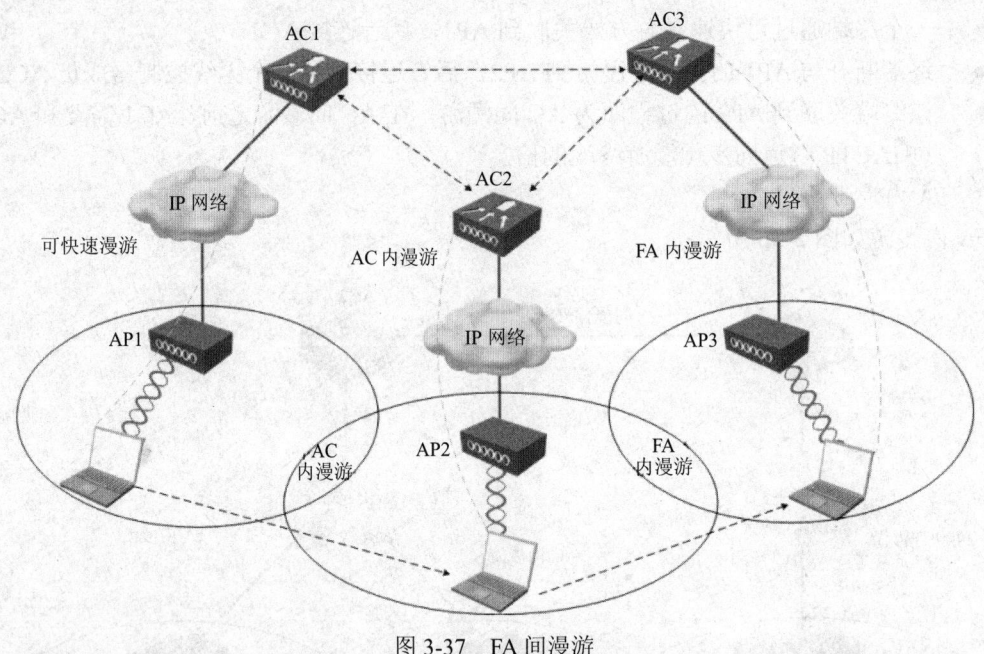

图 3-37　FA 间漫游

**5. 往返漫游**

往返漫游的拓扑如图 3-38 所示。

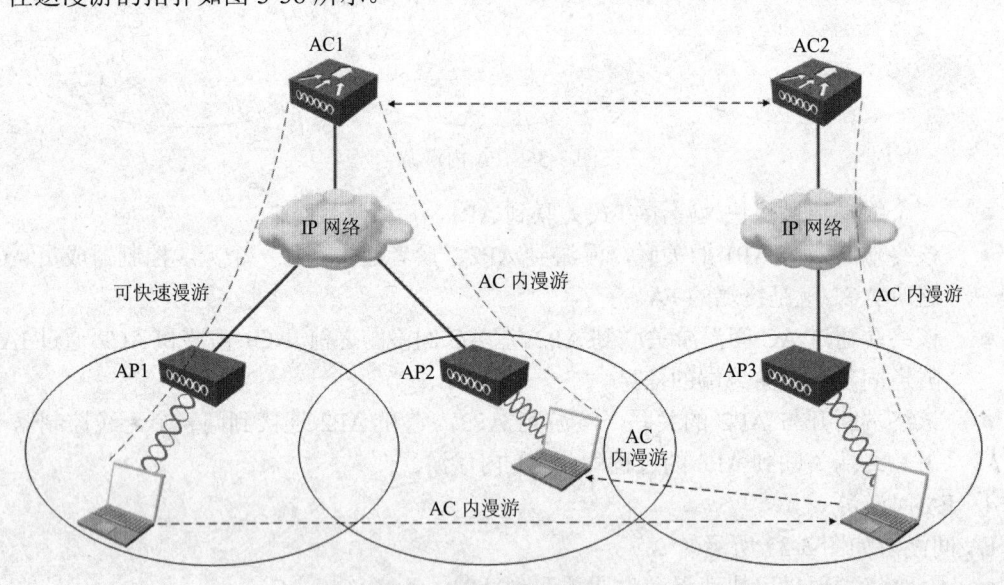

图 3-38　往返漫游

- 一个终端通过可快速漫游方式关联到 AP1，后者连接 AC1。AC1 是这个终端的 HA。
- 该终端断开与 AP1 的关联，漫游到另一个无线控制器成员 AC2 所连接的 AP3 上。这时 AC2 就是这个终端的 FA。
- 该终端关联到 AP3 的过程就是 AC 间漫游。在 AC 间漫游前，AC1 需要同无线控制器 AC2 通过 IACTP 隧道同步预漫游终端的信息。
- 该终端断开与 AP3 的关联，漫游回 AP2，AP2 和 AP1 都连接在 AC1 上，即该终端的 HA。该过程即为返回 HA。

## 3.4 无线局域网部署

### 3.4.1 无线接入点

**1. FAT AP**

AP 是网络中的一个可以寻址的节点，在其接口上具有自己的 IP 地址。它能在有线接口和无线接口之间转发流量。它还可以拥有多个有线接口，在不同的有线接口之间转发流量——类似于一台第二层或第三层交换机。与企业有线网络的连接能通过一个第二层或第三层网络实现。

值得注意的一点是，FAT AP 不会通过隧道向其他设备"返回"流量。这个特点非常重要，另外，FAT AP 能提供"类似于路由器"的功能，例如动态主机配置协议（DHCP）服务器功能。

AP 的管理是通过一种协议和一个命令行接口进行的。为了管理多个 AP，网络管理员必须通过这些管理机制之一连接每个 AP，每个 AP 在网络拓扑图上都显示为一个单独的节点。任何用于管理、控制的节点汇聚都必须在网络管理系统（NMS）级别完成，这包括开发一个 NMS 应用。

FAT AP 还增强了多种功能，例如准许对特定 WLAN 客户端的流量进行过滤的访问控制列表（ACL）。这些设备的另外一个重要的功能是对与服务质量（QoS）有关的功能的配置和实施。例如，来自特定移动基站的流量可能需要高于其他流量的优先级，或者可能需要为来自移动基站的流量插入和实施 IEEE 802.1p 优先级或者差分服务代码点（DSCP）。总而言之，因为这些 AP 能够提供交换机或路由器的很多功能，它们可以在一定程度上充当交换机或路由器。

这种 AP 的不足在于复杂性。FAT AP 通常建立在功能强大的硬件的基础上，需要复杂的软件。因为比较复杂，这些设备的安装和维护成本很高。尽管如此，这些设备在小型网络中也能发挥一定的作用。

有些 FAT AP 在后端针对控制和管理功能采用了一个控制器。这些控制器会形成 FAT AP 的一个略微简化的版本，即所谓的"适中 AP"，下面将详细加以介绍。

**2. FIT AP**

顾名思义，FIT AP 的目的是降低 AP 的复杂性。对其进行简化的一个重要原因是 AP 的位置。很多企业都对 AP 采用了高密度安装的方式（因为分布在一些很难进入的区域），以便为每个基站提供最佳的射频连接。在仓库等特殊环境中，这种现象表现得更加明显。由于这些原因，网络管理人员希望只安装一次 AP，而不需要对其进行复杂的维护。

FIT AP 通常又被称为"智能天线"，它们的主要功能是接收和发送无线流量。它们会将无线数据帧发回到一个控制器，然后对这些数据帧进行处理，再交换到有线 WLAN。

这种 AP 使用了一个（通常是加密的）隧道来将无线流量发回到控制器。最基本的 FIT AP 甚至不进行 WLAN 加密，例如有线等效加密（WEP）或 WiFi 受保护接入（WPA/WPA2）。这种加密由控制器完成——AP 只负责发送或接收经过加密的无线数据帧，从而保持 AP 的简便性，避免升级其硬件或软件的必要性。

WPA2 的面世使得在控制器上进行加密变成了一项非常迫切的任务。虽然 WPA 在硬件上与 WEP 兼容，只需要进行固件升级，但是 WPA2 并不向后兼容。网络管理人员不需要更换整个企业的 AP，而只需要将无线流量发送到能够进行 WPA2 解密的控制器，之后数据帧将会被发送到有线局域网。

在 AP 和控制器之间传输控制和数据流量的协议是专用的。而且，无法在第二/三层将 AP 作为一个统一的实体加以管理——它可能通过控制器进行管理，而 NMS 能通过 HTTP、SNMP 或 CLI/Telnet 与控制器进行通信。一个控制器可以管理和控制多个 AP，这意味着控制器应当基于功能强大的硬件，并且通常能够执行交换和路由功能。另外一个重要的要求是，AP 与 AC 之间的连接和隧道应当确保这两个实体之间的分组延时保持在很低的水平。

对于 FIT AP 而言，QoS 的执行和基于 ACL 的过滤都是由控制器处理的，这并不会导致问题，因为所有来自 AP 的数据帧在任何情况下都必须经由控制器传输。ACL 和 QoS 的集中控制功能也并不罕见，使用 FATAP 的网络也采用了这种方式。这种安装方式将控制器作为管理从 AP 到有线网络的流量的网关。但是，FITAP 的控制器功能采用了一种新的方式，尤其是在数据层面和转发功能方面。控制器功能被集成到连接无线和有线局域网的以太网交换机之中，这催生了称为"WLAN 交换机"的设备系列。

在这种情况下，无线 MAC 架构被称为远程 MAC 架构。整套 802.11 MAC 功能都被转移到 WLAN 控制器上，包括对延时敏感的 MAC 功能。

3. 适中 AP

适中 AP 也在受到越来越广泛的欢迎，因为它们结合了 FAT AP 和 FIT AP 的优点。适中 AP 能够在提供无线加密功能的同时，利用 AC 进行实际的密钥交换。这种方式被用于使用最新的、支持 WPA2 的无线芯片组的新型 AP，管理和策略功能由通过隧道连接到多个 AP 的控制器执行。

而且，适中 AP 还提供了一些额外的功能，例如让基站能通过 DHCP 获得 IP 地址的 DHCP 中继功能。另外，适中 AP 能够执行基于服务集标识符（SSID）的 VLAN 标记功能，让客户端可以与 AP 建立关联（在 AP 支持多个 SSID 的情况下）。

适中 AP 支持两种类型的 MAC 部署，即本地 MAC 和分离 MAC 架构。本地 MAC 指的是所有无线 MAC 功能都在 AP 执行。完整 802.11 MAC 功能（包括管理和控制帧的处理）都由 AP 执行。这些功能包括一些对时间敏感的功能（也被称为实时 MAC 功能）。

分离 MAC 架构会在 AP 和控制器之间分配 MAC 功能。实时 MAC 功能包括信标生成、检测信号传输和响应、控制帧处理（例如 Request to Send 和 Clear to Send，即 RTS 和 CTS）、重新传输等。非实时功能包括身份验证和解除验证、关联和重新关联、以太网和无线局域网之间的桥接、分段等。

不同供应商的产品在 AP 和控制器之间分配功能的方式有所不同。在某些情况下，甚至它们对实时的定义也有所不同。一种常见的适中 AP 实施包括 AP 的本地 MAC 以及 AP 的管理和控制功能。

4. FIT AP 的工作原理

（1）无线 AP 与无线交换机通信过程。

AP 要能正常工作，首先要与 MX 进行一个建立连接的过程，这个过程是 AP 去寻找 MX。默认情况下，AP 使用 TCP/IP 协议进行通信，因此 AP 首先要获得一个 IP 地址和 MX 的 IP

地址。在如图 3-39 所示的这种情况下，在 DHCP 服务器的 option 43 字段中添加 MX（无线交换机）的地址，或者在 DNS 中增加一条 A 记录，将域名 trpz.example.com 指向 MX 的地址。AP 通过 DHCP 服务器获得 IP 地址。

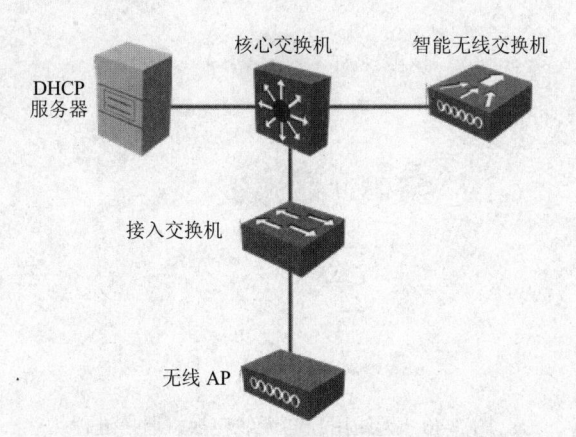

图 3-39　无线 AP 与无线交换机通信过程

- 瘦 AP 首先会发出一个 DHCP Discover 的请求。通过在核心交换机相应的接口上启用 DHCP-RELAY，使报文到达了 DHCP 服务器。
- DHCP 服务器回送一个包含 IP 地址、掩码、网关、DNS 和域名的 DHCP Offer 消息给 AP。
- AP 会发送一个 DHCP Request 信息给服务器并且收到服务器发回的 ACK 消息。
- AP 发送一个寻找 MX 的广播包。
- 如果 AP 发送的寻找 MX 请求收到应答，那么同一广播域内的 MX 会响应 AP 的请求。
- 如果 AP 没有收到应答请求，那么此时 AP 有两种选择。

AP 会查看 DHCP offer 报文中的 option 43 字段，如果 option 43 字段存在，那么 AP 会以字段中的地址为目的地址发送一个"寻找 MX"单播请求，如果地址正确，MX 会响应 AP 的请求。

如果没有 option 43 字段内容，AP 会通过 DNS 查找的方式寻找 MX。AP 发送请求解析域名为 trpz.example.com 的请求给 DNS 服务器，如果 DNS 中有对应于 A 的记录，那么 AP 同样会得到 MX 的地址。随后，通过单播"寻找 MX"请求来与 MX 建立连接。

如果 AP 向正确的 MX 发送了"寻找 MX"的请求后，MX 将回送一个 response 应答给 AP，此时，AP 与 MX 之间就建立了 TAPA 隧道。

AP 与 MX 建立连接后，AP 会向 MX 请求是使用本地存储的操作系统还是从 MX 上下载新的操作系统。一旦操作系统导入完毕，AP 就会请求 MX 下发配置文件。

（2）无线用户与无线交换机通信过程。

在 MX 上建立一个用户名为 uservlan 的 VLAN，并且与名为 user 的 SSID 相绑定。当无线用户搜寻到 user 并且开始建立连接时，如果也采用 DHCP 方式获取 IP 地址，那么步骤如图 3-40 所示。

1）用户发送一个 DHCP Discover 报文，数据到达 AP 后，经过 AP 封装，在报头增加了源地址（AP 的地址）和目的地址（MX 的地址）后，进入隧道传送到 MX。

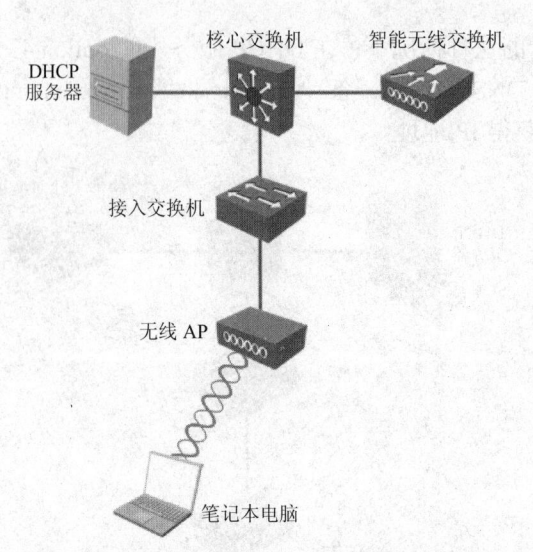

图 3-40 无线用户与无线交换机通信过程

2）MX 收到报文后，解包后将 DHCP Discover 请求广播出去。

3）如果 DHCP 服务器所连接的三层交换机的接口配置了 DHCP-RELAY，那么 DHCP 服务器将回应一个 DHCP Offer 给 MX。

4）MX 将 DHCP Offer 消息封装好后，通过隧道回送到 AP，这样，用户就获得了相应的 IP 地址、掩码、DNS 等信息。

5）用户开始正常通信过程。

### 3.4.2 无线交换机

随着无线网络的快速发展，无线应用也随之增多，在商用领域，为了使运作更方便快捷，企业中导入个人移动设备（如 Notebook、PDA、WiFi Phone 等具备无线上网功能的移动装置）也日益渐多，当无线技术在企业中广泛应用，面临大量设置、集中管理的问题时，企业用户呼唤着新技术新产品的出现，于是以无线网络控制器作为集中管理机制的无线交换机便在万众期待中诞生了。

无线交换机系统摒除了 AP 为基础传输平台的传统方法，转而采用了 back end-front end 方式，所谓 back end-front end 方式是指一种非常"聪明"的方法，它将一台无线交换机置于用户的机房内，称为 back-end，而将若干类似于天线功能的 Access Port 置于前端，称为 front-end，这样一来，所有的管理和数据处理都集中到功能更加强大的无线交换机上来，这为我们提供了什么？或许打个比方可以使我们理解得更为透彻。我们可以把早期的 Access Point 看成是有线网中的 Hub，它仅仅是网络的第二层设备，仅通过一个 MAC 地址进行通讯；而将无线交换机看成是有线网中的 Switch，它可以有四个不同的 MAC 地址进行通讯，很显然，我们可以看出无线交换机的改进。下面以锐捷厂商的系列无线设备来阐述无线交换机的工作原理及应用环境。

无线交换机（MX）提供无线网络和有线网络的无缝连接，所有无线用户数据都经由 MP（Mobility Point）送至 MX 然后进入有线网络，还用于提供对分布式 MP 的管理，并可以给 MP 供电，主要用于管理 MP，给 MP 下发 MMS 程序和配置文件。

MP 无线接入点（Mobility Point）用于接收和转换无线用户的无线信号并和 MX 相连（并不需要物理的直接相连）接入有线网络，并能接收 MX 的配置，其本身没有控制，不能直接配置只能通过 MX 配置，本地不保存配置信息和用户账号信息，其类似于 FIT AP。

在 FIT AP 无线解决方案中，MX 和 MP 之间是通过 UDP 5000 端口通信的。MP 在 MX 中的连接方式有两种：直接连接和分布式连接（Distributed AP，DAP）。

- 直接连接：是 AP 直接和 MX 的 PoE 端口相连。
- 分布式连接 DAP：是 MP 没有和 MX 直接相连而是和普通以太网交换机相连（DAP 模式是最常用的）。

当 AP 配置为 DAP 模式时 MX 通过私用协议 TAPA（Trapze Access Point Access）和 MP 直接建立加密的 TAPA tunnel 来控制、管理无线 MP。该隧道也用于在 MP 和 MX 之间用户数据的传输。用户的数据在 MP 处被加密后通过 TAPA 隧道传至 MX，并在 MX 处解密后送到相应 VLAN 处理。

如果 DAP 配置为分布式转发时，那么同一个 VLAN 内的数据可以不经过 MX 而直接在 DAP（MP）进行交换。

TAPA 协议主要用于 MX-MX 和 MX-MP 之间的管理、控制信息和用户数据的加密传输。TAPA 协议有 6 种类型的数据包，其中 5 种用于管理，1 种用于数据。

- Handshake packets：用于 MP 和 MX 之间协商安全参数和建立连接关系。
- File transfer packets：用于在 MP 和 MX 之间传输大的数据包，如软件镜像。
- Configuration packets：MX 用于给 MP 动态发送配置文件。
- Event packets：用于发送 MP 和 MX 直接的事件报文，包括客户端口的连接、认证，也包括 MX 传送给 MP 的命令。
- Statistics packets：用于 MP 发给 MX 关于 MP 的工作情况的数据。
- Data packets：在 MP 和 MX 之间传送加密的用户以太网数据帧。

MP 的启动方式会随着它和 MX 的部署连接方式不同而有所不同，MP 和 MX 的连接工作方式有以下两种：

- 直接方式（Direct Connect）：是 AP 直接和 MX 的 PoE 端口相连。
- 分布式连接方式（Distributed）：是 MP 没有和 MX 直接相连而是和普通以太网交换机相连（DAP 模式是最常用的）。它又分为二层分布部署模式和三层分布部署模式。

直接连接（Direct Connect）启动过程如图 3-41 所示。

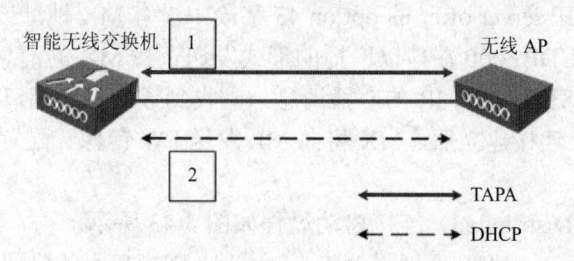

图 3-41 直接连接（Direct Connect）

如图 3-41 所示，一台 MP-300 和一个 MX-8 通过直接连接的方式进行部署，这种部署方式 MP 和 MX 直接协商通讯，无需 DHCP 和 DNS 服务。其 MP 启动工作过程分为以下两个阶段：

（1）MX 作为 DHCP 服务器为 MP 分配 IP 地址，它们之间进行一个完整的 DHCP 分配地址的过程。

（2）当 MP 获得地址以后，MP 将使用 TAPA 协议通过 UDP 5000 端口以广播的形式发送查找 MX 的消息。如果 MX 的某个端口配置为直接连接模式，则该端口将响应该消息和 MP 建立 TAPA 连接。TAPA 连接建立后，MX 将向 MP 发送 FW 镜像、配置文件，之后该 MP 接入网络可以正常使用。

二层分布式（L2 Distributed）连接启动过程如图 3-42 所示。

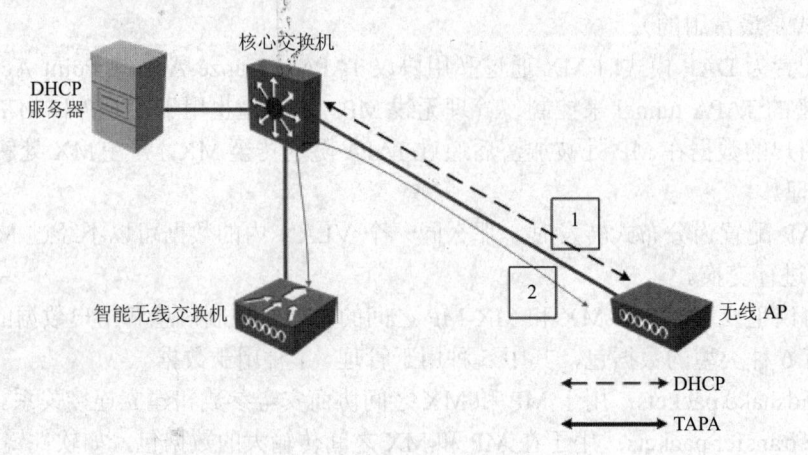

图 3-42　二层分布式（L2 Distributed）

如图 3-42 所示，一台 MP300 通过 PoE 交换机与 DHCP 服务器和 MX 相连，DHCP 服务器的主要工作是为 MP 分配 IP 地址，在二层分布式部署中 DHCP 服务器为 MP 分配的地址与 MX 在一个网段，则 MP 的启动过程分为以下几个阶段：

（1）MP 加电启动它会发送 DHCP discover 消息请求 IP 地址，通过 DHCP 的交互过程，DHCP 服务器为 MP 分配了和 MX 在一个网段的地址。

（2）当 MP 获得 IP 地址后，它将开始通过 TAPA 协议来发现 MX，这时它会首先查看 DHCP server offer 报文中的 option 43 字段是否有 MX 的地址，该字段可用即该字段中包含 MX 的地址，则 MP 将发送 TAPA find 消息去 option 43 字段中 MX 的 IP 地址（或主机名，如果是主机名则需要部署 DNS 服务器）和 MX 建立 TAPA 连接，再有 MP 下发软件镜像和配置文件到 MP。

（3）如果在 DHCP server offer 的 option 43 字段中没有 MX 地址或地址不可用，则 MP 将使用 TAPA 协议通过 UDP 5000 端口以广播的形式发送查找 MX 的消息。这时由于 MP 和 MX 在同一网段，所以 MX 能收到 MP 的广播消息，则收到该消息的端口将响应该消息和 MP 建立 TAPA 连接。TAPA 连接建立后，MX 将向 MP 发送 FW 镜像、配置文件，之后该 MP 接入网络可以正常使用。

三层分布式（L3 Distributed）连接启动过程如图 3-43 所示。

如图 3-43 所示，一台 MP300 通过 PoE 交换机与 DHCP 服务器和 MX 相连，DHCP 服务器主要工作是为 MP 分配 IP 地址，在三层分布式部署中 DHCP 服务器为 MP 分配的地址与 MX 在不在同一网段，则 MP 的启动过程分为以下几个阶段：

（1）MP 加电启动它会发送 DHCP discover 消息请求 IP 地址，通过 DHCP 的交互过程，

DHCP 服务器为 MP 分配了和 MX 在一个网段的地址。

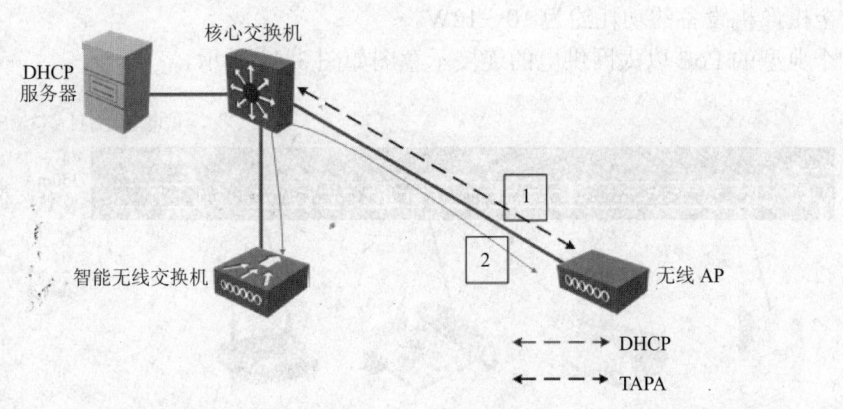

图 3-43　三层分布式（L3 Distributed）

（2）当 MP 获得 IP 地址后，它将开始通过 TAPA 协议来发现 MX，这时它会首先查看 DHCP server offer 报文中的 option 43 字段是否有 MX 的地址，该字段可用即该字段中包含 MX 的地址，则 MP 将发送 TAPA find 消息去 option 43 字段中 MX 的 IP 地址（或主机名，如果是主机名则需要部署 DNS 服务器）和 MX 建立 TAPA 连接，再有 MP 下发软件镜像和配置文件到 MP。

所以在三层分布式 MP 部署中 DHCP 服务器必须能够使用 option 43 字段为 MP 指定 MX 的地址或主机名，否则无线网络无法正常运行。即这种情况下必须部署 Linux 的 DHCP 服务器来使用 option 43 字段。

### 3.4.3　PoE 技术

结构化布线是当今所有数据通信网络的基础，随着许多新技术的发展，现在的数据网络正在提供越来越多的新应用及新服务，如在不便于布线或者布线成本比较高的地方采用无线局域网技术（WLAN）可以有效地将现有网络进行扩展，如基于 IP 的电话应用（IP Telephony）也为用户提供了更多新的及加强的企业级应用。

所有这些支持新应用的设备由于需要另外安装供电装置，特别是如无线局域网 AP 及 IP 网络摄像机等都是安置在距中心机房比较远的地方更是加大了整个网络组建的成本。为了尽可能方便及最大限度地降低成本，IEEE 于 2003 年 6 月批准了一项新的以太网供电标准（PoE，Power Over Ethernet）IEEE 802.3af，确保用户能够利用现有的结构化布线为此类新的应用设备提供供电的能力。

PoE 指的是，现有的以太网 CAT-5 布线基础架构在不用作任何改动的情况下，就能保证在为如 IP 电话机、无线局域网接入点 AP、安全网络摄像机以及其他一些基于 IP 的终端传输数据信号的同时，还能为此类设备提供直流供电的能力。

PoE 技术用一条通用以太网电缆同时传输以太网信号和直流电源，将电源和数据集成在同一有线系统当中，在确保现有结构化布线安全的同时保证了现有网络的正常运作。

大部分情况下，PoE 的供电端输出端口在非屏蔽的双绞线上输出 44～57V 的直流电压、350～400mA 的直流电流，为一般功耗在 15.4W 以下的设备提供以太网供电。典型情况下，一个 IP 电话机的功耗约为 3～5W，一个无线局域网访问接入点 AP 的功耗约为 6～12W，一个网络安全摄像机设备的功耗约为 10～12W。

一个典型的 PoE 以太网供电的连接示意图如图 3-44 所示。

供电端设备每端口输出参数：
44～57$V_{dc}$
350mA
最小 15.4W

UPS
网络照相机
典型 10～12W

局域网 IP 电话
典型 3～5W

无线局域网接入点 AP
典型 6～12W

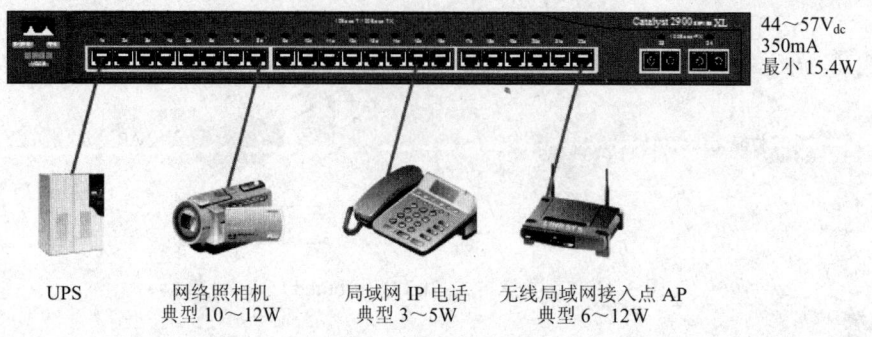

图 3-44　以太网供电连接图

PoE 以太网供电的好处是显而易见的：
- 节约成本。因为它只需要安装和支持一条而不是两条电缆。一个交流电源接口的价格大约为 100～300 美元，许多带电设备，例如视频监视摄像机等，都需要安装在难以部署交流电源的地方。随着与以太网相连的设备的增加，如果无需为数百或数千台设备提供本地电源，将大大降低部署成本，并简化其可管理性。
- 易于安装和管理。客户能够自动、安全地在网络上混用原有设备和 PoE 设备，能够与现有以太网电缆共存。
- 安全。因为 PoE 供电端设备只会为需要供电的设备供电。只有连接了需要供电的设备，以太网电缆才会有电压存在，因而消除了线路上漏电的风险。
- 便于网络设备的管理。因为当远端设备与网络相连后，将能够远程控制、重配或重设。
- 可支持更多增强的应用。随着 IEEE 802.3af 标准的确立，其他大量的应用也将快速涌现出来，包括蓝牙接入点、灯光工作、网络打印机、IP 电话机、Web 摄像机、无线网桥、门禁读卡机与监测系统等。用户在当前的以太网设备上融合新的供电装置，就可以在现有的网线上提供 48V 直流电源，降低了网络建设的总成本，并且保护了投资。

一个完整的 PoE 系统包括供电端设备（Power Source Equipment，PSE）和受电端设备（Powered Device，PD）两部分，两者基于 IEEE 802.3af 标准建立有关受电端设备 PD 的连接情况、设备类型、功耗级别等方面的信息联系，并以此为根据控制供电端设备 PSE 通过以太网向受电端设备 PD 供电。

供电端设备 PSE 可以是一个 End-span（已经内置了 PoE 功能的以太网供电交换机）和 Mid-span（用于传统以太网交换机和受电端设备 PD 之间的具有 PoE 功能的设备，如 PoE 适配器）两种类型，而受电端设备 PD 是具备 PoE 功能的无线局域网 AP、IP 电话机等终端设备。

供电端设备 PSE 与受电端设备 PD 设备的连接参数按照 IEEE 802.3af 的规范,如图 3-45 所示。

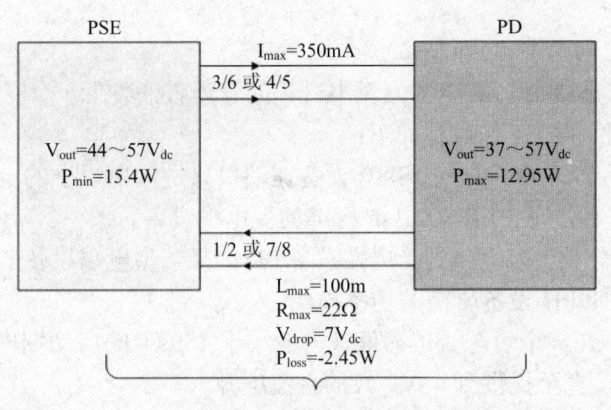

```
        PSE                              PD
               I_max=350mA
               ─────────────
               3/6 或 4/5

    V_out=44~57V_dc              V_out=37~57V_dc
    P_min=15.4W                   P_max=12.95W

               1/2 或 7/8
               ─────────────
               L_max=100m
               R_max=22Ω
               V_drop=7V_dc
               P_loss=-2.45W
```

图 3-45  PSE 和 PD 的互连

IEEE 802.3af 以太网供电标准定义了一些在设计 PoE 网络时必须遵循的参数:
- 操作电压:一般情况下为 48V,但其也允许在 44~57V 之间,但无论如何是不能超过 60V 的。
- 由 PSE 产生的最大电流:一般情况下在 350~400mA 之间变化,这将确保以太网电缆不会由于其本身的阻抗而导致过热。

上述两个值使得 PSE 在其端口输出会产生最小 15.4W 的功率输出,考虑到经过以太网电缆后的损耗,受电端设备 PD 所能接收到的最大功率为 12.95W。

### 1. PoE 以太网供电的线对选择

根据 IEEE 802.3af 的规范,有两种方式选择以太网双绞线的线对来供电,分别称为选择方案 A 和选择方案 B,如图 3-46 所示。

| Pin | Alternative A | Alternative B |
|-----|---------------|---------------|
| 1 | Vport Negative | |
| 2 | Vport Negative | |
| 3 | Vport Positive | |
| 4 | | Vport Positive |
| 5 | | Vport Positive |
| 6 | Vport Positve | |
| 7 | | Vport Negative |
| 8 | | Vport Negative |

图 3-46  RJ-45 PoE 线对选择

如图 3-46 所示,方案 A 是在传输数据所用的电缆对((1/2 & 3/6)之上同时传输直流电,其信号频率与以太网数据信号频率不同以确保在同对电缆上能够同时传输直流电和数据。方案 B 使用局域网电缆中没有被使用的线对(4/5 & 7/8)来传输直流电,因为在以太网中,只使用了电缆中四对线中的两对来传输数据,因此可以用另外两对来传输直流电。

现在 End-span(已经内置了 PoE 功能的以太网供电交换机)解决方案产品如一些公司的产品采用方案 A 也就是采用在传输数据所用的电缆对((1/2 & 3/6)之上同时传输直流

电,这样就确保交换机端口同时允许千兆以太网（Gigabit Ethernet）和以太网供电（PoE）共存,可提供 10/100/1000Mb/s 三种速度的连接,并且 End-span 在信号传输上对质量更有保证。

2. PoE 系统以太网供电工作过程

供电端设备 PSE 是整个 PoE 以太网供电过程的管理者。当在一个网络当中布置 PSE 供电端设备时,PoE 以太网供电工作过程如下:

（1）检测过程。刚开始的时候,PSE 设备在端口只是输出很小的电压,直到其检测到其线缆的终端连接为一个支持 IEEE 802.3af 标准的受电端设备。

（2）PD 端设备分类。当检测到受电端设备 PD 之后,供电端设备 PSE 可能会为 PD 设备进行分类,并且评估此 PD 设备所需的功率损耗。

（3）开始供电。在一个可配置的时间（一般小于 15μs）的启动期内,PSE 设备开始从低电压向 PD 设备供电,直至提供到 48$V_{dc}$ 级的直流电源。

（4）供电。为 PD 设备提供稳定可靠的 48$V_{dc}$ 级直流电,满足 PD 设备不越过 15.4W 的功率消耗。

（5）断电。如果 PD 设备被物理或者电子上从网络上去掉,PSE 就会快速地（一般在 300～400ms 的时间之内）停止为 PD 设备供电,并且又开始检测过程检测线缆的终端是否连接 PD 设备。

在整个过程当中,一些事情如 PD 设备功率消耗过载、短路、超过 PSE 的供电负荷等会造成整个过程在中间中断,又会从第一步检测过程开始。

（6）PoE 供电端设备电源管理。如果一个 24 端口的 End-span 交换机在每个端口都提供 15.4W 的电源输出,那么整个交换机要求提供高达 370W 的功率输出。这会导致整个交换机要处理过热的问题。而在一个企业的典型应用当中,可能需要连接 20 个 IP 电话（一般每个为 4～5W）,连接 2 个无线局域网接入点 AP（一般每个约为 8～10W）,连接 2 个网络摄像机（一般每个约为 10～13W）,总计需要约 146W。考虑到成本因素及其他,因此一般的 End-span 以太网供电交换机的输出功率都设计在 150～200W 之间,如一些公司三层以太网供电交换机就能提供 170W 的直流电输出。另外,也可以根据各种情况对各个不同端口的输出直流电进行各种各样的管理以满足用户的不同需要。

## 3.5  无线局域网设计与实施

### 3.5.1  无线局域网的规划与设计

规划接入点是规划 WLAN 的关键,需要有足够的蜂窝重叠覆盖以供漫游,并需要足够的带宽以供应用。如果无线接入点不足,最后可能导致吞吐量出现问题,同时也会使覆盖区域零星散落,对用户的漫游和工作地点造成一定的限制。

1. 考虑移动性需求

在进行接入点规划时需要考虑用户的移动性需求。一种用户在整个覆盖区域内移动时需要一直与 WLAN 相连接,就像医生外出时需要查看病人记录。另一种用户只需要不时接入 WLAN,比如高级管理人员在不同大楼会议间歇时需要不时查看电子邮件。第一种需求需要跨越 WLAN 的无缝漫游，此 WLAN 需要大接入点密度。而第二种需求属于间断性的无线连接，接入点密度可以相对小一些。

2. 计算吞吐量

在布署 WLAN 之前需要考虑 WLAN 最常使用的是哪种通信，是电子邮件和 Web 通信，还是对速度要求很高的 ERP（企业资源规划），还是 CAD（计算机辅助设计）应用程序。是需要速度为 54Mb/s 的 802.11a 和 802.11g，还是只需要速度为 11Mb/s 的 802.11b 就足够。不管使用哪一种通信，当用户与接入点的距离过远时，网络速度都会显著下降，所以安装足够的接入点不仅仅是为了支持所有的用户，也是达到用户需要的连接速度所要求的。

WLAN 宣称的速度并不一定准确对应于它的实际速度。与交换式以太网不同，WLAN 是一种共享介质，它更像是老式以太网的集线器模型，将可用的吞吐量分割为若干份而不是为每个接入设备提供专线速度。这一限制（通过电波传输数据时还会有 50%的损耗）对无线网络的吞吐量规划而言是一个很大的问题，计算接入点数目时最好多预留一些空间。仅仅根据用户数目及其最小带宽需求来计算接入点数目是极其冒险的,尽管它可以在一段时间内满足对容量的需求。还要记住的是，即使 802.11b 现在已经吸引了所有人的注意，但 802.11a 将很快成为高性能 WLAN 标准的选择，所以基础设施应从现在开始支持它，或者至少在不久的将来可以升级至 802.11a。

3. 防止干扰

干扰对于某些机构可能会是个问题。尽管追踪入侵微电波、无绳电话和蓝牙设备并非难事，但更常遇到的是来自网络内部其他接入点甚至是网络外部的干扰。例如，802.11b 和 802.11g 在 2.4GHz 频带内提供三个相同的非重叠信道，这使得规划密集部署或在相邻 WLAN 的干扰下工作变得十分困难。

理想的情况是，2.4GHz 环境中的信道 1、6 和 11 永远不会与同一信道相邻，这样它们就不会相互干扰，但这是不现实的。实际上需要一定量的良性蜂窝覆盖重叠以允许用户漫游（20%~30%最佳），但如果站点处的建筑物超过一层，即便是使用高增益天线，建筑物的层与层之间也会有一些渗漏。802.11a 的 12 个非重叠信道可以在很大程度上缓解信道分配带来的问题。802.11a 使用的 5GHz 频带几乎不会造成任何非 WLAN 干扰，而且用户也不太可能遇到相邻 802.11a 接入点，原因是这一标准还未像 802.11b 或最近急速增长的 802.11g 那样普及。

4. 关注覆盖区域

知道 WLAN 的射频信号是怎样传播的吗？信号频率越低，无线网络传输速度越慢，有效范围就越远。由于大量射频信号以较低频率传播，同时信噪比的灵敏度因为高速调制方式而增加，所以速度为 1Mb/s 的 2.4GHz 802.11b 信号的传播距离远远超过速度为 54Mb/s 的 5GHz 802.11a 信号。

WLAN 的覆盖范围除了受不同射频带和吞吐量变化而造成的波传播特征影响之外，还会因为自由空间路径损耗和衰减而受到限制。自由空间路径损耗更大程度上是开放或户外环境方面的问题，实际上是无线电信号因为波前扩展引起的扩散导致接收天线接收不到这些信号。衰减则在 WLAN 的室内安装中比较常见，它是振幅下降，或者射频信号在穿过墙壁、门或其他障碍物时减弱造成的。这就是 WLAN 在密集建筑物周围性能不好的原因。当面对这种物理上的干扰时，即使是弹性比 5GHz 信号好得多的 2.4GHz 信号，仍然会遇到某些射频问题。

多路径效应也是影响覆盖范围的重要因素之一。所谓多路径效应,就是信号被反射并回送的现象。在大多数情况下,多路径效应使接收到的信号被削弱或是被完全抵消。于是有一些本来应该充分传播信号的区域几乎或根本没有射频信号覆盖。防止多路径效应的办法是拆除或重新安置机柜和网络设备机架之类的干扰对象,同时增加接入点密度或功率输出。

5. 使用自动化工具

以上提到的所有这一切,都要从无线站点勘察着手,站点勘察将评估和规划无线基础设施的射频环境和接入点的设置,以确保 WLAN 正常工作。从便携式 WLAN 硬件工具箱到提供站点覆盖区域详细视图的软件包,有许多很方便的工具可以帮助完成站点勘察。

站点勘察工具使得布署 WLAN 的工作能够非常顺利地进行。射频建模软件,如 Trapeze Networks 的 RingMaster,可根据进入楼层计划自动确定接入点位置来帮助自动决定接入点的初始布局。其他工具,如 Network Instruments 的 Observer,可通过运行软件的便携式或手持式设备来提供有关射频环境的信息。综合工具,如 Ekahau 的 Site Survey,会从 WLAN 的系统范围角度记录同样的射频数据和用户的位置。不管使用什么工具,仍然需要手工进行站点勘察,这是勘察工具所不能代替的。

像 RingMaster 之类的规划工具可以确定接入点位置、信道分配、功率输出设置以及其他配置属性。它们使用用户密度和吞吐量这类参数作为标准。问题在于仍然必须在基于 CAD 的楼层规划中对诸如混凝土外墙和金属门之类的建筑物指定预设衰减级别,除非规划中已经包含此信息。这些工具的缺点是,它们一般都是针对厂商自己的无线交换机和接入点而建立的,从而缺少通用性。

接入点勘察工作完成后,需要验证和描述这些接入点的覆盖区域。为此,可使用随客户机 WLAN 卡提供的站点勘察实用程序(假定供应商捆绑了该实用程序)或者使用随高级监视工具提供的实用程序,如 Observer 或者是一些便携式 WLAN 分析仪。

6. 实际设计操作

(1)定义 WLAN 需求。

主要内容:结合楼层结构设计及建筑类型确定可能的接入点位置。

要点:

- 画楼层草图,步行检验其准确性,楼层为复杂结构则需要拍照,作为 RF 站房。
- 分析用户应用:上网浏览、E-mail、文件传输。
- 定义信息类型(Data、Voice、Video),计算吞吐量及数据速率。
- 估算用户数并确定用户是固定的还是移动的,是否包括漫游。作为移动用户跨 IP 域移动,需要考虑用动态 IP。
- 确定有效覆盖范围。
- 确定有效连网区域。
- 根据用户应用建立用户安全等级,对传输各级敏感数据,如信用卡号,需要设计通过个人防火墙。
- 了解终端用户设备:硬件及操作系统。
- 作为移动用户需要考虑电池供电时长:802.11 网络接口卡(NIC)功耗为 200mA 左右,用户在移动时,需要确定是否加备用电池或激活电源管理,或及时充电。
- 系统接口:确定用户特别的终端接口,如 IBM AS/400 需要加中间件及 5250 终端仿真。

- 根据项目规模估计投资成本。

进度：明确用户所需实现的完工日期以便与计划同步。

（2）WLAN 的损耗。

基本损耗换算：dB=10log(输入信号功率/输出信号功率)

估算公式：一般 100dB 损耗/200 英尺

障碍物损耗参照表如表 3-3 所示。

表 3-3　障碍物损耗参照表

| 物体 | 损耗 |
| --- | --- |
| 石膏板墙 | 3dB |
| 金属框玻璃墙 | 6dB |
| 煤渣砖墙 | 4dB |
| 办公室窗户 | 3dB |
| 金属门 | 6dB |
| 砖墙 | 12.4dB |

相关参数：可接收值（Equivalent Isotropically Radiated Power，EIRP），接收灵敏度。

例如，EIRP=200mW（23dBm），接收灵敏度-76dbm，允许损耗 99dB。

利用测站软件来测试最小范围，或用 WLAN 分析仪如 airemagent/airopeek 测量信号功率。

（3）规划网络大小。

数据速率：仅当一帧发送时的速率，如 11Mb/s，多帧时由于路由协议开销及共享媒体接入延时，每个用户不能连续发送数据。

吞吐量：不计协议、管理帧的发送信息速率，对 802.11b 约为 6Mb/s。

应用所需带宽：用户浏览为 100Kb/s，高质量视频流为 2Mb/s，所以，一个 AP 接入点支持浏览用户 60 个（6Mb/s/100Kb/s）或视频用户 3 个。

可利用仿真工具：Opnet，对用户网络进行仿真计算。

（4）FCC 对 EIRP 的限制。

对移动用户：用户无线 NIC 采用全向天线，增益为：小于 6dB，1W。AP 点最高 100mW，3dB 全向天线。最后达 200mW EIRP。

对固定用户：点对点高增益定向天线，天线增益至少 6dB，EIRP 允许最高达到 4W。

（5）最小化 802.11 干扰问题。

常见干扰源：微波炉、无绳电话、蓝牙设备及其他无线 LAN 设备。

对 WLAN 干扰最为严重的设备是 2.4G 无绳电话，其次为 10 英尺内的微波炉，再次是蓝牙设备如笔记本和 PDA。

有效措施：分析潜在的 RF 干扰；阻止干扰，关掉相应设备；提供足够的 WLAN 覆盖，增强 WLAN 信号；正确选择配置参数。对跳频系统，改变跳频模式或改变信道频率。802.11e MAC 层提供内置 RF 抗干扰算法；应用新的 802.11a WLAN，现在常见干扰为 2.4G，可采用 5G 的 802.11a。

（6）WLAN 布署步骤。

1）分析用户需求。

2）设计（技术细节：系统结构、定义标准 802.11b/802.11a、选择 AP 供应商、定义天线类型、定义 MAC 层设置等）可行性。

3）研发：为特别应用定制用户软件。

4）安装测试：AP 安装要高一点，用 PoE（电力搭载以太网线）来对接入点提供电源，可灵活布置 AP。

（7）接入控制。

功能：为接入用户进行授权、认证。

认证机制：大多数接入控制器有内置用户数据库，一些接入控制器提供额外接口到认证服务器如 RADIUS 和 LDAP（根据用户数及网络规模选择）。

链路加密：从用户到服务器提供数据加密如 IPSEC 及 PPTP 来加密 VPN 通道。此项提供除 802.11 WEP 之外的保护。一定要确保传输的用户姓名及密码。

子网漫游：采用 Span Multiple Subnets 技术用户不必重新认证和不必中断。

带宽管理：通过设定用户级别（如浏览、视频等）及吞吐量限制。

（8）RF 站址勘测步骤。

获得建筑蓝图或画楼层草图，以表示墙及通道等的位置。

亲自目测发现潜在的可能影响 RF 信号的障碍物，如金属架及部件。

标识用户区域，在图上标识固定及移动用户的区域，另外标识用户可能漫游到的地方。

标识估计接入点初步位置以及天线、数据线及电源线的位置。

检验接入点位置，Cisco Symbol 及 Proxim 提供免费的测站工具，以便确定相关的接入点、数据速率、信号强度、信号质量。可以下载这些软件到笔记本电脑上来测试每一个预测位置的覆盖范围，并确认交流插座的位置。当有频率干扰时，需要用频谱分析仪来分辨干扰。

文件建立，对测站所读的信号记录日志以及每一个接入点传输边缘的信号日志，作为基本的设计辅助。

（9）Ad Hoc Mode 的应用。

802.11 的 ad Hoc 标准允许网络接口卡作为一个独立的基本服务设备（IBSS）使用，而无需 AP。用户采用对等方式彼此直接通信。

优缺点如下：

- 节省成本：不必购买安装 AP。
- 快速建立时间：只需启用 NIC 的时间。
- 有限的网络接入：ad Hoc 无线网络没有分布式系统结构，用户不能有效接入 Internet 或其他有线服务，虽然可以用一台加装无线 NIC 的 PC 经过配置后作为共享连接接入 Internet，但是这不能满足更大规模的用户。
- 难于网络管理：由于网络拓扑结构的流动性及缺乏中心设备，网管员不易监测网络性能，进行安全审查。

（10）公共 WLAN 应用常见问题。

公共 WLAN 主要集中于机场、会议中心、酒店、码头。

良好的开端：开始前好好思考是否人们会利用你的 WLAN，他们会付多少钱，而不要想当然地认为"我们应该建好，人们就会来"。作为一个简单的开头，你可以只放一个 AP 在咖啡屋里并给 ISP 缴纳一定费用，随着用户的增加而扩大规模。

与其在线服务一样，WLAN 也可以向用户推送广告。实际上，你可以以向免费用户推广告的方式，希望他们能从广告中购买足够量的产品以抵消系统的开销费用。当用户付费时应将广告投放到最低限度。

系统设计：对公共 WLAN 要最大限度地满足开放用户的连接特性，尽可能少地改变用户设备，换句话说，确保用户不用升级操作系统，安装特定的连接软件及其他项目。

对于认证而言，有许多公司可以提供此类接入控制器，如 bluesocket、Reefedge、Nomadix、Cisco、Proxim。

建立公共 WLAN 的特别要点：
- 关掉 WEP：虽然 WEP 可以提供一些安全保障，但因为关键的分布问题在公共 WLAN 中 WEP 没有任何实际意义。取而代之，对典型用户终端可以选择动态方式的安全措施，如 EAP-TLS。
- 广播 SSID（服务设置标识）：SSID 对公共 WLAN 用户而言是一个障碍，因为许多时候用户必须根据本地公共 WLAN 提供商的 SSID 而配置 SSID。如果接入点 AP 广播 SSID 的话，Windows XP 可以自动探测到 SSID 并且不用用户干预就可以配置到用户系统中；否则你需要教给用户如何配置到你的 WLAN 中。
- 开放 DHCP 服务：当用户从另外一个热点区域漫游进入你的区域时，他们的用户设备需要一个本地网的 IP 地址。为使漫游过程中用户尽可能少地配置行为，建立 DHCP 服务来自动为访问客户分配 IP 是极为必要的。大多数版本的 Windows 操作系统可以自动激活操作系统。用户不用做任何事情。

（11）客户支持。

对许多公司客户支持常是一个大问题，而对公共 WLAN 问题就更加突出。公共 WLAN 提供商必须面对不同种类的用户、用户硬件、操作系统及 NIC。

适用于：临时小团队大信息量数据通信，如医疗队临时会议等。

### 3.5.2 无线局域网的实施

第一步：收集客户信息与客户需求。

项目实施前需要向集成商或用户了解或提供项目实施所需的必要条件，收集客户环境应尽可能的详细，环境收集可根据不同产品型号进行适当调整。

当实施条件不具备时，需要等待实施条件准备充分时再进行现场实施。另外，还要了解客户的详细需求：
- 了解有线网络架构，确认无线交换机的安装位置（一般与核心相连）。
- 用户使用的地址网段及路由情况（都是 L2，用户默认网关指向核心 L3 交换机）。
- 是否有语音应用（尽量采用 L2 漫游）。
- 确认 AP 接入无线交换机的方式（静态、DHCP、DNS）。
- 确认用户认证方式（Web、MAC、802.1x）。
- 确认用户使用的认证、计费系统（Eyou、城市热点、SAM）。
- 确认用户的访问控制策略（ACL）。
- 确认其他的应用功能（带宽限制、用户间隔离等）。

- 无线覆盖区域的具体需求。

第二步：现场勘测。

（1）进行现场勘测。
- 由于场地环境复杂，通过现场勘测可以确定 AP 安装位置。
- 通过现场勘测，可以更精确地获得 AP 的实际数量。
- 确定是否需要使用外挂天线以及安装方式。
- 确定具体的 AP 型号。
- 与客户协商布线、施工细则。
- 确定 AP 安装的进度。

（2）准备工作。
- 一台无线交换机（带 PoE 供电），一般建议是 MX-8，如果使用 MXR-2，则建议多带外置 PoE 供电模块。
- 一个或两个 AP。
- 一台笔记本电脑（内置无线网卡），支持 802.11b/g。
- 一个天线（可选）。
- 一条 20～30m 长的网线。
- 勘测场地的平面图（打印出来）。
- Network Stumbler 软件。
- 至少需要两名人员。

（3）测试的方法。
- 到达现场。
- 两名人员，其中一名负责 AP 的摆位及固定，另一名负责拿着笔记本电脑，读取信号强度值，测量最大的覆盖范围。
- 将控制器放置在易于取电的位置。
- 将 AP 摆放的位置需要结合之前在平面图上规划的 AP 预设位置，从而验证实际信号覆盖效果。

（4）AP 的摆位。
- 与用户协商 AP 的安装位置，一般有几种：放在天花板内、天花板外、垂直挂墙。
- 放在天花板内，天线尽量伸出来。一般情况下，MP-71 挂墙或者放天花板内将天线伸出，MP-372 吸顶安装。
- AP 应尽量摆放于将来安装的位置。
- 当 AP 实在不能摆放在天花板内或高处时，可用手举高或摆放在同一垂直位置的其他高度。
- 如果使用 AP 内置天线，则天线的角度需要与地面垂直。

测试示意如图 3-47 所示。
AP 通过固定件安装在天花板上，如图 3-48 所示。
若 AP 外接天线，则 AP 放在天花板内，将吸顶天线安装在天花板，如图 3-49 所示。

图 3-47 测试示意

图 3-48 AP 安装在天花板上

图 3-49 吸顶天线安装

AP 壁挂式安装，如图 3-50 所示。
（5）信号查看方法。
- 使用 Network Stumbler 软件查看具体的 S/R 值，如图 3-51 所示。建议信号以达到 -75dBm 以上为标准边界，±5dBm。

图 3-50  AP 壁挂式安装

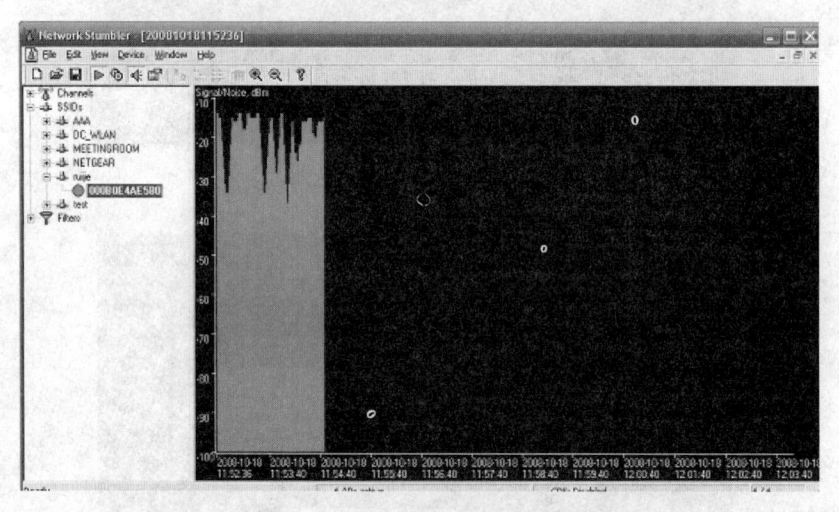

图 3-51  Network Stumbler 软件

- 使用 Windows XP 系统自带的无线小图标，如图 3-52 所示。建议信号以达到 2 格或以上为标准边界。

图 3-52  连接信号

注意：由于无线终端各有差异，由于笔记本电脑的无线网卡性能或者网卡驱动会造成此信号格显示不准确，所以此方法只能作为参考。

（6）确定 AP 的具体位置和安装方法。

根据现场对信号的测试效果确认以下事情：

- AP 的数量是否足够。
- 原先设计的 AP 安装位置是否合理。
- 是否需要增加外挂天线。

另外，对于信号覆盖，可遵循以下原则：

- 不必对所有地方都要求较高的信号强度，这样费用会很高（分级）。
- 重点考虑常用的或可能会用无线连接的地方。
- 对无法施工的位置，考虑增加 AP 数量去覆盖。

第三步：无线设备加电检查。

为了确保设备在正式上电运行时没有问题，建议在设备刚运到集成商或用户处就对设备进行加电检查，以确保设备的软件版本是最新的或者确保没有 Bug，并且在配置前将原有的配置都清除掉，保证自己所做的一切配置自己最清楚，以免由于有以前的错误配置而导致出现其他故障时不好排查。

（1）AP 对应的位置图示例。

项目实施时，还要出一个 AP 与对应安装位置的图，便于在 AP 发生故障时可以很快地找到 AP，如图 3-53 所示。

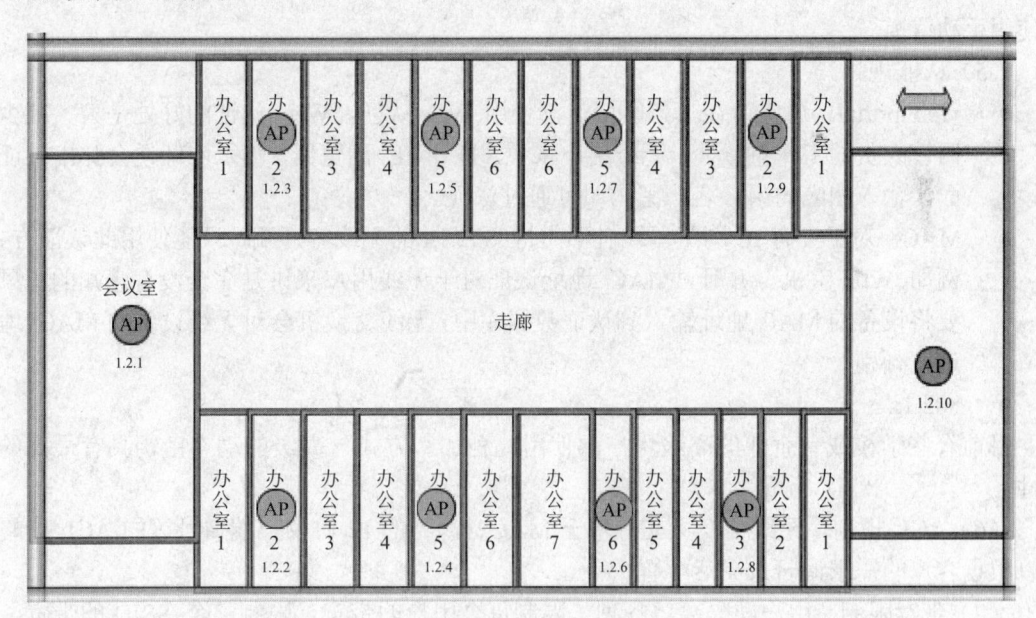

图 3-53　安装位置图

第四步：网络规划。

根据客户需求，在实施前需要对以下几点进行规划：

- 网络拓扑规划。
- 设备 IP 地址规划。

- 无线用户 IP 地址规划。
- SSID 规划。

根据以上规划，制作并纳入到项目实施方案中。确认实施方案你需要详细了解和确认方案的真实需求，以及应用的背景和环境。制定完善可靠可行的规划，同时引导用户规避一些可能会产生的风险。最终以书面方式确定出实施方案以及规划细则。

（1）组网规划。一般情况下，都是将无线交换机与核心交换机相连，无线交换机为二层网络设备，不支持路由功能，所以无线用户的网关都落在核心交换机上。

（2）VLAN 规划。

- 用户 VLAN。划分多个 VLAN 划开广播域。无线用户的 DHCP 最好使用原有 DHCP 或者是新的一台 DHCP 服务器，不建议使用无线交换机上的 DHCP。
- AP 所用 VLAN。AP 所用 VLAN 依附在接入交换机，AP 的地址的 DHCP 使用原有的 DHCP。

（3）SSID 规划。

- 不同的应用原则上使用不同的 SSID，为了安全考虑而将 SSID 进行隐藏时，该 SSID 的命名尽量让人不容易猜出实际的应用。
- 原则上不同的 SSID 都对应不同的 VLAN。
- 对外广播的 SSID 尽量简单明了，让人一看就知道意思。
- SSID 加密。

（4）Radio 规划。信道、功率默认为自动调整。特殊区域发现某信道有严重干扰时，推荐使用手动信道。

（5）认证规划。

- Web portal。通常，在热点区域，都使用 Web 认证，Web 认证的好处是大大减少了网管人员的工作量，对于无线用户来说，打开 IE 浏览器，输入网址便会弹出认证页面，输入相应的用户名、密码即可通过认证。
- MAC。对于没有 IE 浏览器或者不支持 802.1x 的无线客户端，只能使用此认证方式，例如 WiFi 手机。并且，MAC 地址认证对于无线用户来讲是完全没有感知的，只需要将设备的 MAC 地址输入到认证数据库中，无线交换机会对无线设备的 MAC 地址进行判别。
- 802.1x。

目前有些学校或者企业的高级用户都使用此种加密方式，高级的动态密钥具有最高的安全性。

（6）ACL 规划。无线交换机支持基于 MAC、源目的 IP 协议、端口号等的 ACL 策略。可以根据客户的需求调研来灵活配置。

（7）带宽限制、用户间隔离等规划。限制每个用户的带宽，限制整个 SSID 的带宽。

第五步：工程实施。

一般的安装顺序是首先安装 AP，然后安装天馈线系统，最后安装无线交换机。

（1）AP 的安装。

- AP 的天线接口类型
- AP 位置的确定

AP 的安装位置设计时根据实际情况装在墙上或天花板上。AP 必须设定相应的编号以便以后很直观地找到,例如根据楼名或办公室名来命名 AP。AP 放置位置必须与前期设计位置相符,按照设计图中相对应的位置安装,将相应编号的 AP 安装于设计时图中的对应位置。

**注意**:在安装前要将 AP 的序列号和对应位置记录下来。

- AP 与网线的连接。将 AP 的以太网口与网线正确连接,并达到 Power 灯亮为准,从网线安放到 Power 灯亮需要 10s 左右,如果无灯亮时,可能是网线、PoE、AP 其中的问题,必须记录相对的 AP 编号再进行排查。
- AP 的安装固定。与用户协商 AP 的安装位置,一般有几种:放在天花板内、天花板外、垂直挂墙。放在天花板内,信号会有所损失,所以如果是 MP-71 则建议天花板挖个洞将天线伸出来。
- 天线指向。具有内置天线的 AP,即 MP-71 和 MP-372,其天线必须垂直于地面。
- AP 安装方式汇总,如图 3-54 所示。

| 区域 | 安装方式 | 设备型号 |
| --- | --- | --- |
| 具有天花板的区域覆盖 | 在天花板上可以固定的位置上安放好相应的 AP 固定件,将 AP 安放于固定件中,使 AP 固定,具有内置天线的 AP,天花板穿洞使其天线伸出垂直于地面 | MP-71 |
| 具有天花板的区域覆盖 | 将 AP 固定件安装在 AP 后端,再使用卡件卡到天花板的龙骨上 | MP-422 |
| 室内大开阔区域定向覆盖 | 定向天线:定向天线为板状。通过安装在墙面上的天线的安装件固定在天线固定件上,固定件需要垂直安装。并使用室内软跳线将 AP 和天线连通。室内软跳线(超柔 0.5m 连接线 N-A)N 连接天线一端,A 端连接 AP 指定天线连接端口 | MP-422 加定向天线(室) |
| 室外全向覆盖 | 全向天线:室外天线为柱状全向天线,通过天线的安装件固定在固定件上,固定件需要安装方定制,垂直安装。安装室外天线需要连接避雷器,馈线一端连接室外天线,一端连接避雷器。避雷器再通过室内软跳线和 AP 连通,避雷器的接地端子应和避雷系统连接,室内软跳线(超柔 0.5m 连接线 N-A)N 端连接避雷器,A 端连接 AP 指定天线连接端。室外天线的安装还需要做防水处理,连接端的接口需要用防水胶带缠裹。天线下、底端有一个排水孔,做室外防水处理时应将此孔留出,不能封住,否则长期使用后会引起积水造成天线故障 | MP-422 加全向天线(室外) |

图 3-54 AP 安装方式汇总

(2)AP 位置的确定。AP 的安装位置设计时根据实际情况装在墙上或天花板上。AP 必须设定相应的编号以便以后很直观地找到,例如根据楼名或办公室名来命名 AP。AP 放置位置必须与前期设计位置相符,按照设计图中相对应的位置安装,将相应编号的 AP 安装于设计图中的对应位置。

(3)天馈线的安装。室外天线为棍状全向天线,通过天线的安装件固定在固定件上,固定件需要安装方定制,垂直安装。

室外天线需要连接避雷装置,馈线一端连接室外天线,一端连接避雷器。避雷器再通过天馈线和 AP 连通，避雷器的接地端子应和避雷系统连接。室内软跳线（超柔 0.5m 连接线 N-A）N 端连接避雷器，A 端连接 AP 指定天线连接端。室外天线的安装在接口处需要做防水处理，天线下端有一个排水孔，做室外防水安装时应将此孔留出，不能封住，否则长期使用后会引起积水造成天线故障。

（4）无线交换机的安装。
- 无线交换机的安放位置
- 无线交换机与有线交换机的连接
- 无线交换的上电

第六步：检验。

方案实施完毕，对设备工作状态及各项功能进行检验，检验重点如下：
- 设备指示灯状态
- AP 信号质量
- SSID 是否可以连接
- 是否可以正常认证

第五步：用户培训。

方案实施完毕需要对用户进行现场培训，培训应包括：
- 设计方案介绍
- 基础知识
- 操作指南

第六步：提交实施报告。

实施报告应包括方案设计拓扑、方案中规划的 IP 地址、用户 SSID 相关规划、设备密码配置等。

## 工作任务

任务 1：构建中小型园区无线网络。

【任务名称】构建中小型园区无线网络

【任务分析】小李在某国有企业担任网络管理员，需要对分公司进行无线网络的配置，需要配置一个开放式无线网络，并为客户端动态分配地址。

【项目设备】2 台安装了 Windows XP 系统的计算机、1 块 RG-WG54U 无线网卡、1 台 MP-71/MP-372 无线 AP、1 台 MX-8/MXR-2 无线交换机、1 台 RingMaster 服务器。

【项目拓扑】拓扑如图 3-55 所示。

【项目实施】

（1）配置无线交换机的基本参数。

无线交换机的默认 IP 地址是 192.168.100.1/24，因此将 STA-1 的 IP 地址配置为 192.168.100.2/24，并打开浏览器登录到https://192.168.100.1，弹出如图 3-56 所示的对话框，单击"是"按钮。

系统的默认管理用户名是 admin，密码为空，如图 3-57 所示。

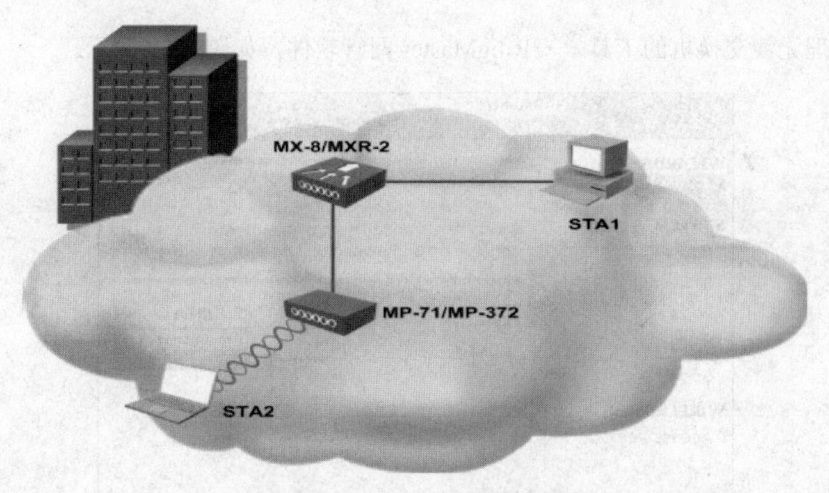

图 3-55 任务 1 实施拓扑图

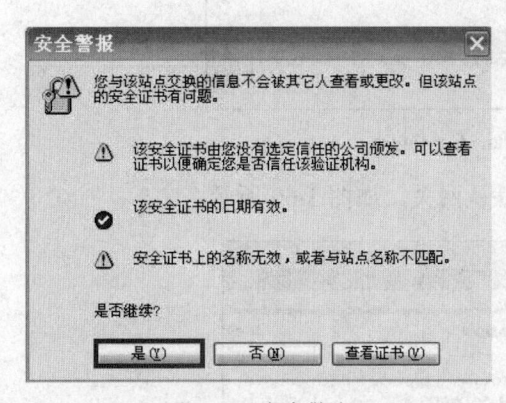

图 3-56 安全警告

图 3-57 登录口令

输入用户名和密码后就进入了无线交换机的 Web 配置页面，单击 Start 按钮，进入快速配置指南，如图 3-58 所示。

图 3-58 Quick Start

选择管理无线交换机的工具——RingMaster 网管软件，如图 3-59 所示。

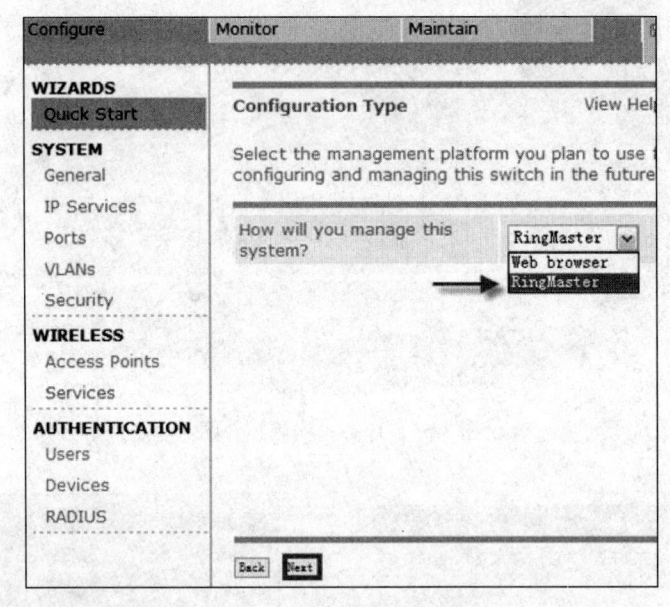

图 3-59 Quick Start Configure

配置无线交换机的 IP 地址、子网掩码以及默认网关，如图 3-60 所示。

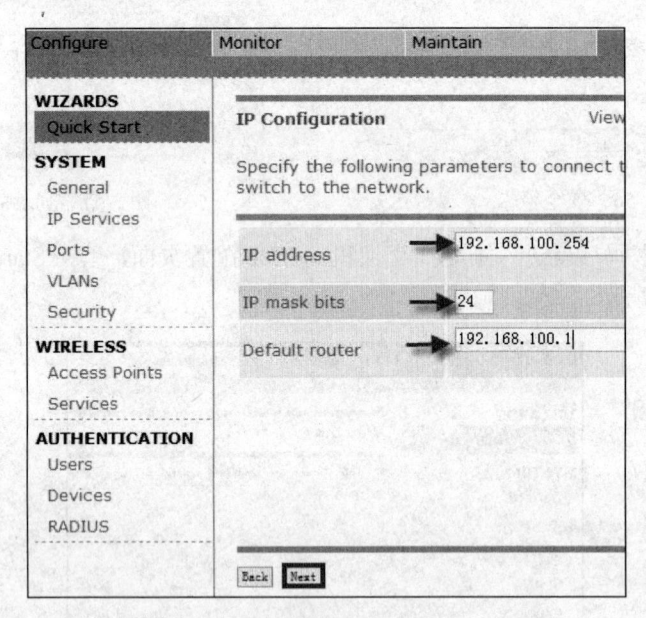

图 3-60 Quick Start IP Configuration

设置系统的管理密码，如图 3-61 所示。
设置系统的时间和时区，如图 3-62 所示。
确认无线交换机的基本配置，如图 3-63 所示。

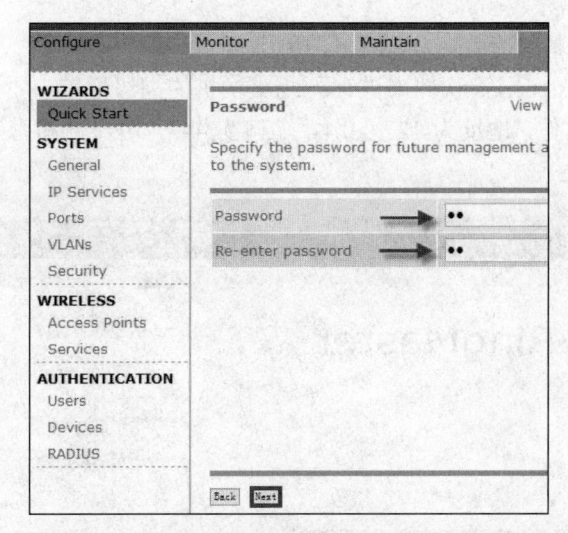

图 3-61　Quick Start Password

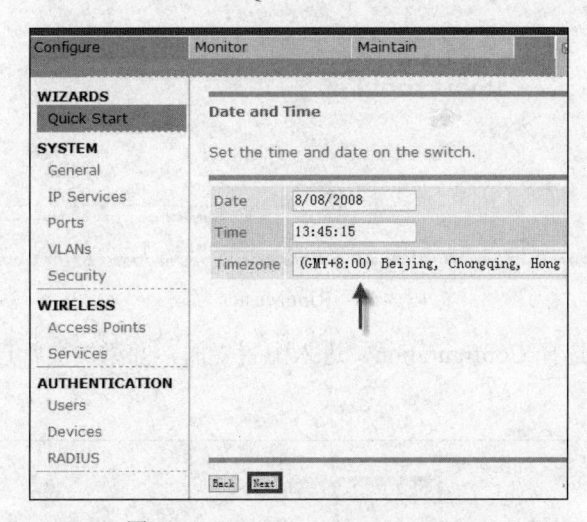

图 3-62　Quick Start Date and Time

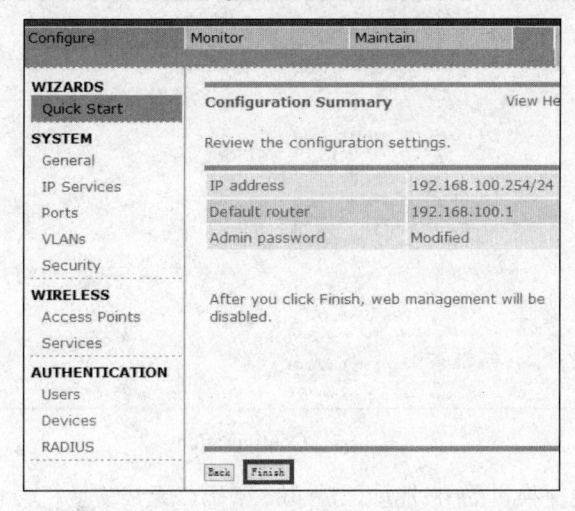

图 3-63　Quick Start Configuration Summary

完成无线交换机的基本配置，如图 3-64 所示。

（2）通过 RingMaster 网管软件来进行无线交换机的高级配置。

运行 RingMaster 软件，地址为 127.0.0.1，端口为 443，用户名和密码默认为空，如图 3-64 所示。

图 3-64　RingMaster 登录

单击 Next 按钮，选择 Configuration，进入配置界面，并添加被管理的无线交换机，如图 3-65 所示。

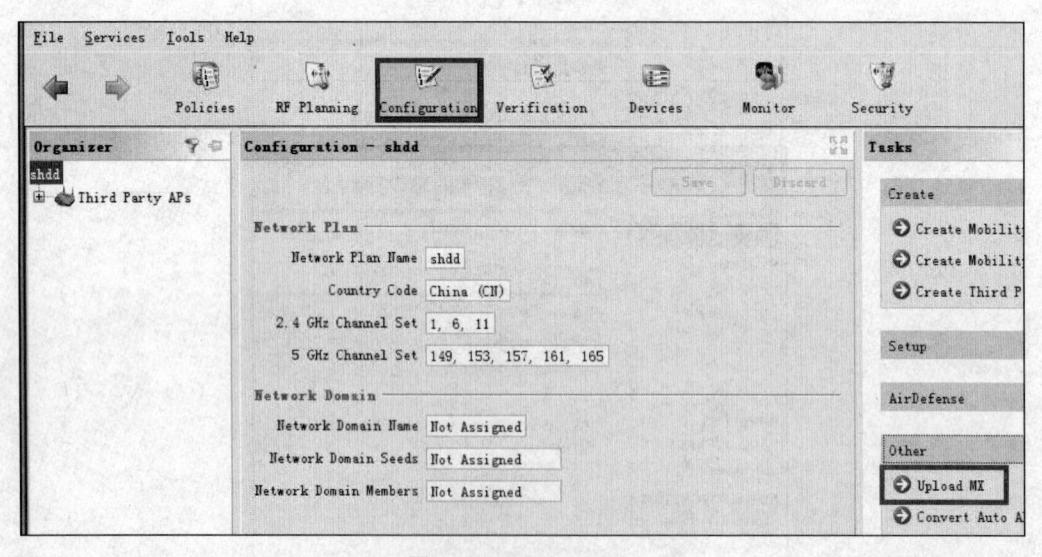

图 3-65　Configuration

输入被管理的无线交换机的 IP 地址、Enable 密码，无线交换机会自动完成配置的更新，如图 3-66 至图 3-68 所示。

图 3-66 Enable 密码

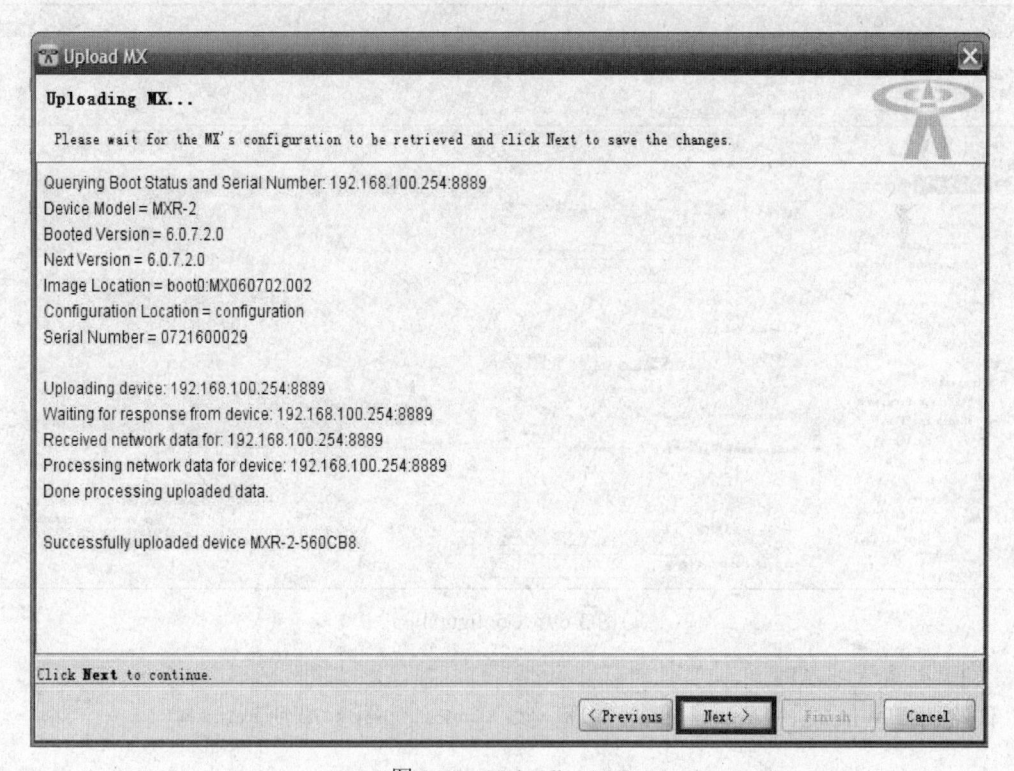

图 3-67 Uploading MX

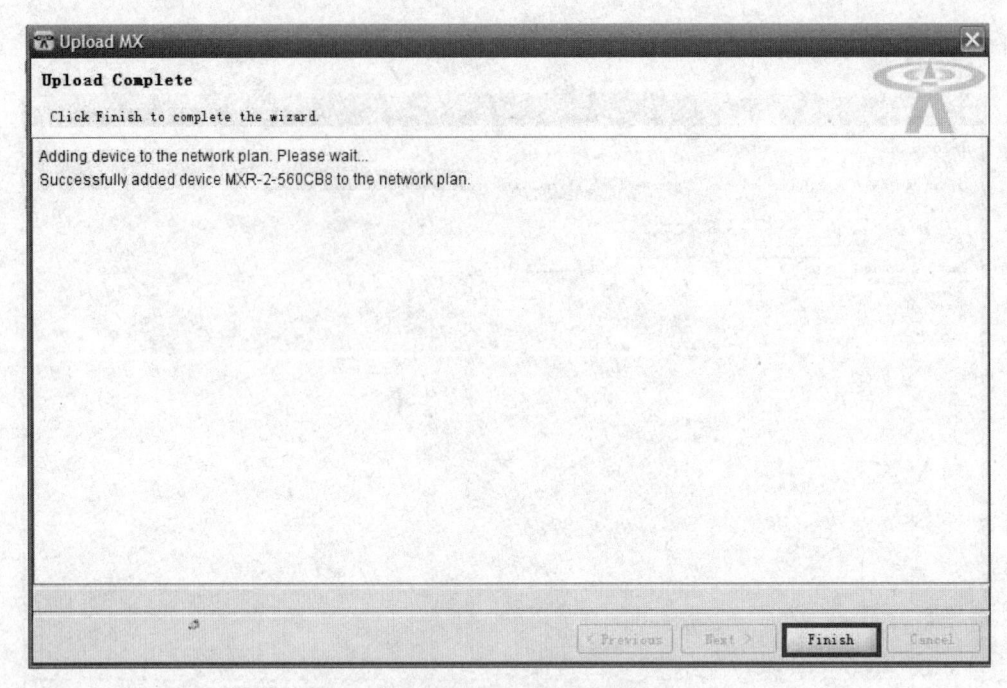

图 3-68  Upload Complete

完成添加后，进入无线交换机的操作界面，如图 3-69 所示。

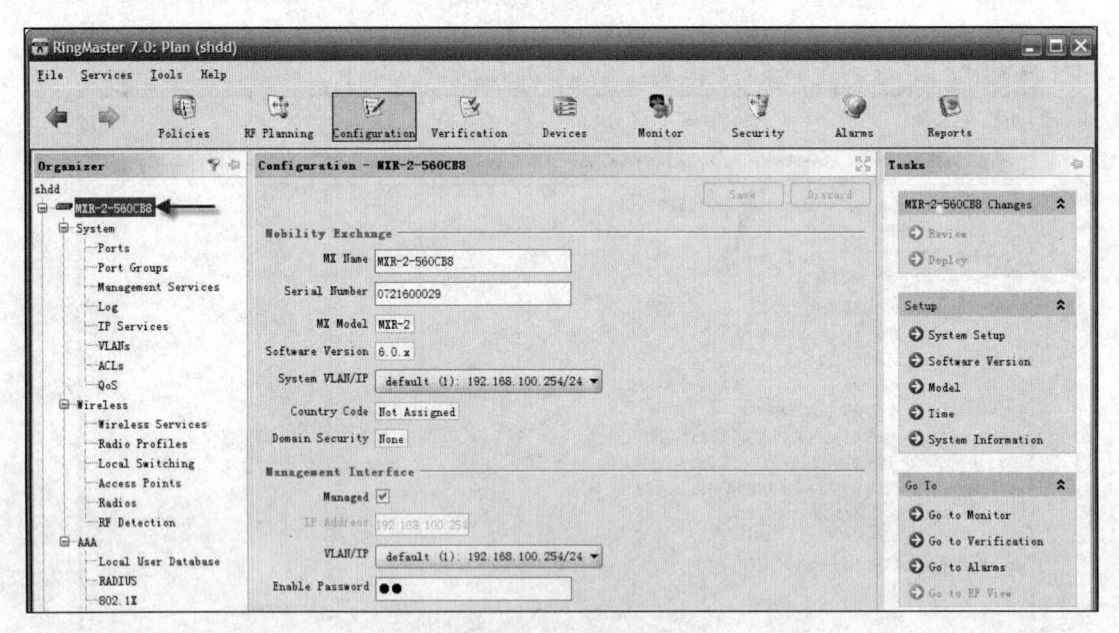

图 3-69  Configuration

（3）配置无线 AP。

依次选择 Wireless→Access Point 选项，添加 AP，如图 3-70 所示。

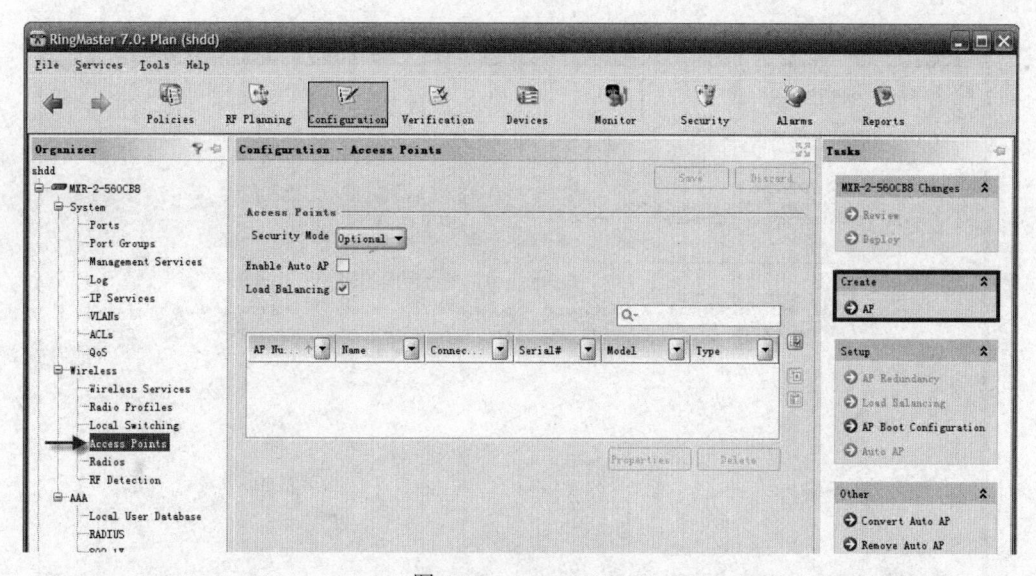

图 3-70 Access Point

为添加的 AP 命名，并选择连接方式，默认使用 Distributed 模式，如图 3-71 所示。

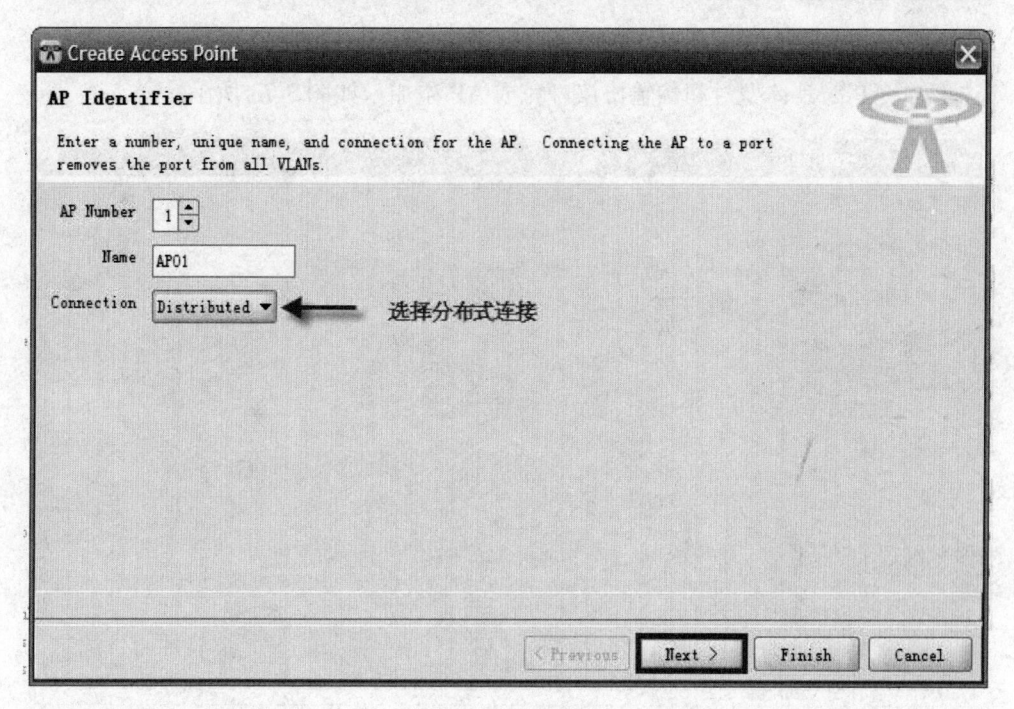

图 3-71 Distributed

将需要添加的 AP 机身后面的 SN 号输入对话框，用于 AP 与无线交换机的注册过程，如图 3-72 所示。

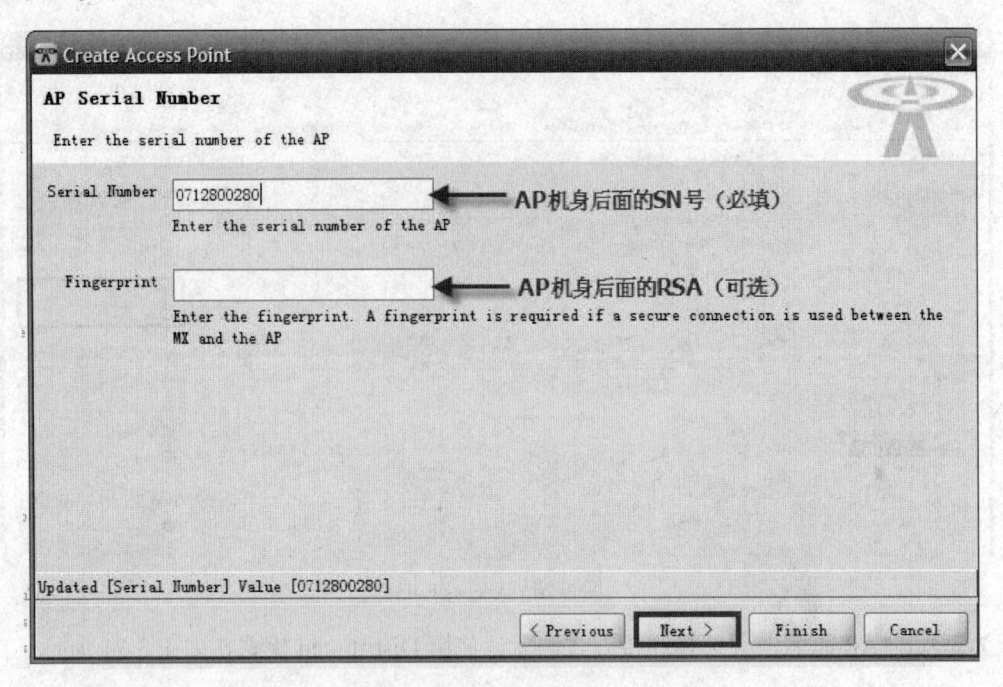

[图片: Create Access Point 对话框 - AP Serial Number, Serial Number: 0712800280, Fingerprint 空白。标注: AP机身后面的SN号（必填）; AP机身后面的RSA（可选）]

图 3-72  SN 号

选择添加 AP 的具体型号和传输协议，完成 AP 添加，如图 3-73 所示。

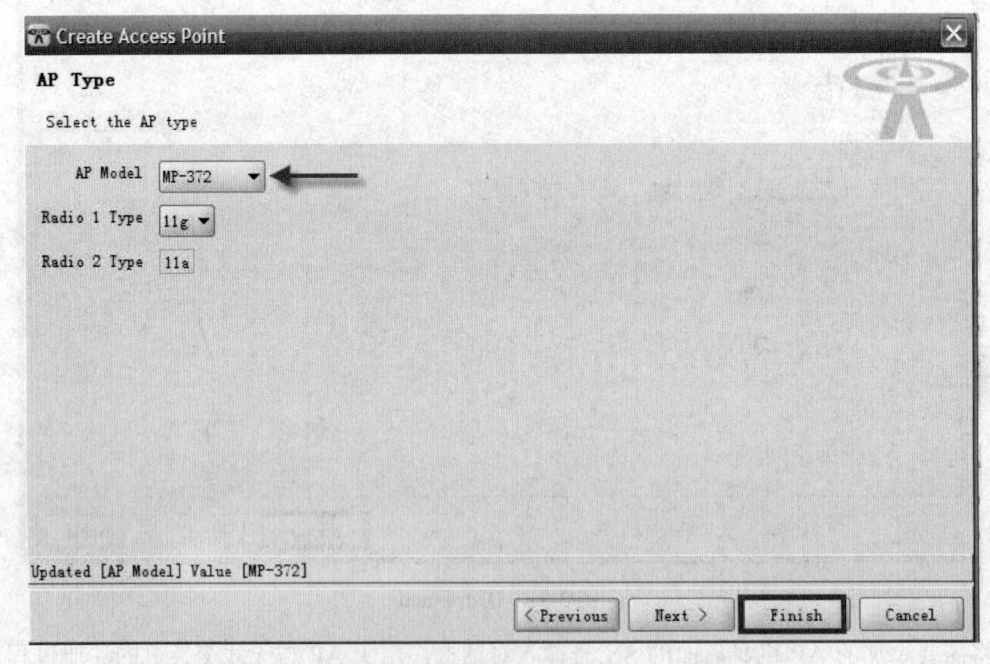

[图片: Create Access Point 对话框 - AP Type, AP Model: MP-372, Radio 1 Type: 11g, Radio 2 Type: 11a]

图 3-73  完成 AP 添加

（4）配置无线交换机的 DHCP 服务器。

依次选择 Syestem→VLANS 选项，选择 default VLAN，进入属性配置，如图 3-74 所示。

项目三 中型企业无线网络组建

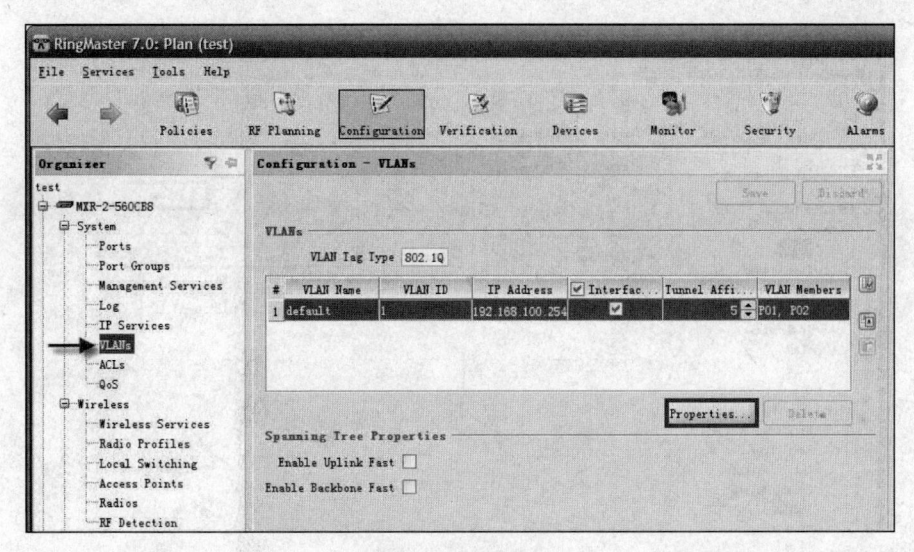

图 3-74 VLANS

进入 Properties→DHCP Server 选项，激活 DHCP 服务器，设置地址池和 DNS 并保存，如图 3-75 所示。

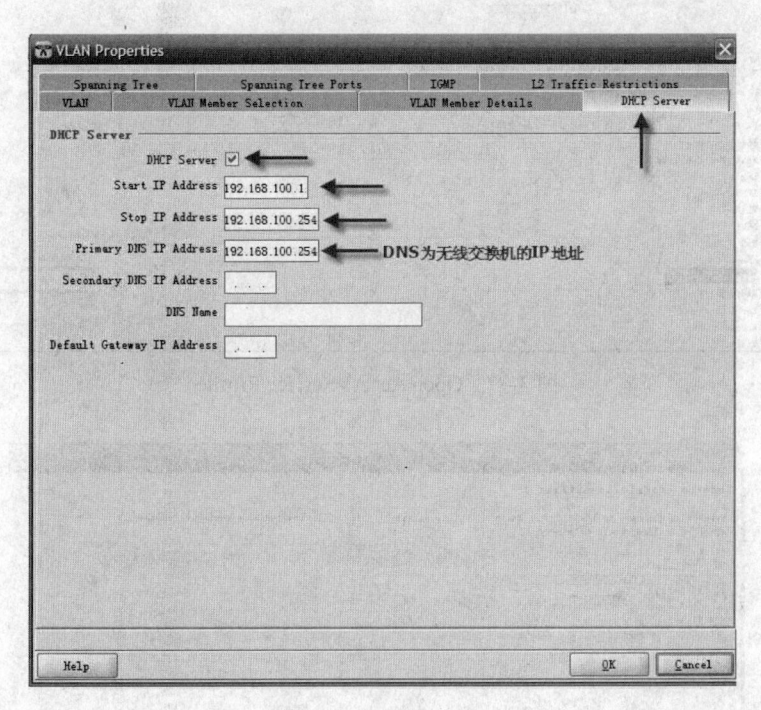

图 3-75 DHCP Server

进入 System→Port 选项，将无线交换机的端口 PoE 打开并保存，如图 3-76 所示。
（5）创建开放接入服务。
建立一个 Open Access Service Profile，如图 3-77 所示。
输入 SSID 名，由于是开放式的服务，因此 SSID Type 为 clear，即不加密，如图 3-78 所示。

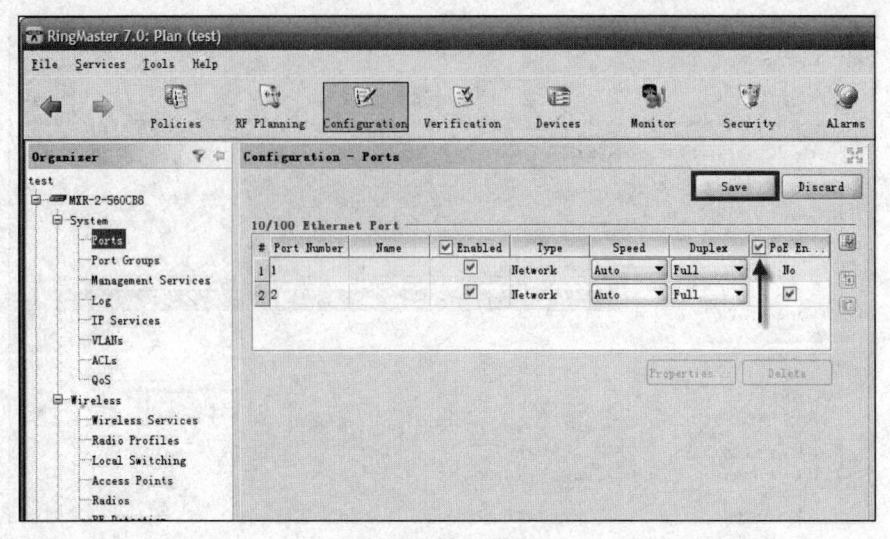

图 3-76 PoE 打开

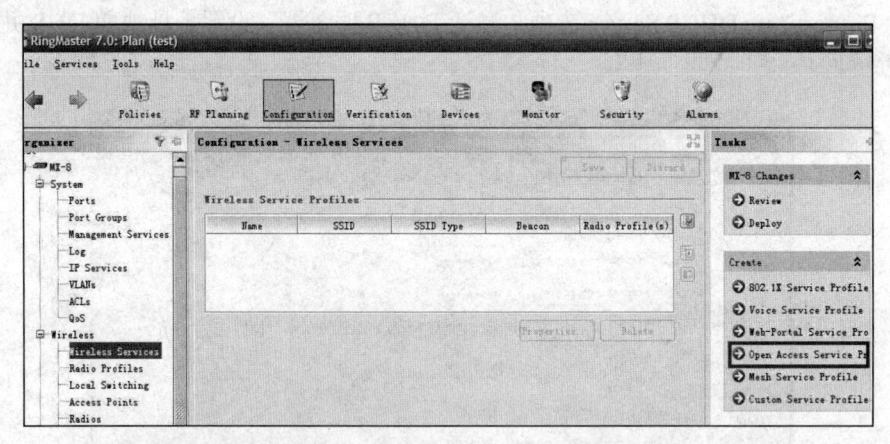

图 3-77 Open Access Service Profile

图 3-78 SSID

默认将用户的 VLAN 定义为 default VLAN，即用户联入这个 SSID 即会获得默认 VLAN 的 IP 地址，如图 3-79 所示。

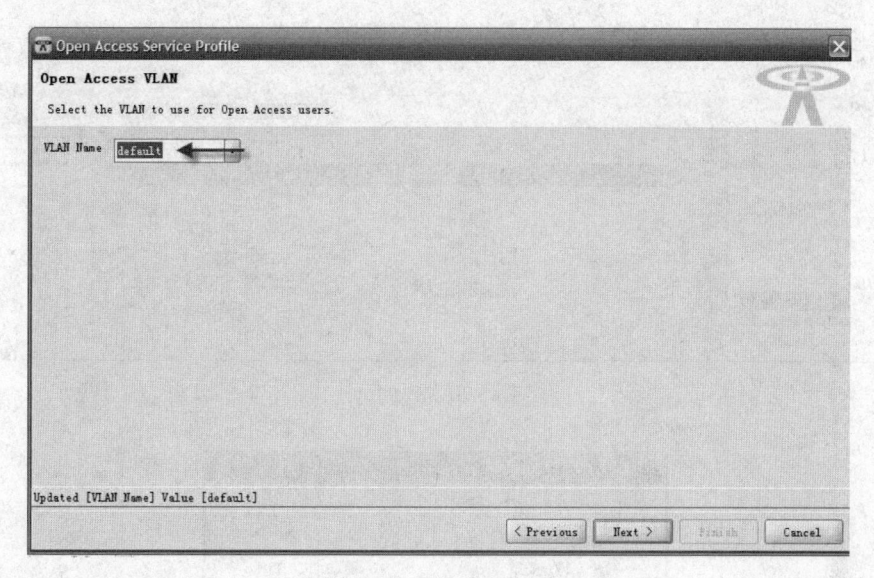

图 3-79  default VLAN

选择默认的 Radio Profile（Radio Profile 定义了 AP 的射频规则），即该无线配置作用下的 AP 采用默认的射频规则，如图 3-80 所示。

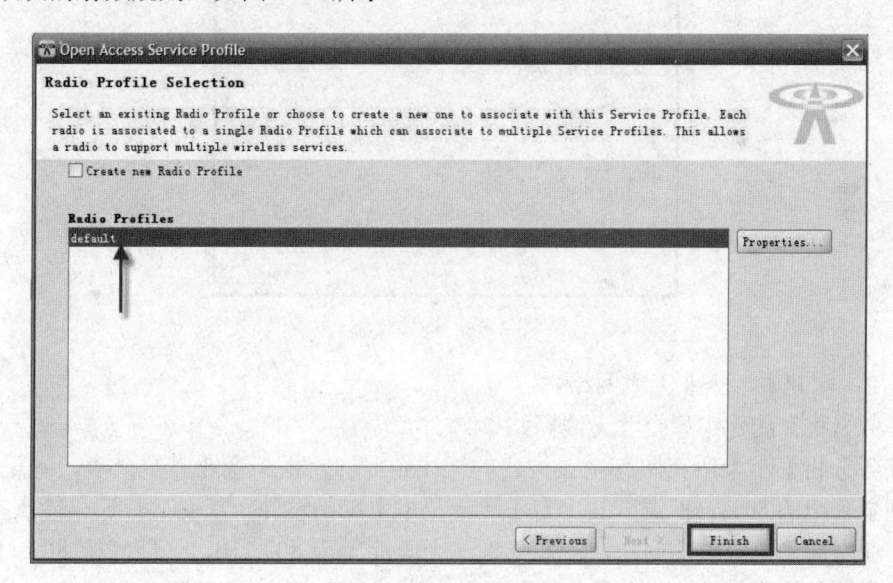

图 3-80  Radio Profile

完成"开放式无线接入服务"的配置，选择 Deploy，下发配置到无线交换机，如图 3-81 所示。

配置完成，开放式无线接入网络建立完成。

（6）测试该无线接入服务。

STA2 打开无线网卡，扫描 Open 这个 SSID，并获取 IP 地址，如图 3-82 所示。

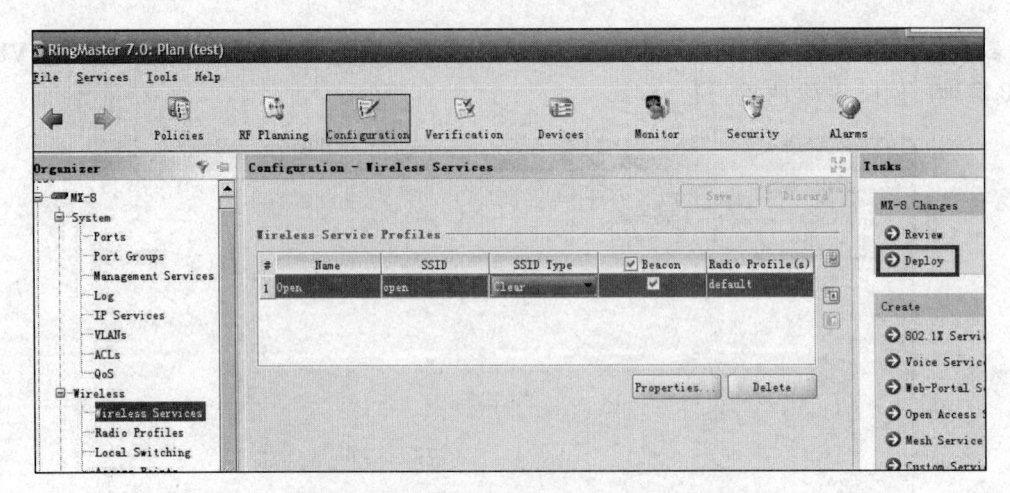

图 3-81　Deploy

图 3-82　连接状态

任务 2：构建中型企业无线网络。

【任务名称】构建中型企业无线网络

【任务分析】小李所在国有企业构建的无线企业网，由于企业人数众多，笔记本电脑用户数达到全公司的 50%。据调查其中有不少笔记本电脑是迅驰一代的芯片，只能支持 802.11b 协议。企业考虑到兼容性的问题，需要建设一个既能支持 802.11b，又能支持 802.11g 的无线网络，并且不能因为 802.11b 的用户存在而影响到 802.11g 用户的速率。

需要建设支持 802.11b 和 802.11g 的无线网络，并且不能因为 802.11b 的用户存在而影响到 802.11g 的 54Mb/s 速率。

要保证 802.11b/g 的无线客户端共存，需要采用支持 802.11g 保护模式的无线 AP。所以需要小李配置一个配置单频多模的无线网络。

【项目设备】1 台安装了 Windows XP 系统的计算机、1 块 RG-WG54U 无线网卡、1 台

MP-71/MP-372 无线 AP、1 台 MX-8/MXR-2 无线交换机、1 台 RingMaster 服务器。

【项目拓扑】拓扑如图 3-83 所示。

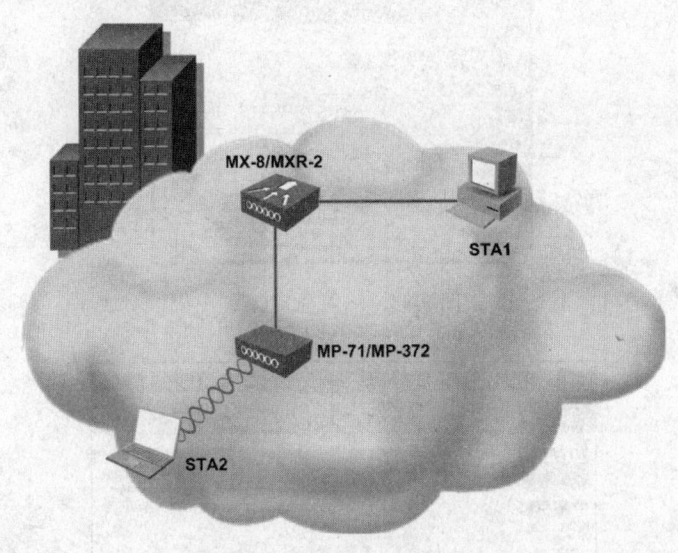

图 3-83  任务 2 实施拓扑

【项目实施】

（1）配置无线交换机的基本参数。

无线交换机的默认 IP 地址是 192.168.100.1/24，因此将 STA-1 的 IP 地址配置为 192.168.100.2/24，并打开浏览器登录到https://192.168.100.1，弹出如图 3-84 所示的对话框，单击"是"按钮。

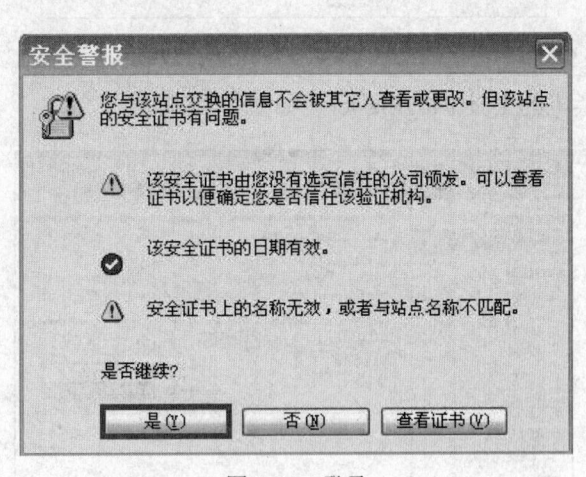

图 3-84  登录

系统的默认管理用户名是 admin，密码为空，如图 3-85 所示。

输入用户名和密码后就进入了无线交换机的 Web 配置页面，单击 Start 按钮，进入快速配置指南，如图 3-86 所示。

图 3-85 输入登录口令

图 3-86 Quick Start Configure

选择管理无线交换机的工具 RingMaster，如图 3-87 所示。

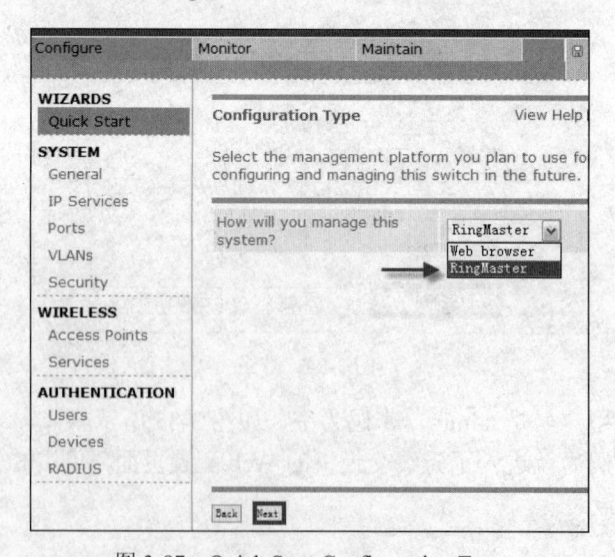

图 3-87 Quick Start Configuration Type

配置无线交换机的 IP 地址、子网掩码以及默认网关，如图 3-88 所示。

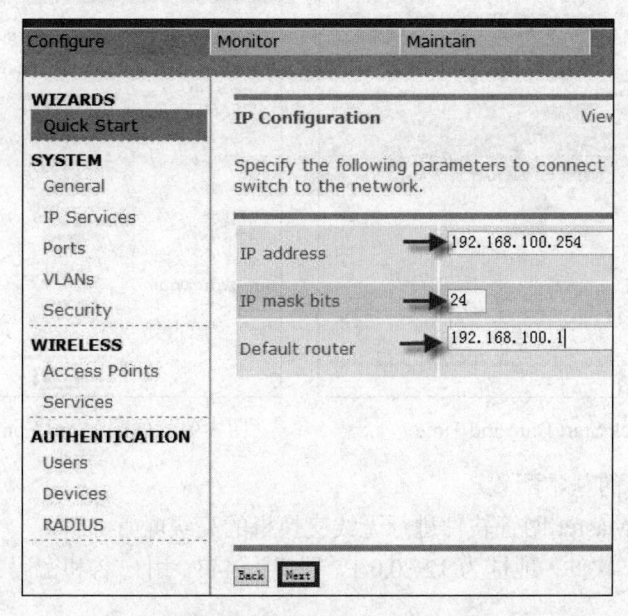

图 3-88  Quick Start IP Configuration

设置系统的管理密码，如图 3-89 所示。

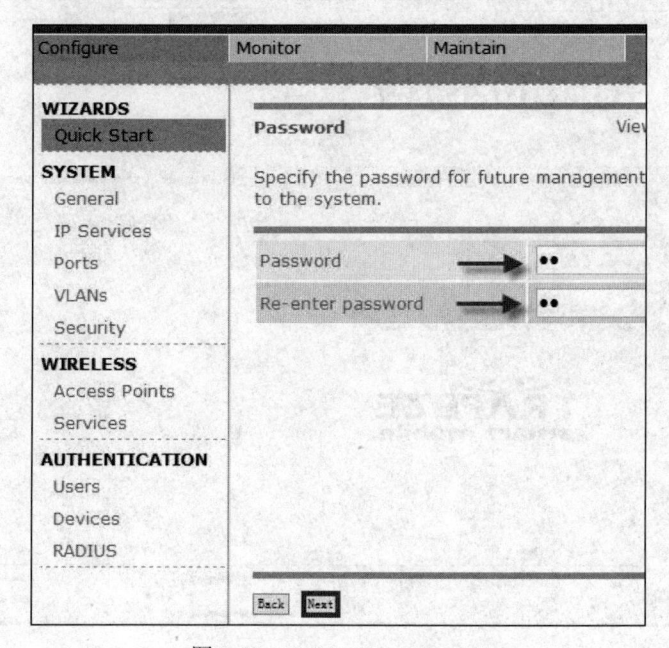

图 3-89  Quick Start Password

设置系统的时间和时区，如图 3-90 所示。
确认无线交换机的基本配置，如图 3-91 所示。

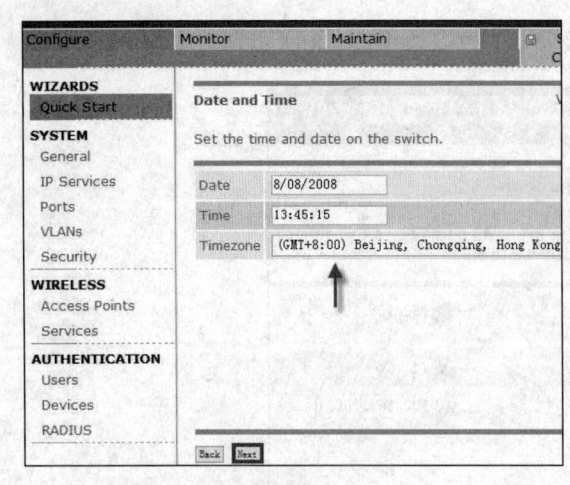

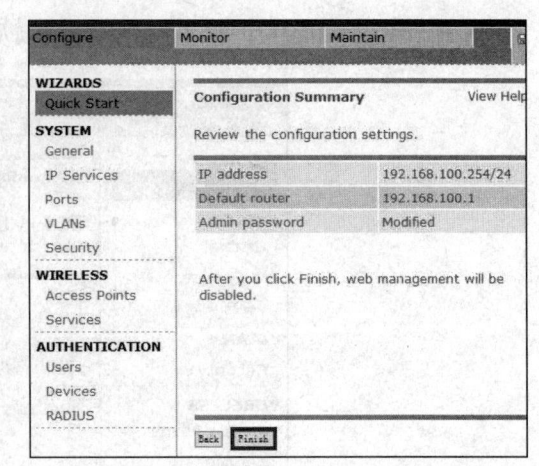

图 3-90　Quick Start Date and Time　　　　　图 3-91　Quick Start Configuration Summary

完成无线交换机的基本配置。

（2）通过 RingMaster 网管软件进行无线交换机的高级配置。

运行 RingMaster 软件，地址为 127.0.0.1，端口为 443，用户名和密码默认为空，如图 3-92 所示。

图 3-92　RingMater 登录

选择 Configuration，进入配置界面，并添加被管理的无线交换机，如图 3-93 所示。

输入被管理的无线交换机的 IP 地址、Enable 密码，如图 3-94 至图 3-96 所示。

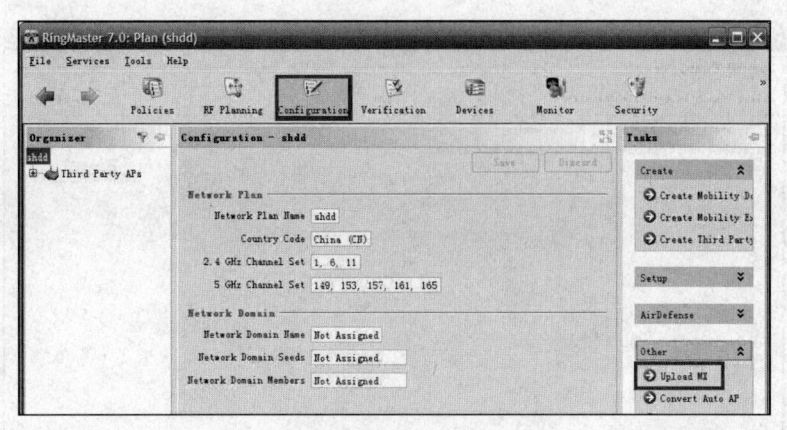

图 3-93 Configuration

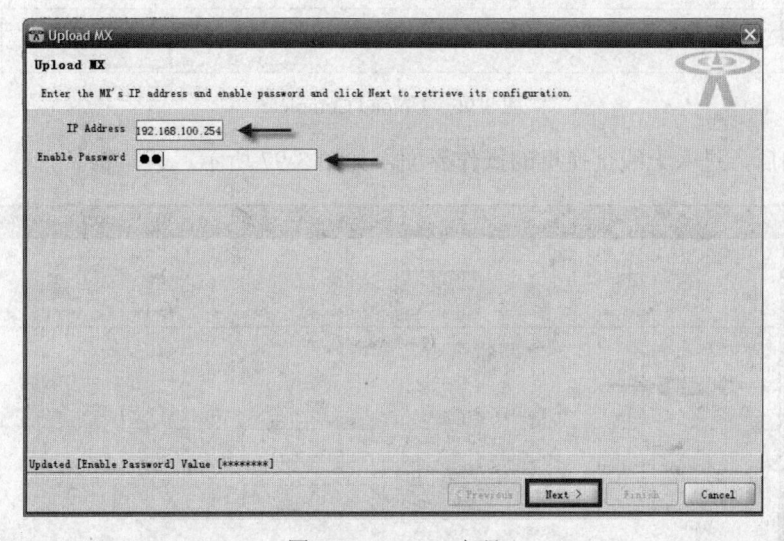

图 3-94 Enable 密码

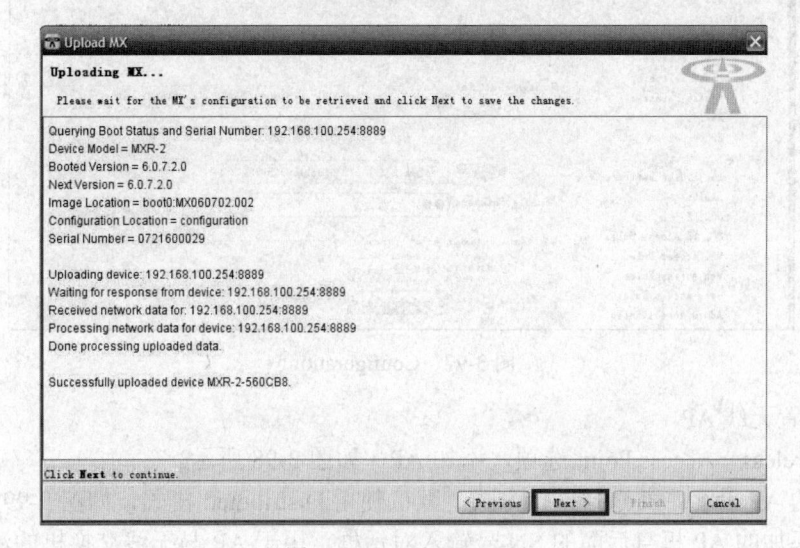

图 3-95 Uploading MX

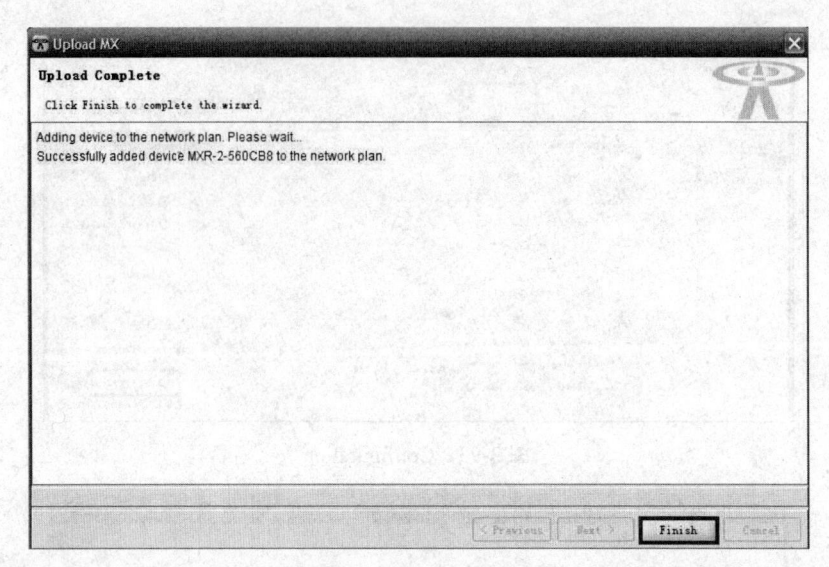

图 3-96　Upload Complete

完成添加后，进入无线交换机的操作界面，如图 3-97 所示。

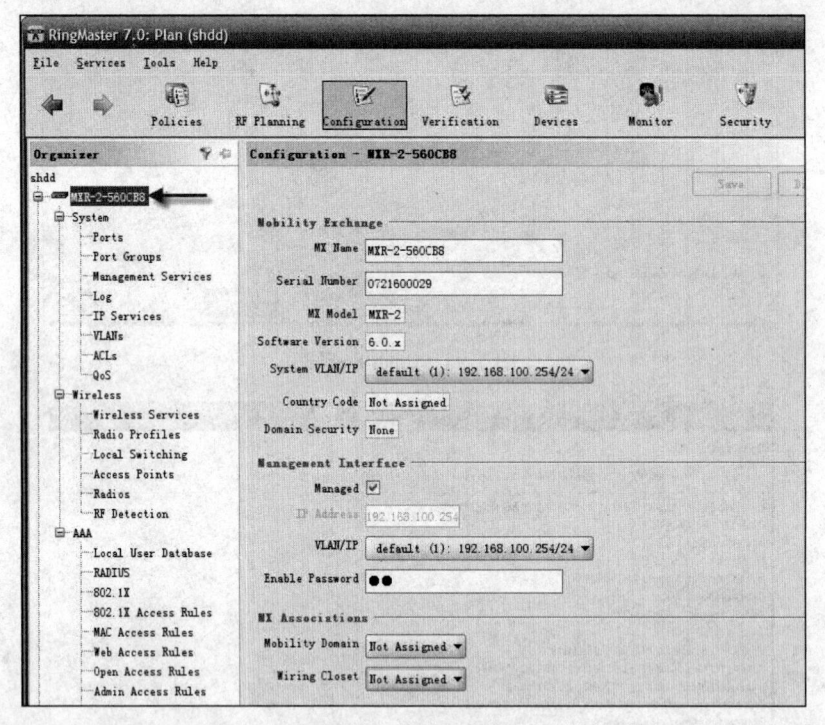

图 3-97　Configuration

（3）配置无线 AP。

进入 Wireless→Access Point 选项，添加 AP，如图 3-98 所示。

为添加的 AP 命名，并选择连接方式，默认使用 Distributed 模式，如图 3-99 所示。

将需要添加的 AP 机身后面的 SN 号输入对话框，用于 AP 与无线交换机的注册过程，如图 3-100 所示。

项目三 中型企业无线网络组建

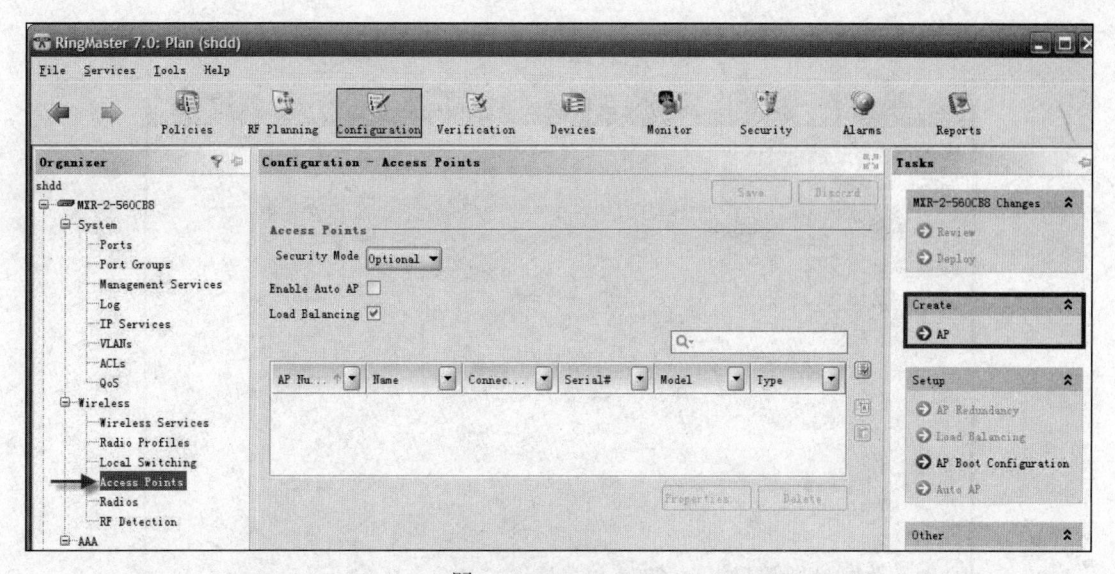

图 3-98 Access Point

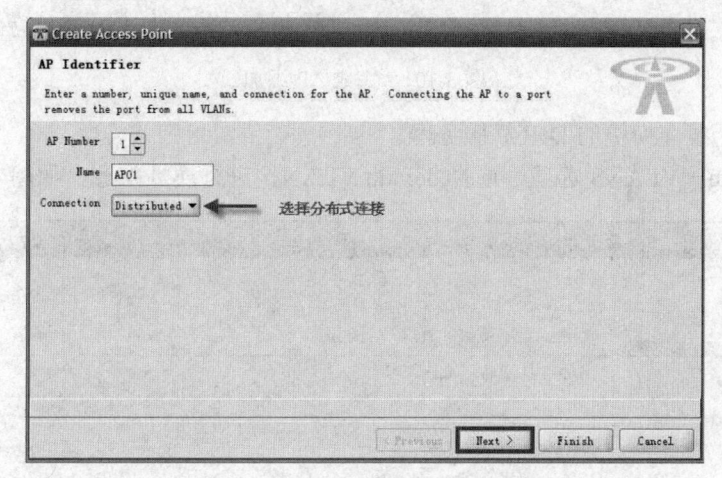

图 3-99 Distributed

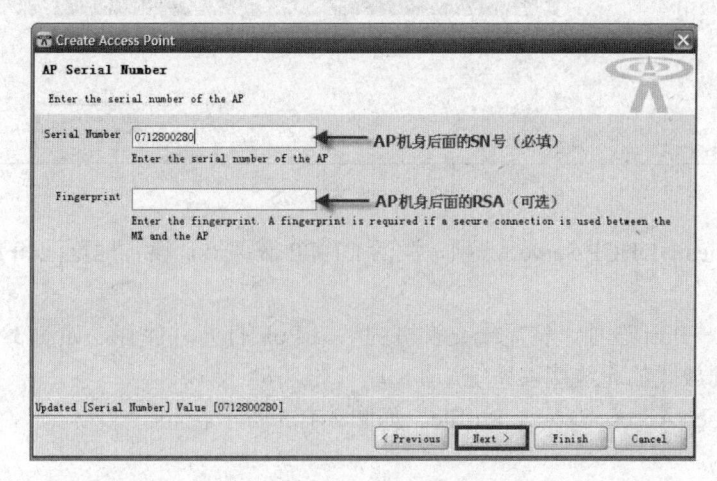

图 3-100 SN 号

选择添加 AP 的具体型号和传输协议，完成 AP 添加，如图 3-101 所示。

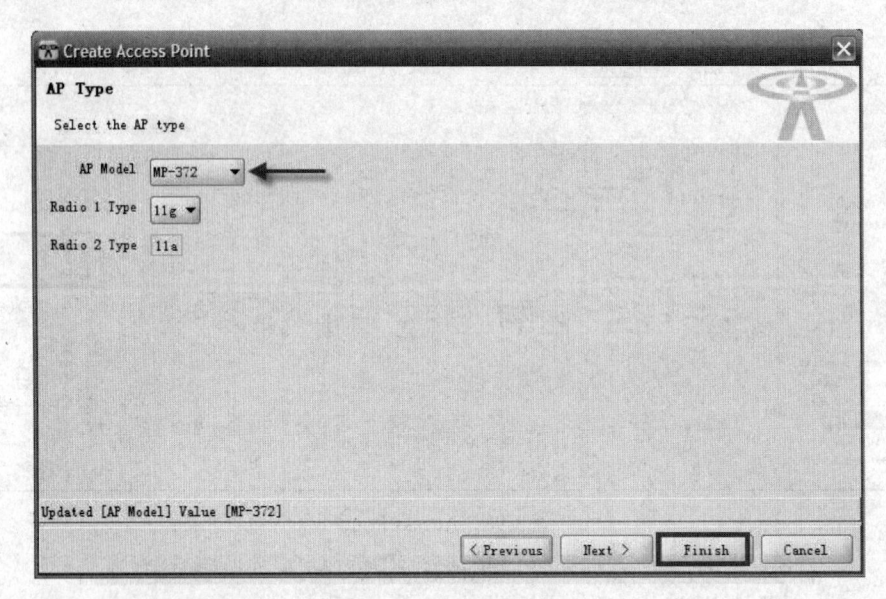

图 3-101　完成 AP 添加

（4）配置无线交换机的 DHCP 服务器。

进入 Syestem→VLANS 选项，选择 default VLAN，进行属性配置，如图 3-102 所示。

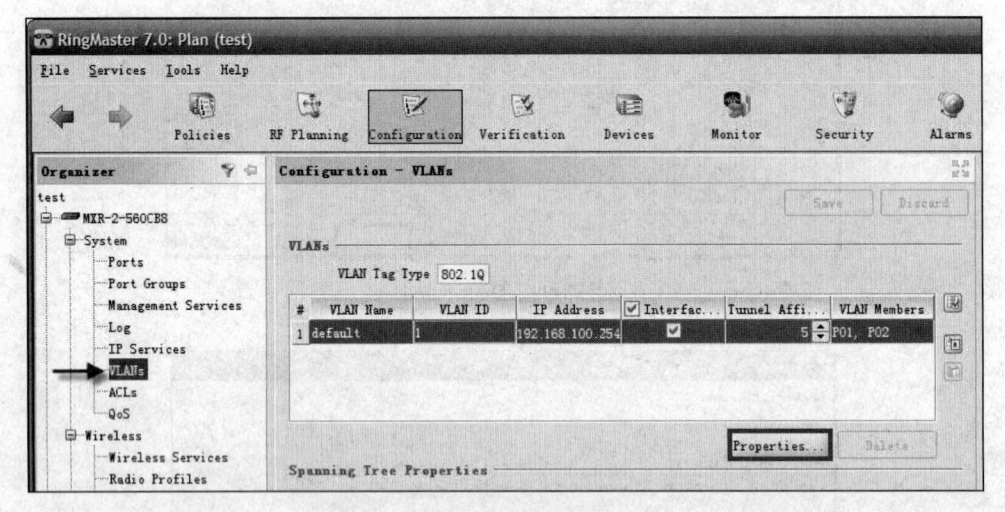

图 3-102　VLANS

进入 Properties→DHCP Server 选项，激活 DHCP 服务器，设置地址池和 DNS 并保存，如图 3-103 所示。

进入 System→Port 选项，将无线交换机的端口 PoE 打开并保存，如图 3-104 所示。

（5）建立开放式的无线接入系统。

建立一个 Open Access Service Profile，如图 3-105 所示。

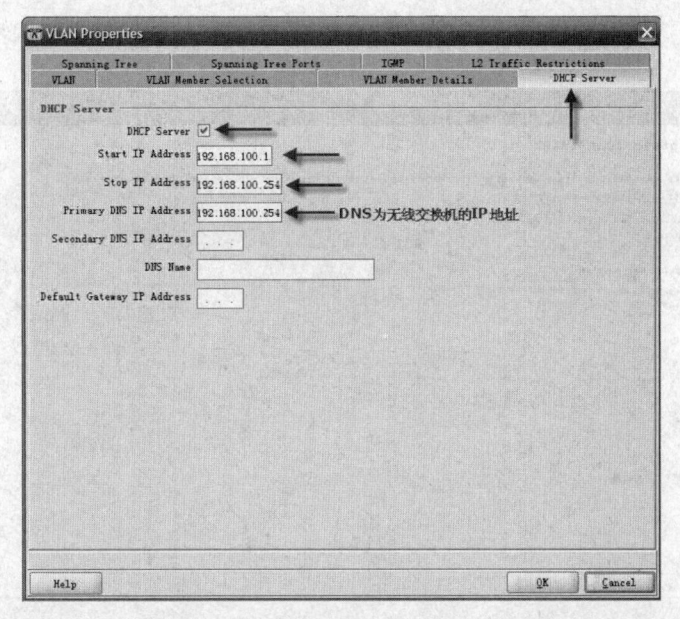

图 3-103　DHCP Server

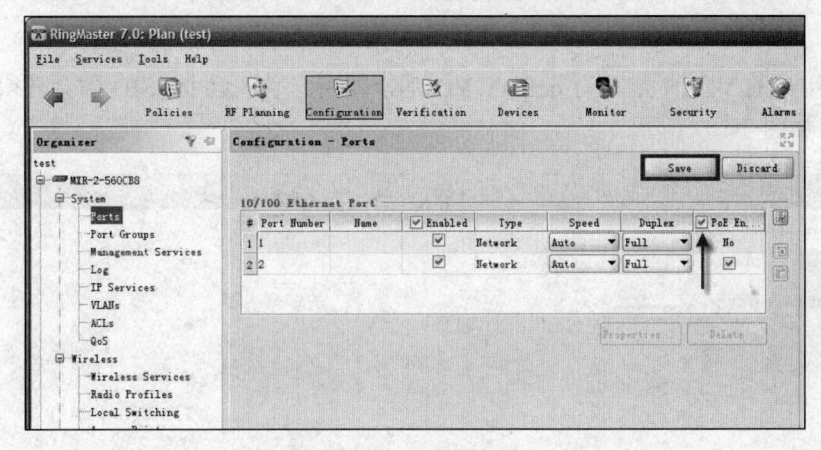

图 3-104　PoE 选项

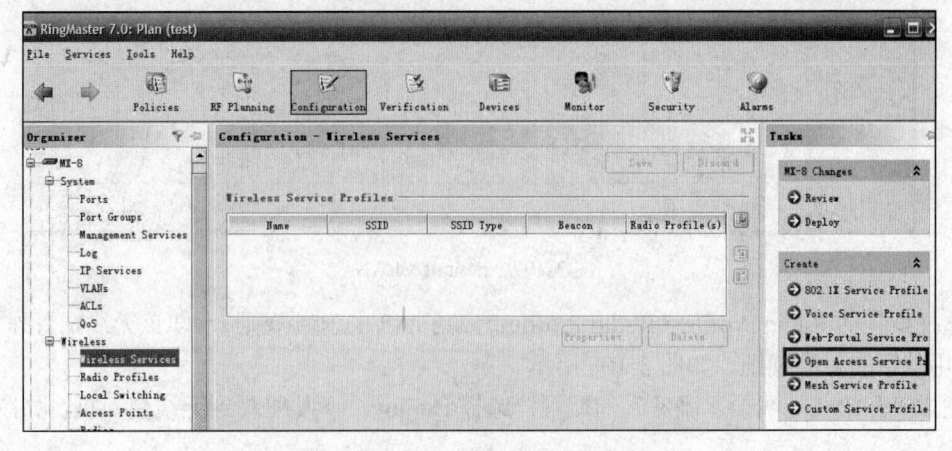

图 3-105　Open Access Service Profile

输入 SSID 名，由于是开放式的服务，因此 SSID Type 为 clear，即不加密，如图 3-106 所示。

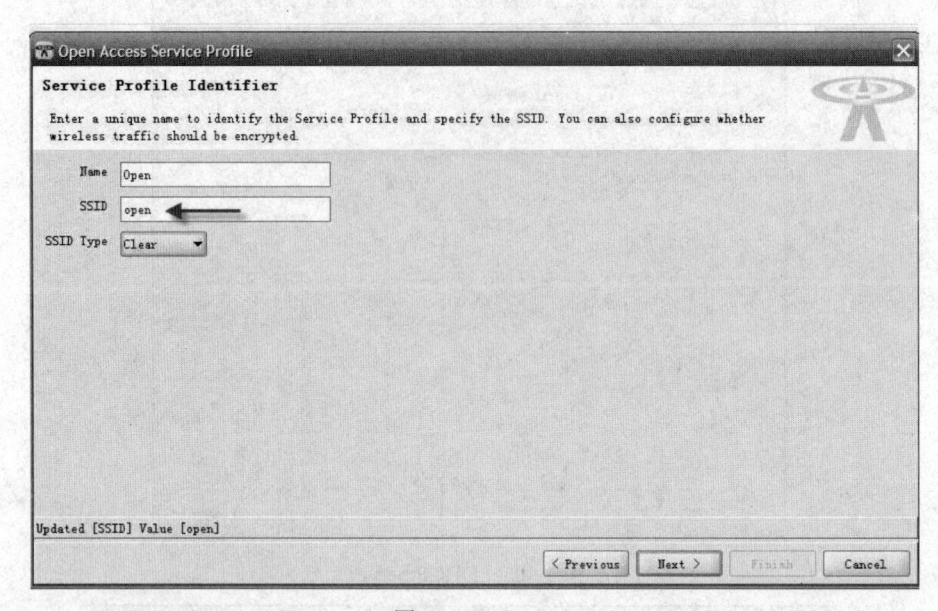

图 3-106　SSID

默认将用户的 VLAN 定义为 default VLAN，即用户联入这个 SSID 即会获得默认 VLAN 的 IP 地址，如图 3-107 所示。

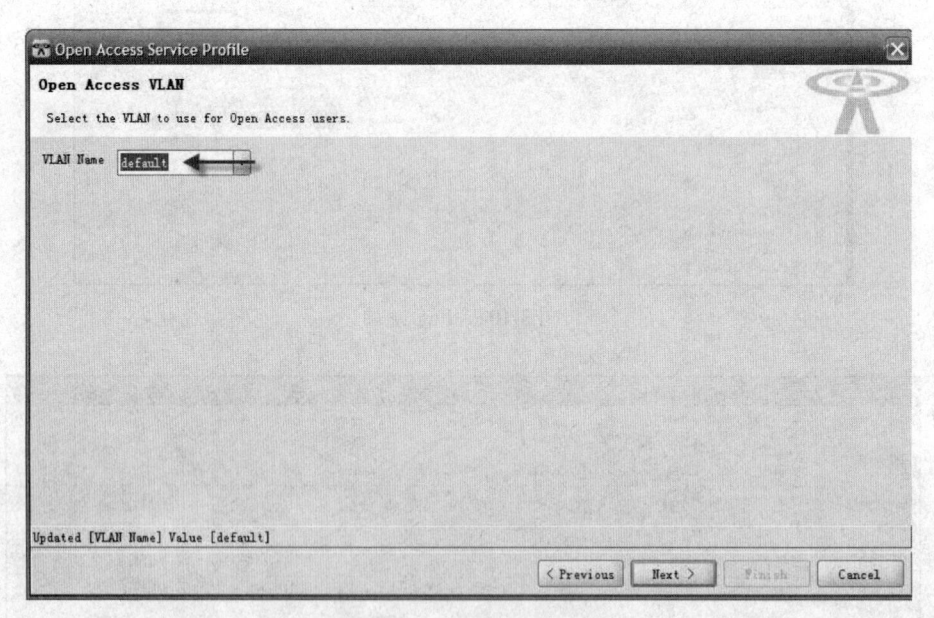

图 3-107　default VLAN

选择默认的 Radio Profile（Radio Profile 定义了 AP 的射频规则），即该无线配置作用下的 AP 采用默认的射频规则，如图 3-108 所示。

完成"开放式无线接入服务"的配置，选择 Deploy，下发配置到无线交换机，如图 3-109 所示。

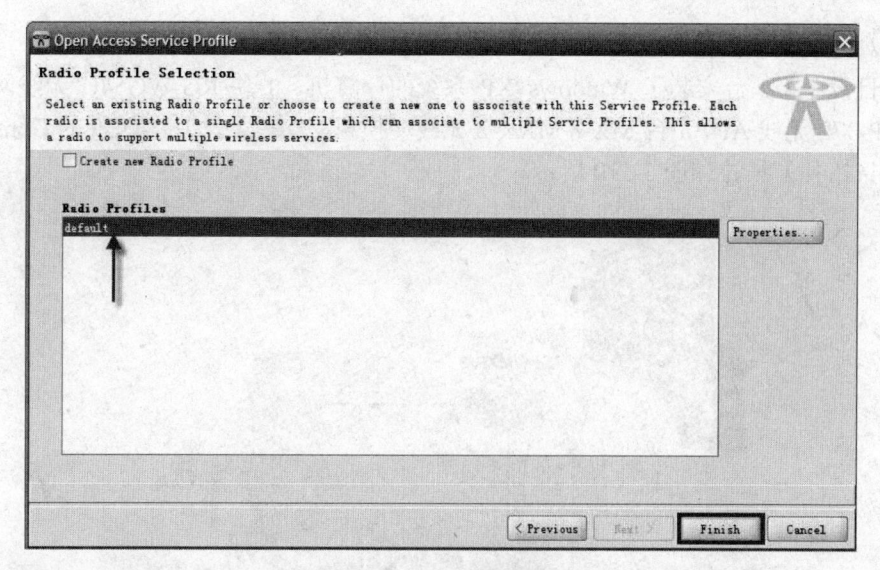

图 3-108　Radio Profile

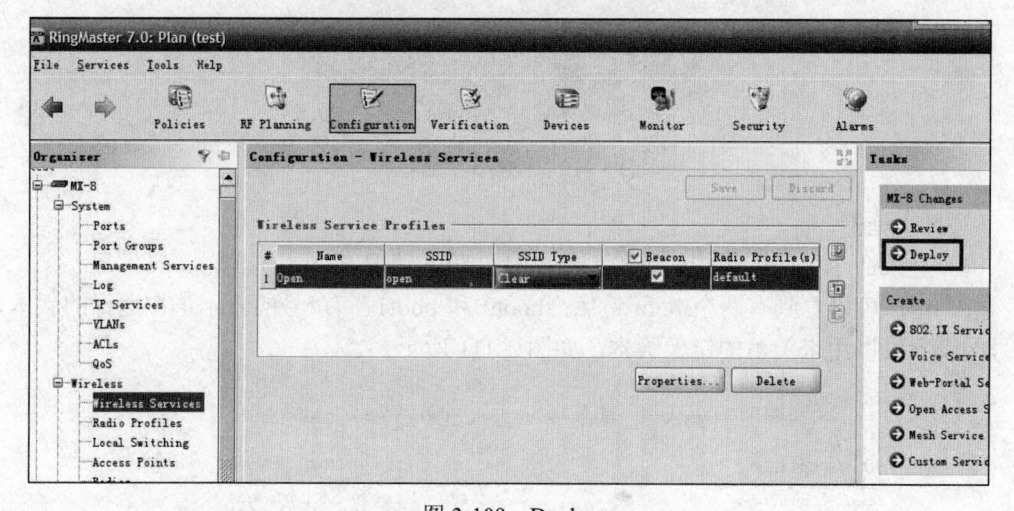

图 3-109　Deploy

配置完成，开放式无线接入网络建立完成。

（6）测试 802.11b 和 802.11g 无线网卡的实际吞吐量。

将 STA2 的无线网卡配置成 802.11b 模式，关联上 Open SSID，并获取 IP 地址。

测试 STA2 到 STA1 的 FTP 下载速率。

将 STA2 的无线网卡配置成 802.11b 模式，关联上 Open SSID，并获取 IP 地址。

测试 STA2 到 STA1 的 FTP 下载速率。

任务 3：中型企业无线网升级无线交换机的软件版本。

【任务名称】中型企业网升级无线交换机的软件版本

【任务分析】小李所在的国企网络的无线交换机的软件版本 6.0 只支持 128 个 AP 的管理权，企业目前正在进行无线网络的扩容工作，需要无线交换机管理更多的 AP。目前只有 7.x 的版本可以支持 192 个 AP 的管理权限，因此需要将无线交换机的软件版本升级到 7.x。所以需要小李对无线交换机进行版本的升级。

【项目设备】2 台安装了 Windows XP 系统的计算机、1 块 RG-WG54U 无线网卡、1 台 MP-71/MP-372 无线 AP、1 台 MX-8/MXR-2 无线交换机、DB9（公头）-DB9 的 Console 线缆。

【项目拓扑】拓扑如图 3-110 所示。

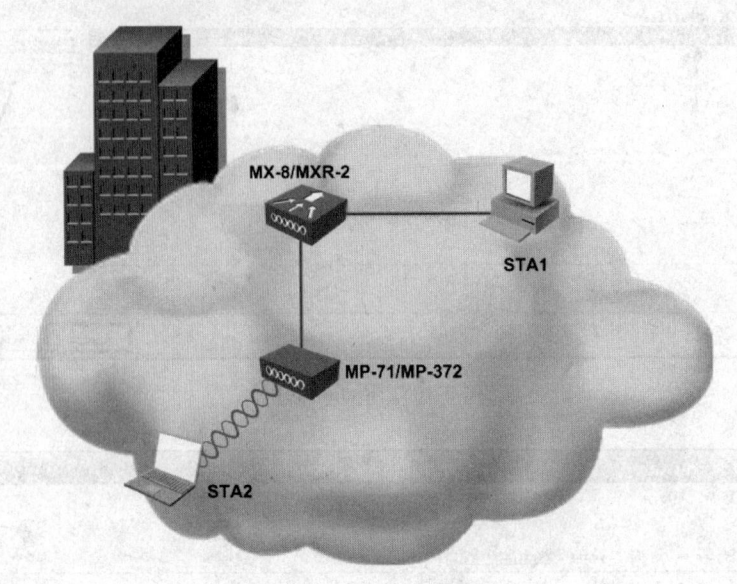

图 3-110　任务 3 实施拓扑

【项目实施】

（1）进入命令行配置模式，查看系统的软件版本情况。

输入 dir，可以看到有两个 boot 镜像：boot0 和 boot1，有*号的表示正在运行的版本，没有*号的表示可以用来覆盖的镜像版本，如图 3-111 所示。

图 3-111　升级软件

（2）配置 TFTP 服务器软件，选择待升级的软件版本，如图 3-112 所示。

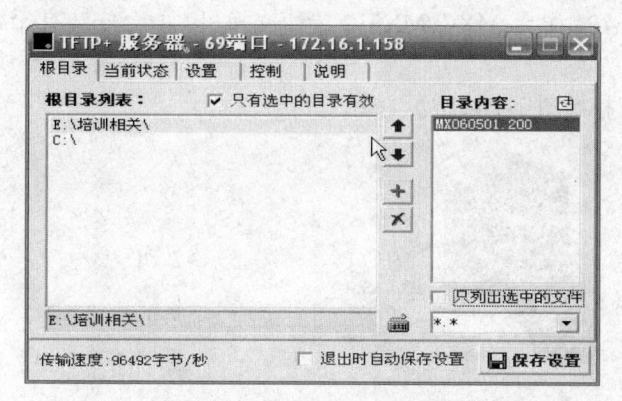

图 3-112　配置 TFTP 服务器

（3）导入新的软件版本到 boot1，使用如下升级命令：
Copy tftp://ip-address/file.name boot{0/1}:file.name
例如 copy tftp://172.16.1.158/MX060501.200 boot1:MX060501.200。

（4）升级完成后，检查软件版本是否正确。
输入 dir，检查 boot1 是否为要升级的版本，如图 3-113 所示。

图 3-113　升级完成

（5）设置无线交换机下次启动时的版本。
输入 set boot partition boot1，选择下一次启动的软件为 boot1。
输入 reset system force，重新启动无线交换机，升级完成。
任务 4：中型企业无线网络消除 AP 间射频干扰。
【任务名称】中型企业无线网络消除 AP 间射频干扰
【任务分析】国企网管员小李发现用户无线上网总是出现频繁掉线、速率低的情况。通过 Network Stumbler 软件发现部分区域信道干扰非常严重，亟需解决信道干扰问题。这样需要小李消除 AP 间射频干扰问题，解决无线上网用户掉线问题。

【项目设备】2 台安装了 Windows XP 系统的计算机、1 块 RG-WG54U 无线网卡、1 台 MP-71/MP-372 无线 AP、1 台 MX-8/MXR-2 无线交换机、1 台安装有无线网管 RingMaster 的服务器。

【项目拓扑】拓扑如图 3-114 所示。

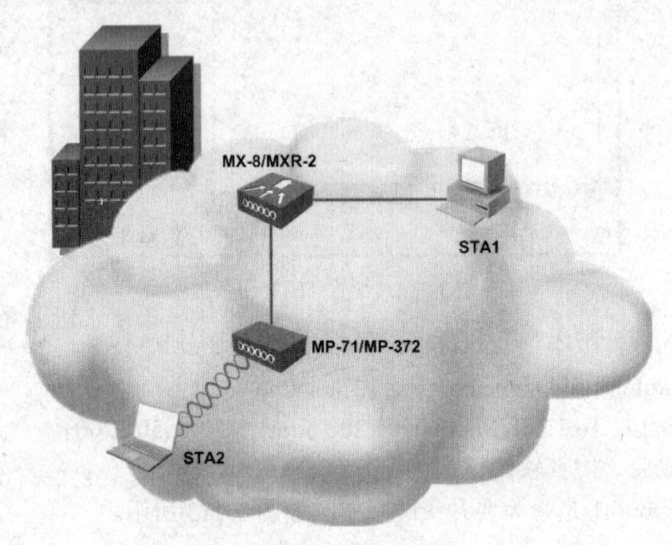

图 3-114　任务 4 实施拓扑

【项目实施】

（1）配置无线交换机的基本参数。

无线交换机的默认 IP 地址是 192.168.100.1/24，因此将 STA-1 的 IP 地址配置为 192.168.100.2/24，并打开浏览器登录到 https://192.168.100.1，弹出如图 3-115 所示的对话框，单击"是"按钮。

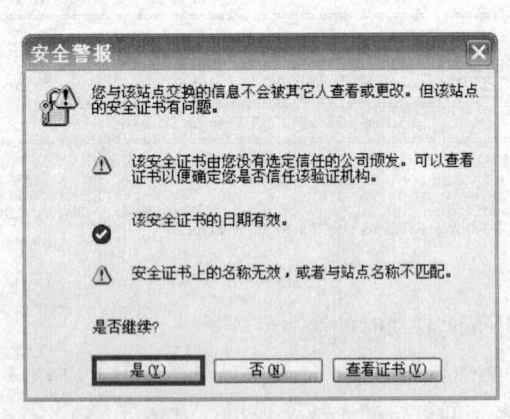

图 3-115　安全登录

系统的默认管理用户名是 admin，密码为空，如图 3-116 所示。

输入用户名和密码后就进入了无线交换机的 Web 配置页面，单击 Start 按钮，进入快速配置指南，如图 3-117 所示。

图 3-116　输入用户名和口令

图 3-117　Quick Start Configure

选择管理无线交换机的工具 RingMaster，如图 3-118 所示。

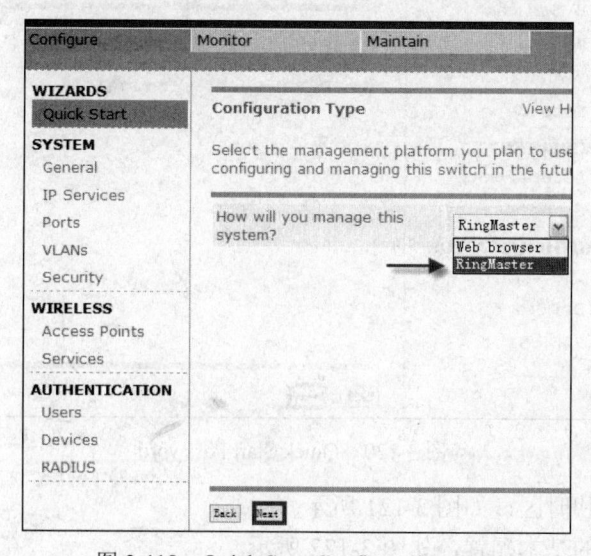

图 3-118　Quick Start Configuration Type

配置无线交换机的 IP 地址、子网掩码以及默认网关，如图 3-119 所示。

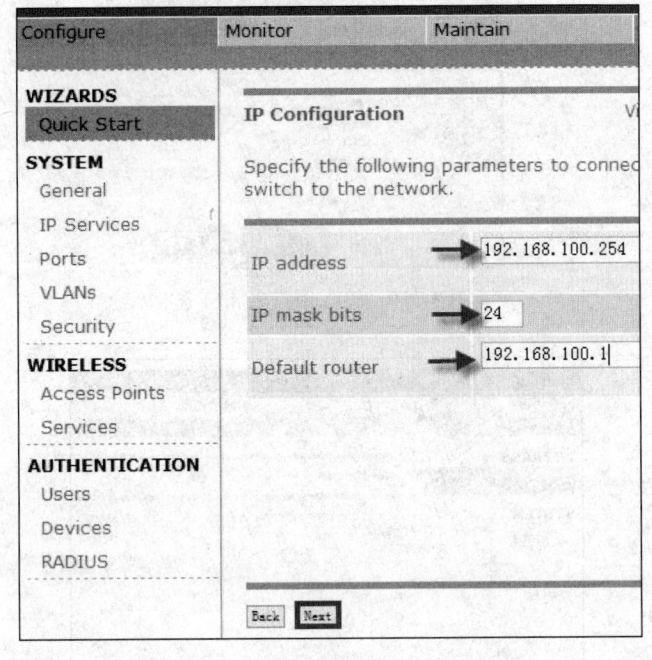

图 3-119　Quick Start IP Configuration

设置系统的管理密码，如图 3-120 所示。

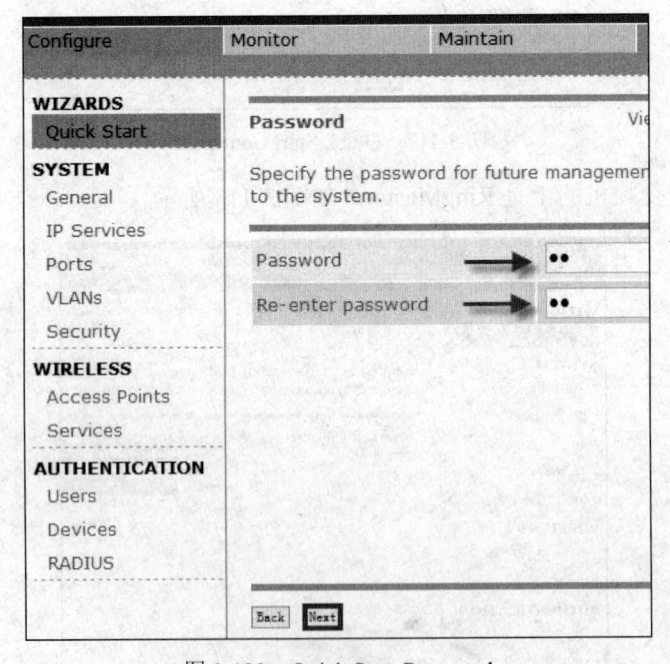

图 3-120　Quick Start Password

设置系统的时间和时区，如图 3-121 所示。
确认无线交换机的基本配置，如图 3-122 所示。

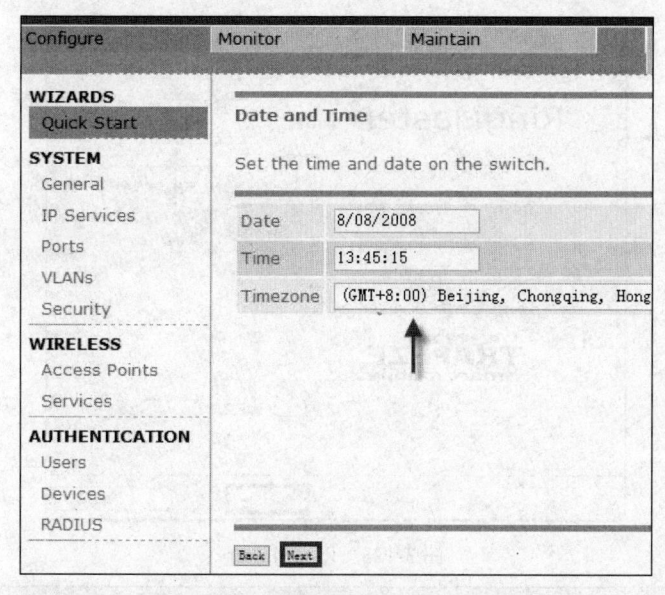

图 3-121 Quick Start Date And Time

图 3-122 Quick Start Configuration Summary

完成无线交换机的基本配置。

（2）通过 RingMaster 网管软件进行无线交换机的高级配置。

运行 RingMaster 软件，地址为 127.0.0.1，端口为 443，用户名和密码默认为空，如图 3-123 所示。

选择 Configuration 进入配置界面，并添加被管理的无线交换机，如图 3-124 所示。

输入被管理的无线交换机的 IP 地址、Enable 密码，无线交换机会自动完成配置的更新，如图 3-125 至图 3-127 所示。

图 3-123 RingMaster

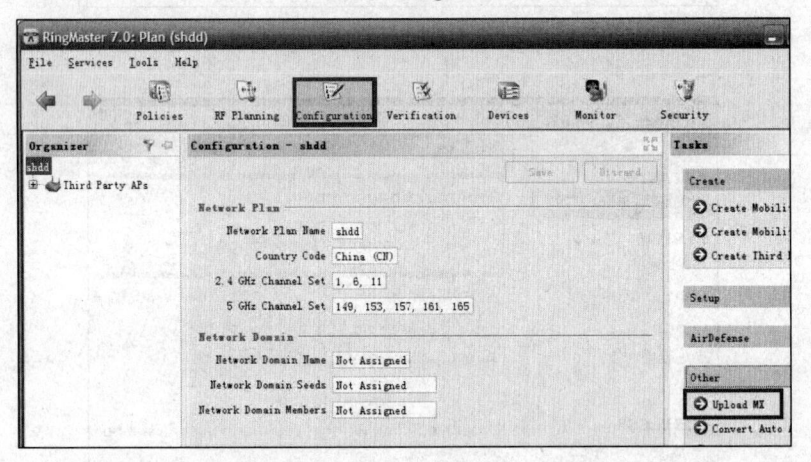

图 3-124 Configuration

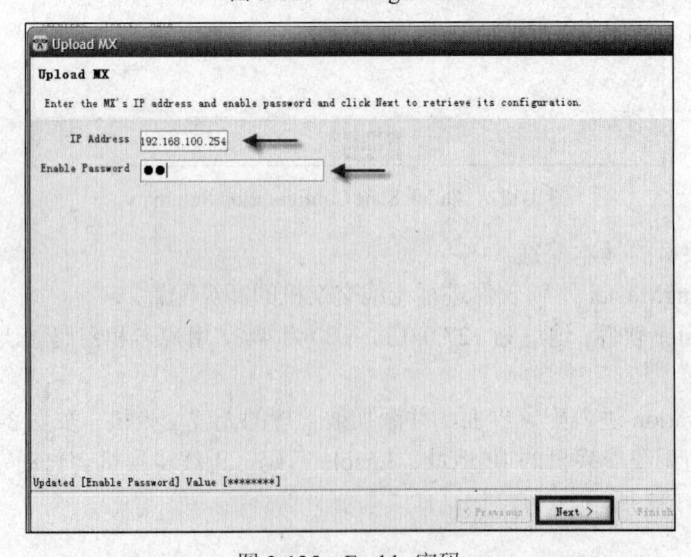

图 3-125 Enable 密码

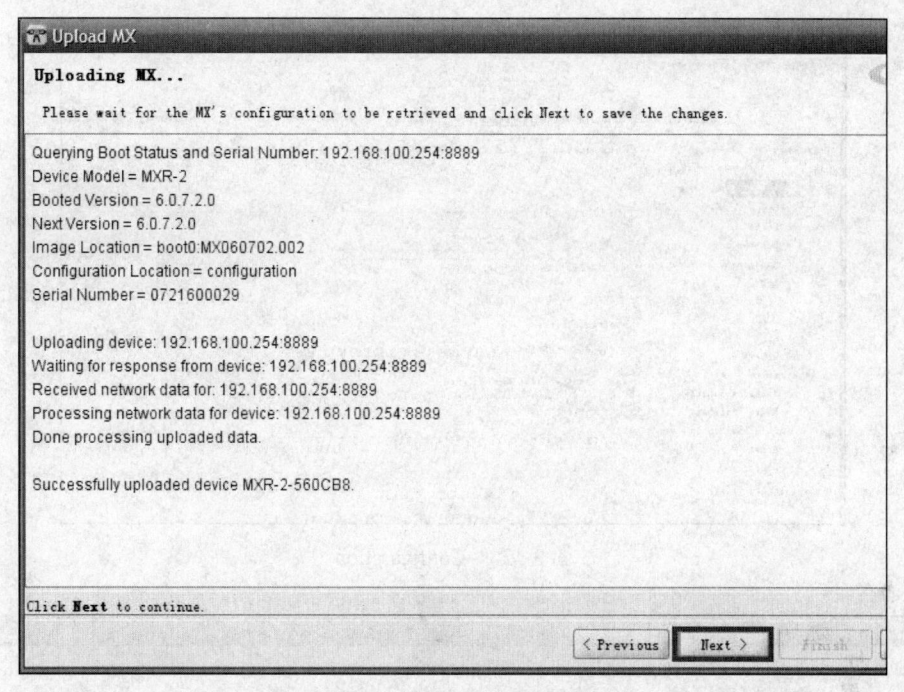

图 3-126　Uploading MX

图 3-127　Uploading MX

完成添加后，进入无线交换机的操作界面，如图 3-128 所示。

第三步：配置无线 AP。

进入 Wireless→Access Point 选项，添加 AP，如图 3-129 所示。

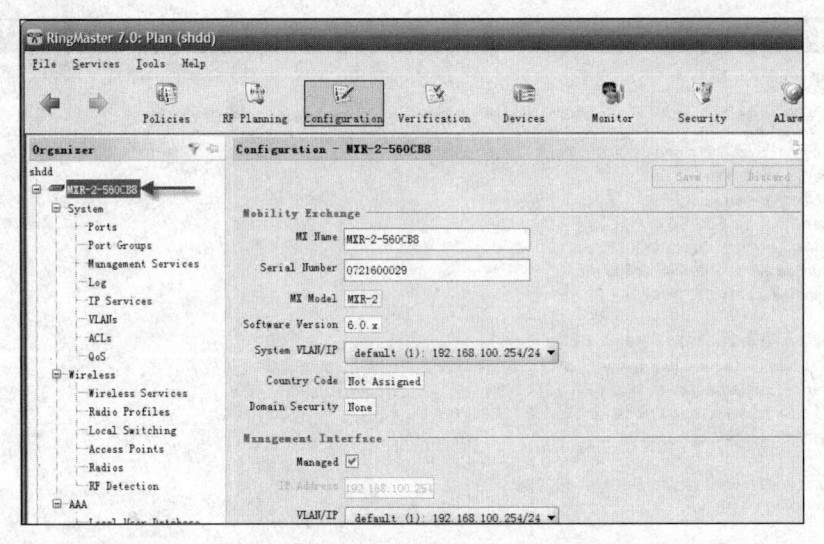

图 3-128 Configuration

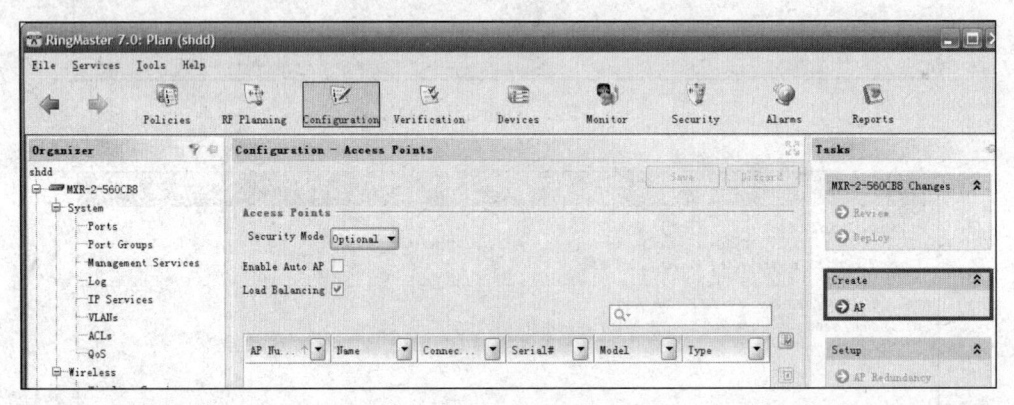

图 3-129 Access Point

为添加的 AP 命名，并选择连接方式，默认使用 Distributed 模式，如图 3-130 所示。

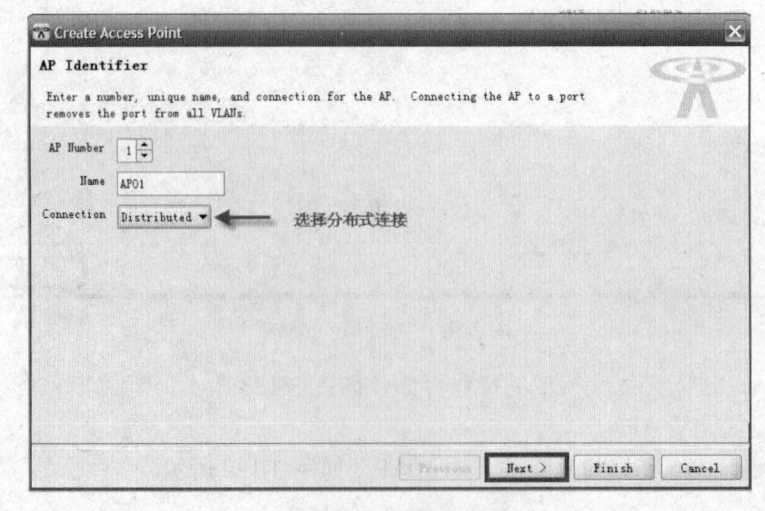

图 3-130 Distributed

将需要添加的 AP 机身后面的 SN 号输入对话框，用于 AP 与无线交换机的注册过程，如图 3-131 所示。

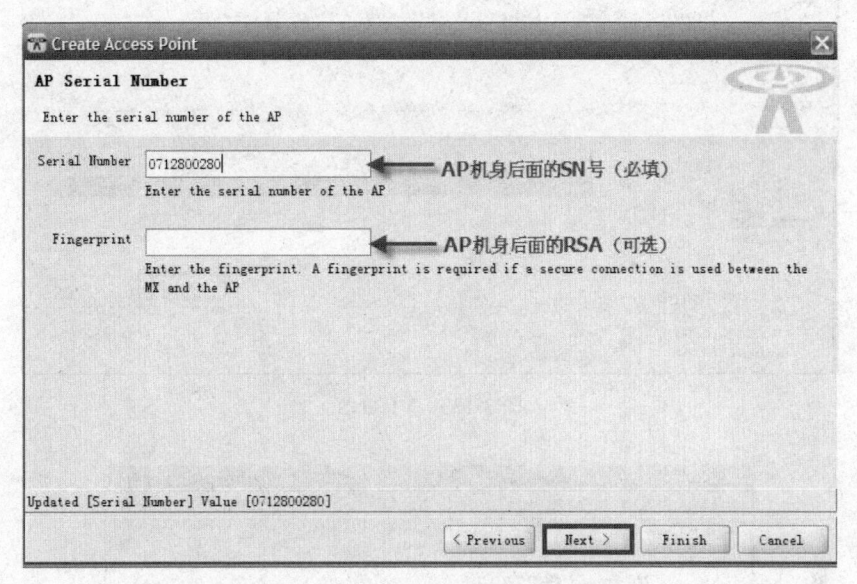

图 3-131　SN 号

选择添加 AP 的具体型号（本例中采用 2 台 MP-71），如图 3-132 所示。

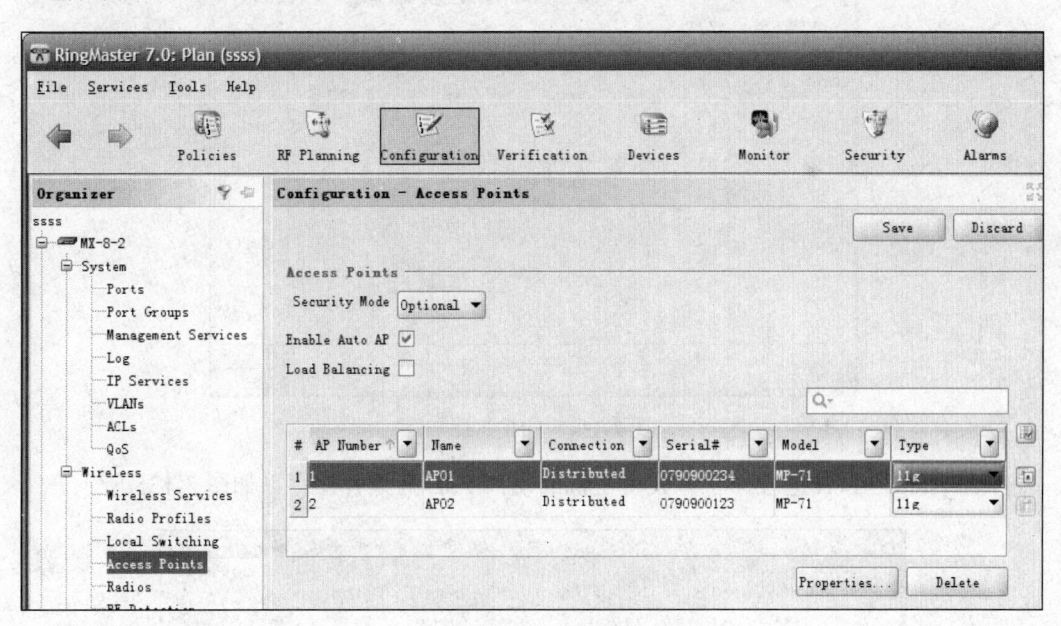

图 3-132　添加 AP

（4）配置无线交换机的 DHCP 服务器。

进入 Syestem→VLANS 选项，选择 default VLAN，进行属性配置，如图 3-133 所示。

进入 Properties→DHCP Server 选项，激活 DHCP 服务器，设置地址池和 DNS 并保存，如图 3-134 所示。

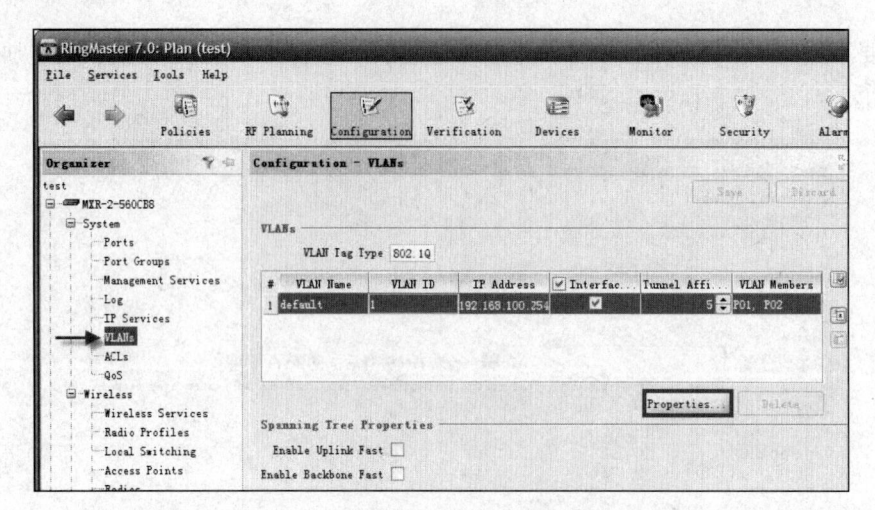

图 3-133　VLANS

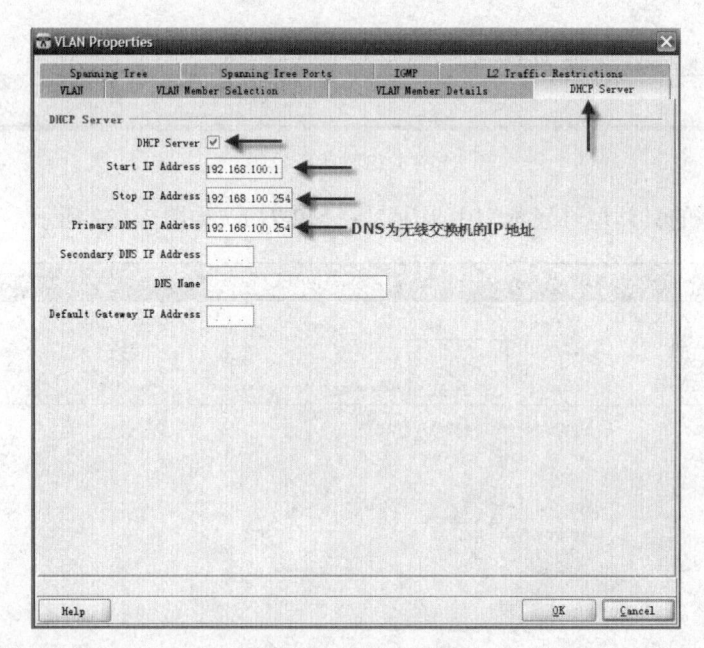

图 3-134　DHCP Server

进入 System→Port 选项，将无线交换机的端口 PoE 打开并保存，如图 3-135 所示。

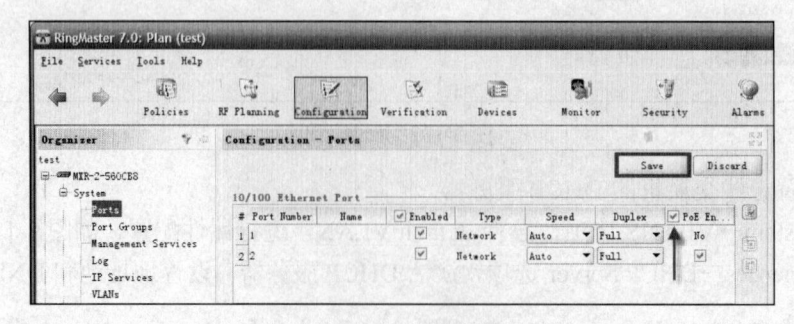

图 3-135　PoE 配置

（5）建立一个开放式的无线服务。

（6）进入 Radio Profiles 界面，选择 Properties 栏，如图 3-136 所示。

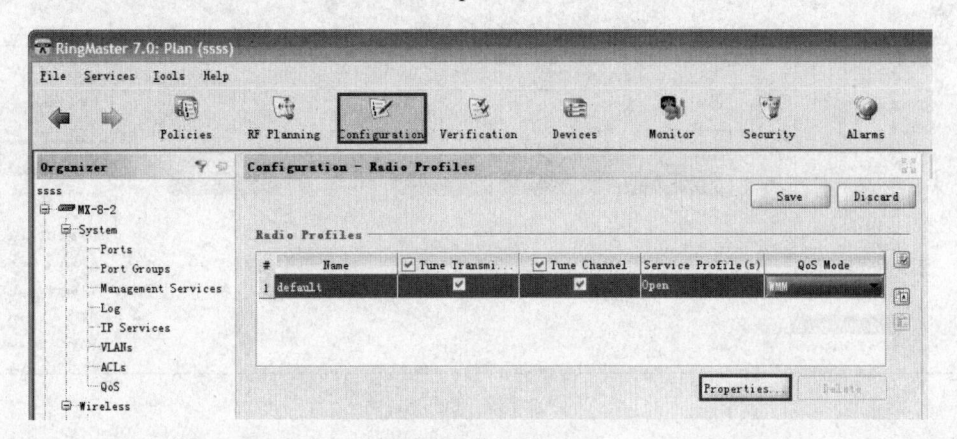

图 3-136　Radio Profiles

进入 Auto Tune 选项，取消 Tune Channel 和 Tune Tranmit Power 的选中，即关闭信道自动调整和功率自动调整功能（默认配置下，该选项是选中的），如图 3-137 所示。

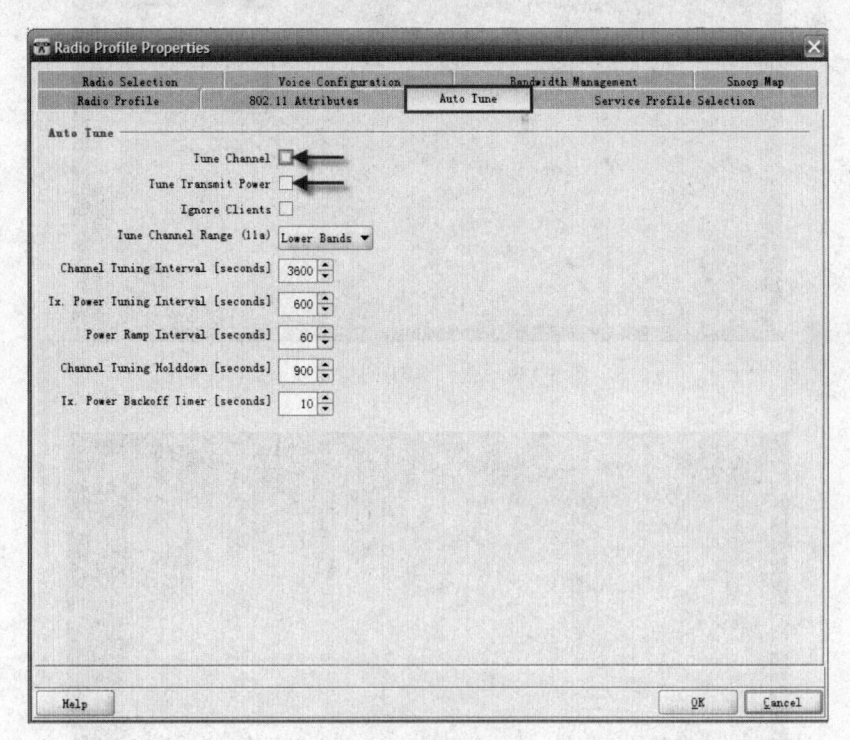

图 3-137　Auto Tune

选择 Deploy，下发配置到无线交换机，配置完成，如图 3-138 所示。

打开 Network Stumbler，查看两个 AP 的信号状态，如图 3-139 和图 3-140 所示。

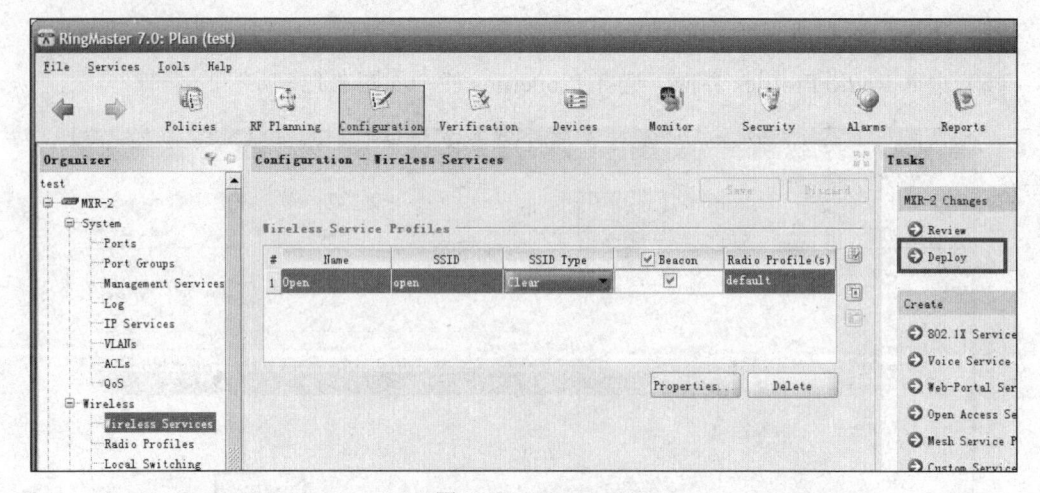

图 3-138　Deploy

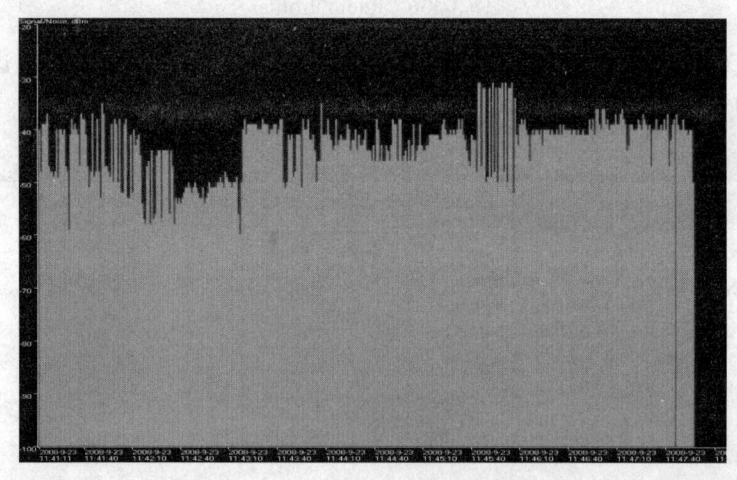

图 3-139　查看 AP1 的信号状态

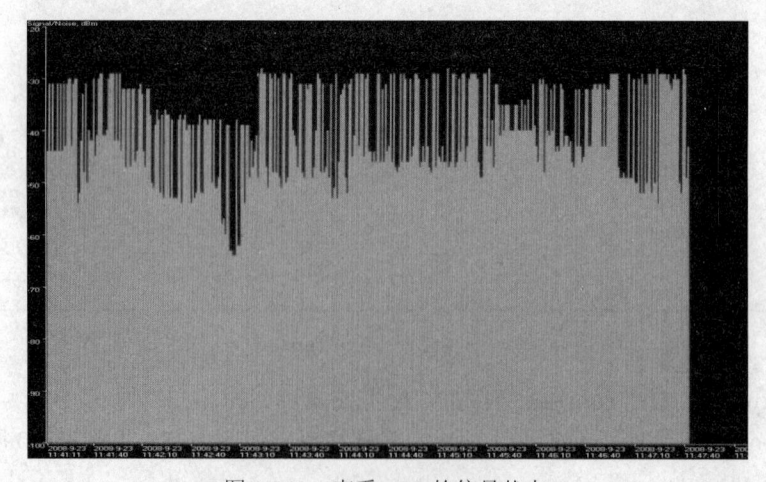

图 3-140　查看 AP2 的信号状态

根据曲线可以看出：两个 AP 的信号曲线非常不稳定，正是由于信道干扰和功率过大而造成的。

（7）开启自动信道和功率调整。

回到 Radio Profiles 界面，将 Tune Channel 和 Tune Tranmit Power 选中，即开启信道自动调整和功率自动调整功能，重新测试两个 AP 的信号曲线，如图 3-141 和图 3-142 所示。

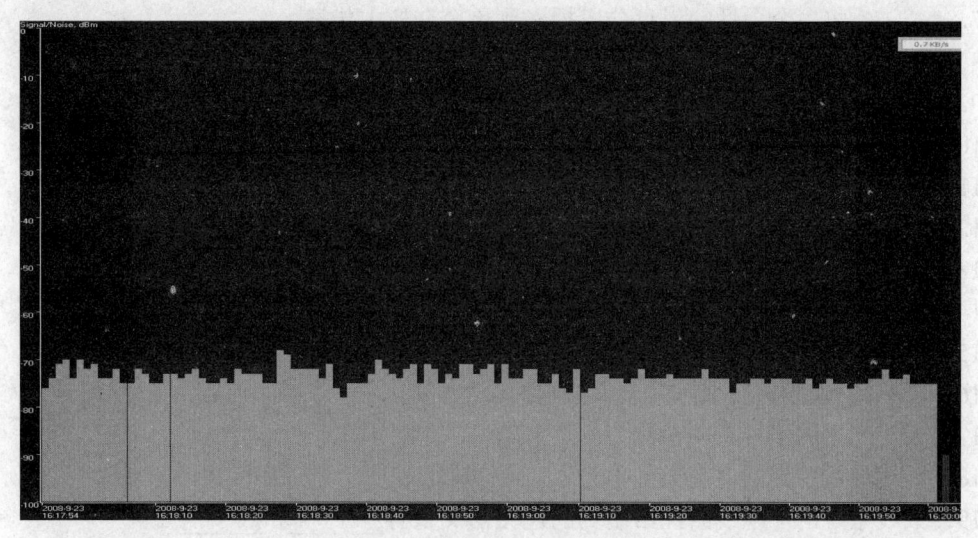

图 3-141　测试 AP1 的信号曲线

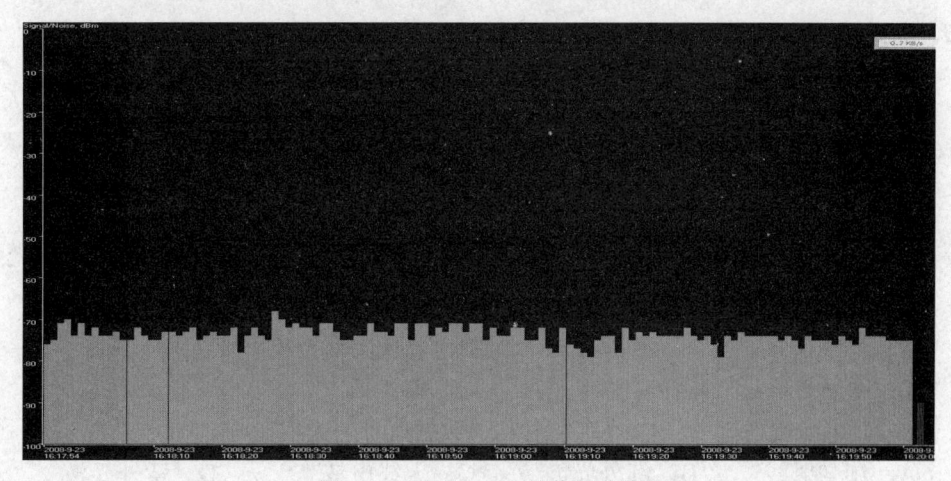

图 3-142　测试 AP2 的信号曲线

根据曲线可以看出：两个 AP 的信号曲线比较平整，功率较调整前有所下调。

## 思考与操作

一、填空题

1. ＿＿＿＿使用机械式电子交换方式在一个会话的源端和目的端之间建立一条电路。
2. ＿＿＿＿调制信号的振动速率，这个速率是用信号在一秒内传输的波长数表示的。

3. 频率的单位是_____。
4. AM通过改变一个发射的无线电波的_____来传输它。
5. _____使用每个分组可以使用的最佳路径在节点之间路由分组。
6. _____通过大气传播并且由天线接收的电磁波。
7. _____将多个会话的消息分段插入到单个介质中传播。
8. 振荡无线电波在特定时期内出现的波长数量是它的_____。
9. _____是一种使用宽频谱进行调制的技术。
10. _____使用调幅合并数据和载波信号的波形。
11. 几乎所有实际天线的辐射方向图和其他特性都基于_____天线的特性。
12. 天线增加到信号中的功率称为_____。
13. 可以使用_____帮助连接到天线的电缆线路和电气设备免遭强大电流的破坏。
14. 天线其他的信号广播到的区域称为_____。
15. 内置到大多数标准WLAN设备中的天线类型是_____天线。
16. _____天线在一个方向上广播它的信号。
17. 天线产生的信号总功率称为_____。
18. 天线最常用到的电缆类型称为_____电缆。
19. 天线系统的电缆线路经常用到的连接器类型有_____和_____。
20. 为了保证信号能正确接收，发送机和接收机都应该使用相同的_____。

## 二、选择题

1. （　）交换方法使用机械式电子交换方式在一个会话的源端和目的端之间建立一条电路。
    A．AM　　　　B．电路交换　　　C．FM　　　　D．分组交换
2. 两种扩频调制方式是（　）。
    A．AMSS　　　B．DSSS　　　　C．FHSS　　　D．FMSS
3. 使用（　）联网设备在分组交换网中转发分组。
    A．集线器　　　　　　　　　　B．局域网交换机
    C．网络接入点（NAP）　　　　D．路由器
4. （　）电磁波通过大气传播并且由发送数据信号的天线接收。
    A．伽马射线　　B．红外光波　　C．无线电波　　D．紫外光波
5. （　）信号传输方法将多个会话的消息分段放到单个介质上传送。
    A．DSSS　　　B．FHSS　　　　C 调制　　　　D 多路复用
6. 以下（　）术语用于描述无线电波的高度。
    A．振幅　　　　B．频率　　　　C．调制　　　　D．波长
7. AM通过改变发射的无线电波的（　）参数来传输它。
    A．振幅　　　　B．频率　　　　C．调制　　　　D 信号强度
8. FM通过改变发射的无线电波的（　）参数来传输它。
    A．振幅　　　　B．频率　　　　C．调制　　　　D．信号强度
9. 兆赫兹用于描述无线电波的（　）参数。

A．振幅　　　　　B．频率　　　　　C．调制　　　　　D．波长

10．以下（　　）射频多路复用技术使用时隙在单个介质上传输多个数据流。

　　A．AM　　　　　B．FDM　　　　　C．FM　　　　　　D．TDM

11．使用（　　）计算结果来度量天线产生的总功率。

　　A．EIRP　　　　B．功率　　　　　C．辐射　　　　　D．EARP

12．使用（　　）概念上的天线作为所有真实天线的基础。

　　A．全向天线　　 B．定向天线　　　C．各向同性天线　D．微波天线

13．可以在天线和接入点之间添加（　　）设备，来帮助减少暴风雨可能对设备造成的破坏。

　　A．接地杆　　　 B．避雷器　　　　C．避雷杆　　　　D．SMA

14．用（　　）来度量天线所产生的总功率。

　　A．EIRP　　　　B．TFO　　　　　C．辐射　　　　　D．Pout

15．天线和 WLAN 接入点之间最常使用（　　）类型的电缆线路。

　　A．UTP　　　　 B．STP　　　　　C．同轴电缆　　　 D．光纤

16．对于同轴电缆和天线应用来说，以下（　　）不是常用的连接器标准。

　　A．N-类　　　　B．RJ-45　　　　C．SMA　　　　　 D．TNC

17．以下（　　）不是 WLAN 系统中使用的天线类型。

　　A．地面站　　　　　　　　　　　B．平板天线

　　C．安装在天花板上天线　　　　　D．抛物面天线

18．使用（　　）类型的天线要把辐射方向图对准某一特定区域。

　　A．定向天线　　 B．全向天线　　　C．各向同性天线、D．智能天线

19．用于描述天线在信号中所增加的功率放大器的术语是（　　）。

　　A．衰减　　　　 B．增益　　　　　C．损耗　　　　　D．电压

20．必须在发射机和接收机上配置传输信号的（　　）特性，以保证信号的正确接收。

　　A．功率　　　　 B．增益　　　　　C．EIRP　　　　　D．极化方向

## 三、项目实施

请自己设计的一个无线网络，撰写一个无线网络设计方案，需要涉及设备选型、AP 的安装位置、无线的设备配置等方面。

# 项目四　无线网络安全管理与故障维护

无线局域网（Wireless Local Area Network，WLAN）具有可移动性、安装简单、高灵活性和扩展能力，作为对传统有线网络的延伸，在许多特殊环境中得到了广泛应用。随着无线数据网络解决方案的不断推出，"不论您在任何时间、任何地点，都可以轻松上网"这一目标被轻松实现了。

由于无线局域网采用公共的电磁波作为载体，任何人都有条件窃听或干扰信息，因此对越权存取和窃听的行为也更不容易防备。在2001年拉斯维加斯的黑客会议上，安全专家就指出，无线网络将成为黑客攻击的另一块热土。一般黑客的工具盒包括一台带有无线网卡的微机和一片无线网络探测卡软件，被称为Netstumbler（下载）。因此，我们在一开始应用无线网络时，就应该充分考虑其安全性。

### 📢 情境描述

某IT集成公司经常为其客户建设无线网络项目，其系统集成部无线网络工程师小赵需要根据不同项目、不同客户需求构建安全的无线网络。小赵经常根据不同的需求分别采用无线二层隔离、基于MAC的认证、Web认证、802.1x认证及采用WEP加密，保障无线网络的安全，具体拓扑图如图4-1所示。

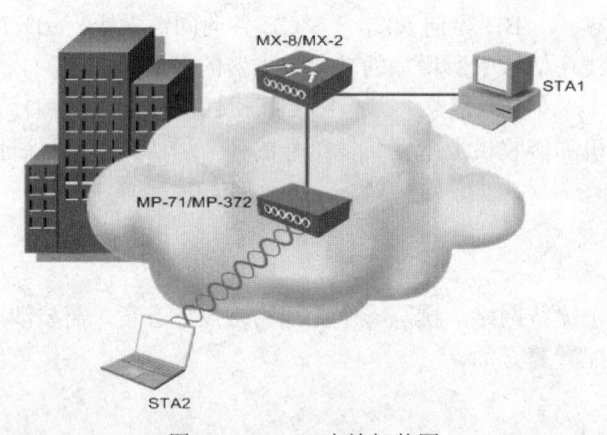

图4-1　WPAN实施拓扑图

### 📖 学习目标

通过本项目的学习，读者应能达到如下目标：

#### 🔖 知识目标

- 了解无线网络的安全措施
- 掌握无线网络中的WEP加密
- 了解基于端口的访问控制标准IEEE 802.1x，理解远程验证拨号用户服务（RADIUS）

- 掌握无线网络中 EAP（可扩展验证协议）应用
- 掌握无线网络中 WPA（Wi-Fi 保护访问）应用
- 了解 WPA2 标准
- 掌握无线网络故障检查基本方法
- 掌握无线网络故障分析

### 技能目标

- 能根据用户的需求进行网络状况的安全分析
- 能够在中小型企业网中进行安全的部署无线网络
- 掌握中小型企业无线网络故障排除的方法

### 素质目标

- 形成良好的合作观念，会进行业务洽谈
- 形成严格按操作规范进行操作的习惯
- 形成严谨细致的工作态度和追求完美的工作精神
- 学会自我展示的能力和查阅资料的能力

### 专业知识

## 4.1 WLAN 安全标准

WLAN 技术标准制定者 IEEE 802.11 工作组从一开始就把安全作为关键的课题。最初的 IEEE 802.11-1999 协议所定义的 WEP 机制（WEP 本意是"等同有线的安全"）存在诸多缺陷，所以 IEEE 802.11 在 2002 年迅速成立了 802.11i 工作组，提出了 AES-CCM 等安全机制。此外，我国国家标准化组织针对 802.11 和 802.11i 标准中的不足对现有的 WLAN 安全标准进行了改进，制定了 WAPI 标准。

按照安全的基本概念，安全主要包括：

- 认证（Authenticity）：确保访问网络资源的用户身份是合法的。
- 加密（Confidentiality）：确保所传递的信息即使被截获了，截获者也无法获得原始的数据。
- 完整性（Integrity）：如果所传递的信息被篡改，接收者能够检测到。

此外，还需要提供有效的密钥管理机制，如密钥的动态协商，以实现无线安全方案的可扩展性。

可以说 WLAN 安全标准的完善主要都是围绕上述内容展开的，所以可以围绕这些方面来理解上述的无线安全标准。

### 4.1.1　IEEE 802.11-1999 安全标准

IEEE 802.11-1999 把 WEP 机制作为安全的核心内容，包括：

- 身份认证采用 Open system 认证和共享密钥认证。
- 数据加密采用 RC4 算法。
- 完整性校验采用 ICV。

- 密钥管理不支持动态协商，密钥只能静态配置，完全不适合在企业等大规模部署场景。

### 4.1.2 IEEE 802.11i 标准

IEEE 802.11i 工作组针对 802.11 标准的安全缺陷进行了如下改进：认证基于成熟的 802.1x、Radius 体系。

其他部分在 IEEE 802.11i 协议中进行了定义，包括：
- 数据加密采用 TKIP 和 AES-CCM。
- 完整性校验采用 Michael 和 CBC 算法。
- 基于 4 次握手过程实现了密钥的动态协商。

### 4.1.3 我国 WAPI 安全标准

针对 WLAN 安全问题，我国制定了自己的 WLAN 安全标准：WAPI。与其他 WLAN 安全体制相比，WAPI 认证的优越性集中体现在以下几个方面：
- 支持双向鉴别
- 使用数字证书

从认证等方面看，WAPI 标准主要内容包括：
- 认证基于 WAPI 独有的 WAI 协议，使用证书作为身份凭证。
- 数据加密采用 SMS4 算法。
- 完整性校验采用了 SMS4 算法。
- 基于 3 次握手过程完成单播密钥协商，两次握手过程完成组播密钥协商。

## 4.2 有效等效加密（WEP）

有线等效加密（Wired Equivalent Privacy），又称无线加密协议（Wireless Encryption Protocol，WEP），是个保护无线网络（Wi-Fi）信息安全的体制。因为无线网络是用无线电把信息传播出去，它特别容易被窃听。WEP 的设计是要提供和传统有线的局域网络相当的机密性，而依此命名的。

WEP 是 1999 年 9 月通过的 IEEE 802.11 标准的一部分，使用 RC4（Rivest Cipher）串流加密技术达到机密性，并使用 CRC-32 校验和达到资料正确性。

对 WEP 安全问题最广为推荐的解法是换到 WPA 或 WPA2，不论哪个都比 WEP 安全。有些古老的 WiFi 取用点（Access Point）可能需要替换或是把它们内存中的操作系统升级才行，不过替换费用相对而言并不贵。另一种方案是用某种穿隧协定，如 IPSec。

## 4.3 Wi-Fi 保护接入（WPA）

WPA 全名为 Wi-Fi Protected Access，有 WPA 和 WPA2 两个标准，是一种保护无线计算机网络（Wi-Fi）安全的系统，它是应研究者在前一代的系统有线等效加密（WEP）中找到的几个严重的弱点而产生的。WPA 实作了 IEEE 802.11i 标准的大部分，是在 802.11i 完备之前替代 WEP 的过渡方案。WPA 的设计可以用在所有的无线网卡上,但未必能用在第一代的无线取用点上。WPA2 实作了完整的标准,但不能用在某些古老的网卡上。这两个都提供优良的保全能力,但也都有两个明显的问题。

WPA2 是经由 Wi-Fi 联盟验证过的 IEEE 802.11i 标准的认证形式。WPA2 实现了 802.11i 的强制性元素,特别是 Michael 算法由公认彻底安全的 CCMP 信息认证码所取代,而 RC4 也被 AES 取代。微软 Windows XP 对 WPA2 的正式支持于 2005 年 5 月 1 日推出,但网卡的驱动程序可能要更新。

预共享密钥模式(Pre-Shared Key,PSK,又称为个人模式)是设计给负担不起 802.1x 验证服务器的成本和复杂度的家庭和小型公司网络用的,每一个使用者必须输入密语来取用网络,而密语可以是 8~63 个 ASCII 字符或是 64 个 16 进位数字(256 位)。使用者可以自行斟酌要不要把密语存在计算机里以省去重复键入的麻烦,但密语一定要存在 Wi-Fi 取用点里。

Wi-Fi 联盟已经发布了在 WPA、WPA2 企业版的认证计划里增加 EAP(可扩充认证协议)的消息,这是为了确保通过 WPA 企业版认证的产品之间可以互通。先前只有 EAP-TLS (Transport Layer Security)通过 Wi-Fi 联盟的认证。

目前包含在认证计划内的 EAP 有以下几种:

- EAP-TLS
- EAP-TTLS/MSCHAPv2
- PEAPv0/EAP-MSCHAPv2
- PEAPv1/EAP-GTC
- EAP-SIM

## 4.4  802.1x 协议

最初,由于 IEEE 802 局域网协议定义的局域网并不提供接入认证,只要用户能接入到局域网接入设备(如局域网交换机),就可以访问局域网中的设备或资源,这在早期的局域网应用环境中并不存在很多的安全问题。但现在,随着网络内部攻击的泛滥,内网安全已经受到越来越多的重视,内部网络设备的非法接入也成为了极大的安全隐患。此外,由于移动办公的大规模发展,尤其是无线局域网的应用和局域网接入在运营商网络上大规模开展,这些都有必要对端口加以控制以实现用户级的接入控制。

起初 802.1x 的开发是为了解决 WLAN(Wireless Local Area Network,无线局域网)用户的接入认证问题,后来由于其提供的安全机制、低成本、较高的灵活性和扩展性而得到广泛的部署和应用,现在也被用来解决有线局域网的安全接入问题。

802.1x 协议是一种基于端口的网络接入控制(Port Based Network Access Control)协议。"基于端口的网络接入控制"是指在局域网接入设备的端口级别对所接入的设备进行认证和控制。如果连接到端口上的设备能够通过认证,则端口就被开放,终端设备就被允许访问局域网中的资源;如果连接到端口上的设备不能通过认证,则端口就相当于被关闭,使终端设备无法访问局域网中的资源。

### 4.4.1 802.1x 认证体系

IEEE 802.1x 标准定义了一个 Client/Server（客户端/服务器）的体系结构，用来防止非授权的设备接入到局域网中。802.1x 体系结构中包括三个组件：恳求者系统（Supplicant System）、认证系统（Authenticator System）和认证服务器系统（Authentication Server System），如图 4-2 所示。

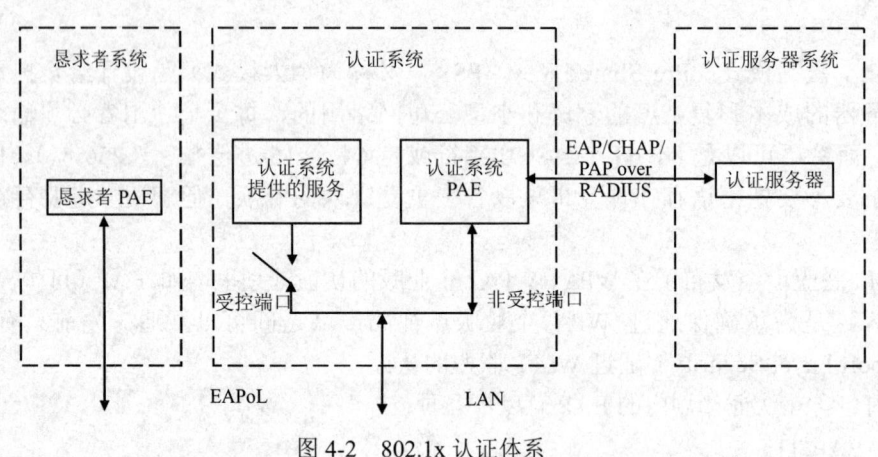

图 4-2 802.1x 认证体系

**1. 恳求者系统（Supplicant System）**

恳求者系统也称为客户端，是位于局域网链路一端的实体，它被连接到该链接另一端的设备端（认证系统）进行认证。恳求者系统通常为一个支持 802.1x 认证的用户终端设备（例如安装了 802.1x 客户端软件的 PC 或者 Windows XP 系统提供的客户端），用户通过启动客户端软件触发 802.1x 认证。

**2. 认证系统（Authenticator System）**

认证系统对连接到链路对端的恳求者系统进行认证，它作为恳求者与认证服务器之间的"中介"。认证系统通常为支持 802.1x 协议的网络设备，如以太网交换机、无线接入点（Access Point）等，它为恳求者提供接入局域网的服务端口，该端口可以是物理端口，也可以是逻辑端口。认证系统的每个端口内部包含有受控端口和非受控端口。非受控端口始终处于双向连通状态，主要用来传递 EAPoL 协议帧，可随时保证接收认证请求者发出的 EAPoL 认证报文；受控端口只有在认证通过的状态下才打开，用于传递网络资源和服务。在认证通过之前，802.1x 只允许 EAPoL（Extensible Authentication Protocol over LAN，基于局域网的扩展认证协议）报文通过端口；认证通过以后，正常的用户数据可以顺利地通过端口进入到网络中。

认证系统与认证服务器之间也运行 EAP 协议，认证系统将 EAP 帧封装到 RADIUS 报文中，并通过网络发送给认证服务器。当认证系统接收到认证服务器返回的认证响应后（被封装在 RADIUS 报文中），再从 RADIUS 报文中提取出 EAP 信息并封装成 EAP 帧发送给恳求者。

**3. 认证服务器系统（Authentication Server System）**

认证服务器是为认证系统端提供认证服务的实体，通常它都是一个 RADIUS 服务器，用于实现用户的认证、授权和计费。该服务器用来存储用户的相关信息，例如用户的账号、密码以及用户所属的 VLAN、用户的访问控制列表等。它通过从认证系统收到的 RADIUS 报文中读取用户的身份信息，使用本地的认证数据库进行认证，然后将认证结果封装到 RADIUS 报文中返回给认证系统。

### 4.4.2 802.1x 工作机制

802.1x 认证使用了 EAP 协议在恳求者与认证服务器之间交互身份认证信息，以下描述中使用验证客户端表示恳求者，交换机表示认证系统，RADIUS 服务器表示认证服务器。

- 在客户端与交换机之间，EAP 协议报文直接被封装到 LAN 协议中（如 Ethernet），即 EAPoL 报文，如图 4-3 所示。

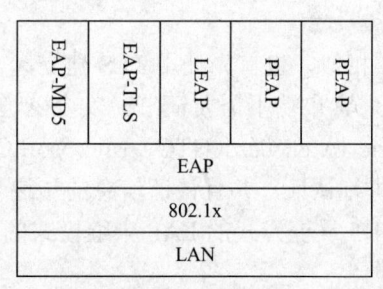

图 4-3　EAPoL

- 在交换机与 RADIUS 服务器之间，EAP 协议报文被封装到 RADIUS 报文中，即 EAPoRADIUS 报文。此外，在交换机与 RADIUS 服务器之间还可以使用 RADIUS 协议交互 PAP 和 CHAP 报文。
- 交换机在整个认证过程中不参与认证，所有的认证工作都由 RADIUS 服务器完成。RADIUS 可以使用不同的认证方式对客户端进行认证，如 EAP-MD5、PAP、CHAP、EAP-TLS、LEAP、PEAP 等。
- 当 RADIUS 服务器对客户端身份进行认证后，将认证结果（接受或拒绝）返回给交换机，交换机根据认证结果决定受控端口的状态，如图 4-4 所示。

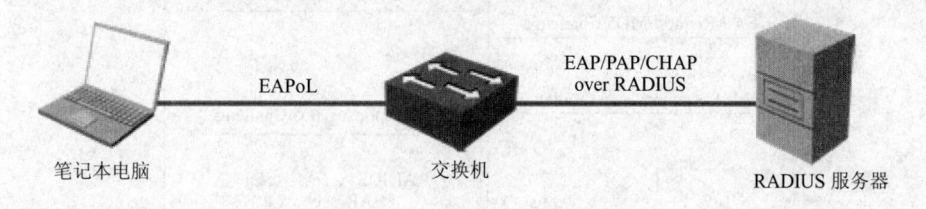

图 4-4　802.1x 工作机制

### 4.4.3 802.1x 认证过程

从认证方式来说，802.1x 支持两种认证模式：EAP 中继模式和 EAP 终结模式，两种模式的报文交互过程略有不同。

1. EAP 中继模式

EAP 中继模式是 IEEE 802.1x 标准中定义的认证模式，正如之前介绍的，交换机将 EAP 协议报文封装到 RADIUS 报文中通过网络发送到 RADIUS 服务器。对于这种模式，需要 RADIUS 服务器支持 EAP 属性。

使用 EAP 中继模式的认证方式有 EAP-MD5、EAP-TLS（Transport Layer Security，传输层安全）、EAP-TTLS（EAP-Tunneled TLS，扩展认证协议—隧道传输层安全）和 PEAP（Protected EAP，受保护的 EAP）。

- EAP-MD5：这种方式验证客户端的身份，RADIUS 服务器给客户端发送 MD5 挑战值（MD5 Challenge），客户端用此挑战值对身份验证密码进行加密。
- EAP-TLS：这种方式同时验证客户端与服务器的身份，客户端与服务器互相验证对方的数字证书，保证双方的身份都合法。
- EAP-TTLS：它是 EAP-TLS 的一种扩展认证方式，它使用 TLS 建立起来的安全隧道传递身份认证信息。
- PEAP：与 EAP-TTLS 相似，也首先使用 TLS 建立起安全的隧道，建立隧道过程中，只使用服务器的证书，客户端不需要证书。安全隧道建立完毕后，可以使用其他认证协议（如 EAP-Generic Token Card（GTC）、Microsoft Challenge Authentication Protocol Version 2）对客户端进行认证，并且认证信息的传递是受保护的。

图 4-5 所示为使用 EAP-MD5 认证方式的 EAP 中继模式的认证过程。

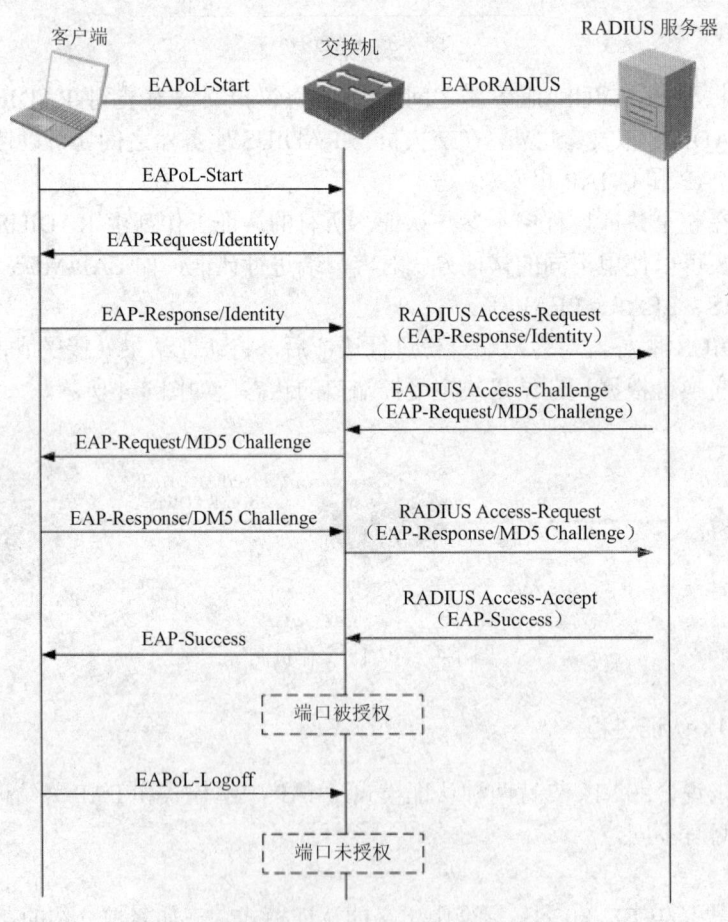

图 4-5　EAP 中继模式认证过程

EAP 中继模式（EAP-MD5）认证过程如下：

（1）客户端启动 802.1x 客户端程序，向交换机发送一个 EAPoL 报文，表示开始进行 802.1x 接入认证。

（2）如果交换机端口启用了 802.1x 认证，将向客户端发送 EAP-Request/Identity 报文，要求客户端发送其使用的用户名（ID 信息）。

（3）客户端响应交换机发送的请求，向交换机发送 EAP-Response/Identity 报文，报文中包含客户端使用的用户名。

（4）交换机将 EAP-Response/Identity 报文封装到 RADIUS 的 Access-Request 报文中，通过网络发送给 RADIUS 服务器。

（5）RADIUS 服务器收到交换机发送的 RADIUS 报文后，使用报文中的用户名信息在本地用户数据库中查找到对应的密码后，用随机生成的挑战值（MD5 Challenge）与密码进行 MD5 运算，产生一个 128 位的散列值。同时 RADIUS 服务器也将此挑战值通过 RADIUS 的 Access-Challenge 报文发送给交换机。

（6）交换机从 RADIUS 报文中提取出 EAP 信息（其中包括挑战值），封装到 EAP-Request/MD5 Challenge 报文中发送给客户端。

（7）客户端使用报文中的挑战值与本地的密码进行 MD5 运算，产生一个 128 位的散列值，封装到 EAP-Response/MD5 Challenge 报文中发送给交换机。

（8）交换机将 EAP-Response/MD5 Challenge 信息封装到 RADIUS Access-Request 报文中发送给 RADIUS 服务器。

（9）RADIUS 将收到的客户端的散列值与自己计算的散列值进行比较，如果相同则表示用户合法，认证通过，并返回 RADIUS Accept 报文，其中包含 EAP-Success 信息。

（10）交换机收到认证通过的信息后，将连接客户端的端口"开放"，并发送 EAP-Success 报文给客户端，以通知客户端验证通过。

（11）客户端可以通过发送 EAP-Logoff 报文通知交换机主动下线，终止认证状态。交换机收到 EAP-Logoff 报文后将端口"关闭"。

从 EAP 中继模式的认证过程可以看出，交换机在整个认证中扮演着一个中间人的角色，对 EAP 报文进行透传。

2. EAP 终结模式

EAP 终结模式即交换机将 EAP 信息终结，交换机与 RADIUS 服务器之间无须交互 EAP 信息，也就是说 RADIUS 服务器无须支持 EAP 属性。如果网络中的 RADIUS 服务器不支持 EAP 属性，可以使用这种认证模式。

在 EAP 终结模式中可以使用 PAP 与 CHAP 认证方式，并且推荐使用 CHAP 认证方式，因为 PAP 使用明文传送用户名和密码信息。

图 4-6 所示为使用 CHAP 认证方式的 EAP 终结模式的认证过程。

从图中可以看出，在 EAP 终结模式中，MD5 挑战值是由交换机生成的，随后交换机会将客户端的用户名、MD5 挑战值和客户端计算的散列值一同发送给 RADIUS 服务器，再由 RADIUS 服务器进行认证。对于 EAP 终结模式，交换机与 RADIUS 服务器之间只交换两条消息，减少了它们之间的信息交互量，减轻了 RADIUS 服务器的负担。

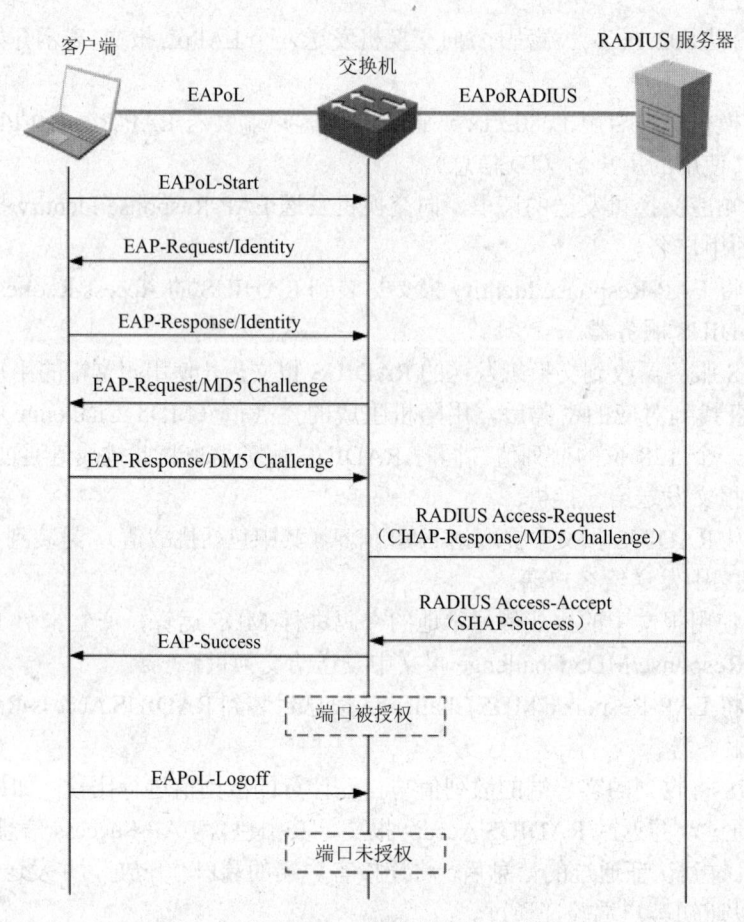

图 4-6　EAP 终结模式认证过程

## 4.5　WAPI 技术

### 4.5.1　产生背景

WLAN 技术已经广泛地应用于企业和运营商网络。由于无线通信使用开放性的无线信道资源作为传输媒质，导致非法用户很容易发起对 WLAN 网络的攻击或窃取用户的机密信息。如何保证 WLAN 网络的安全性一直是 WLAN 技术应用所面临的最大难点之一。

IEEE 标准组织及 Wi-Fi 联盟为此一直在进行着努力，先后推出了 WEP、802.11i（WPA、WPA2）等安全标准，逐步实现了 WLAN 网络安全性的提升。但 802.11i 并不是 WLAN 安全标准的终极，针对 802.11i 标准的不完善之处，比如缺少对 WLAN 设备身份的安全认证，我国在无线局域网国家标准 GB15629.11-2003 中提出了安全等级更高的 WAPI（Wireless Area Network Authentication and Privacy Infrastructure）安全机制来实现无线局域网的安全。

### 4.5.2　技术优势

WAPI 采用了国家密码管理委员会办公室批准的公钥密码体制的椭圆曲线密码算法和对

称密码体制的分组密码算法，分别用于无线设备的数字证书、证书鉴别、密钥协商和传输数据的加解密，从而实现设备的身份鉴别、链路验证、访问控制和用户信息在无线传输状态下的加密保护。

与其他无线局域网安全机制（如 802.11i）相比，WAPI 的优越性集中体现在以下几个方面：
- 双向身份鉴别
- 基于数字证书确保安全性
- 完善的鉴别协议

### 4.5.3 WAPI 基本功能

下面描述 WAPI 协议的整个鉴别及密钥协商过程。AP 为提供无线接入服务的 WLAN 设备，鉴别服务器主要帮助无线客户端和无线设备进行身份认证，而 AAA 服务器主要提供计费服务，如图 4-7 所示。

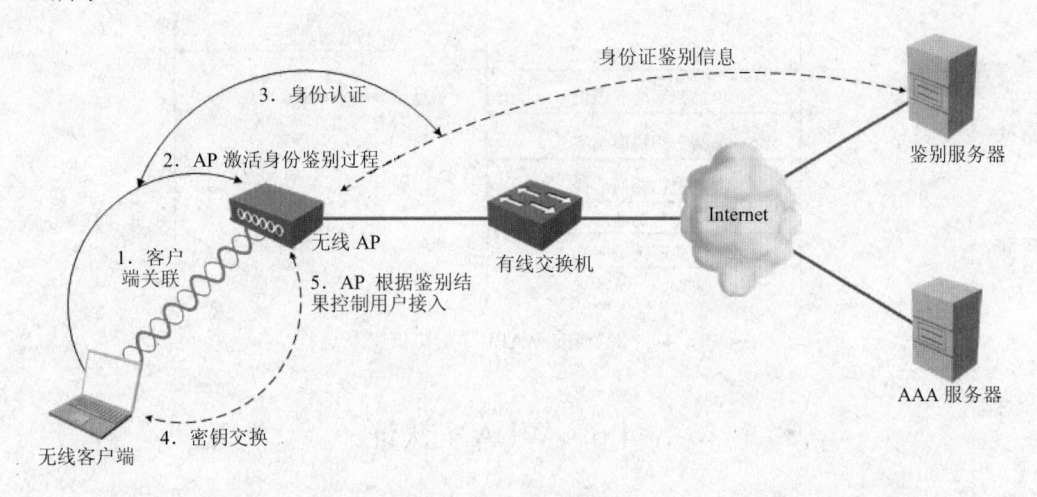

图 4-7  WAPI 鉴别流程

（1）无线客户端首先和 WLAN 设备进行 802.11 链路协商。

该过程遵循 802.11 标准中定义的协商过程。无线客户端主动发送探测请求消息或侦听 WLAN 设备发送的 Beacon 帧，借此查找可用的网络，支持 WAPI 安全机制的 AP 将会回应或发送携带有 WAPI 信息的探测应答消息或 Beacon 帧。在搜索到可用网络后，无线客户端继续发起链路认证交互和关联交互。

（2）WLAN 设备触发对无线客户端的鉴别处理。

无线客户端成功关联到 WLAN 设备后，设备在判定该用户为 WAPI 用户时，则会向无线客户端发送鉴别激活触发消息，触发无线客户端发起 WAPI 鉴别交互过程。

（3）鉴别服务器进行证书鉴别。

无线客户端在发起接入鉴别后，WLAN 设备会向远端的鉴别服务器发起证书鉴别，鉴别请求消息中同时包含有无线客户端和 WLAN 设备的证书信息。鉴别服务器对二者身份进行鉴别，并将验证结果发给 WLAN 设备。WLAN 设备和无线客户端任何一方如果发现对方身份非法，将主动中止无线连接。

（4）无线客户端和 WLAN 设备进行密钥协商。

WLAN 设备经鉴别服务器认证成功后，设备会发起与无线客户端的密钥协商交互过程，先协商出用于加密单播报文的单播密钥，然后再协商出用于加密组播报文的组播密钥。

完整的 WAPI 鉴别协议交互过程如图 4-8 所示。

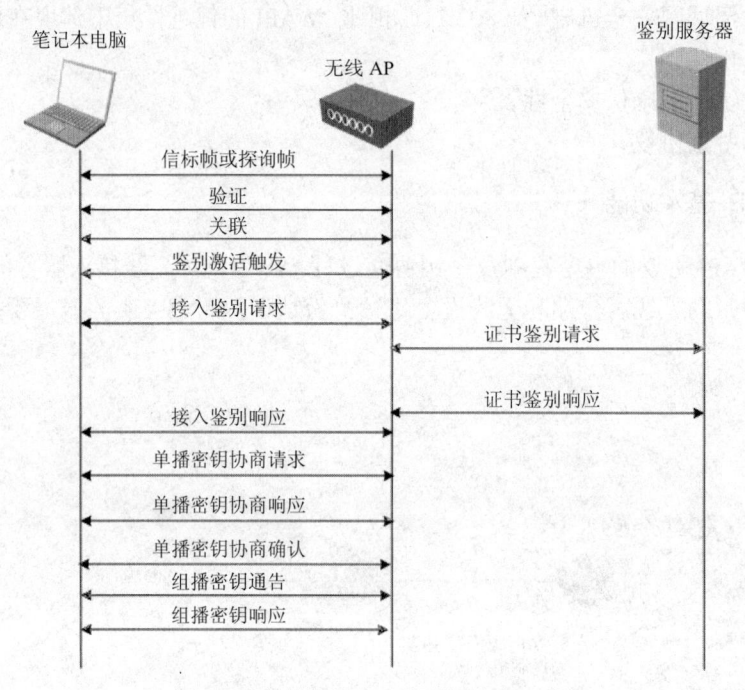

图 4-8  完整的 WAPI 鉴别协议交互过程

## 4.6  WLAN 认证

### 4.6.1  链路认证

**1. 开放系统认证（Open System Authentication）**

开放系统认证是默认使用的认证机制，也是最简单的认证算法，即不认证。如果认证类型设置为开放系统认证，则所有请求认证的客户端都会通过认证。开放系统认证包括两个步骤：第一步是请求认证，第二步是返回认证结果，如图 4-9 所示。

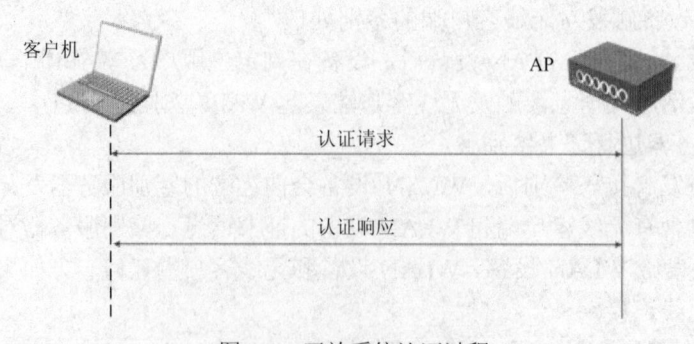

图 4-9  开放系统认证过程

## 2. 共享密钥认证（Shared Key Authentication）

共享密钥认证是除开放系统认证以外的另外一种认证机制。共享密钥认证需要客户端和设备端配置相同的共享密钥。

共享密钥认证的认证过程为：客户端先向设备发送认证请求，无线设备端会随机产生一个 Challenge 包（即一个字符串）发送给客户端；客户端会将接收到的字符串拷贝到新的消息中，用密钥加密后再发送给无线设备端；无线设备端接收到该消息后，用密钥将该消息解密，然后对解密后的字符串和最初给客户端的字符串进行比较。如果相同，则说明客户端拥有与无线设备端相同的共享密钥，即通过了 Shared Key 认证；否则 Shared Key 认证失败，如图 4-10 所示。

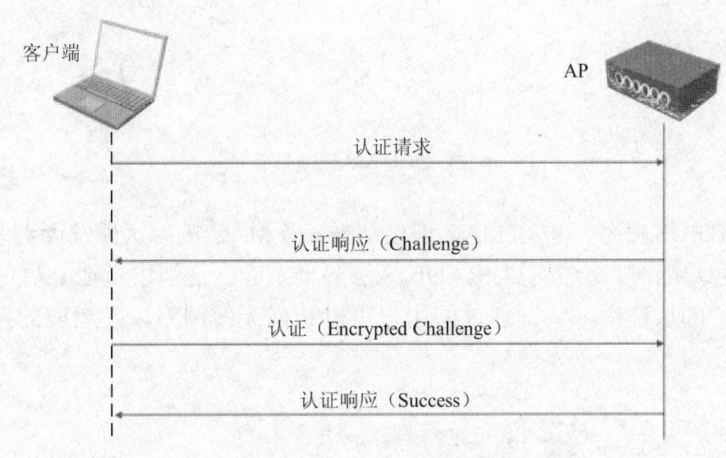

图 4-10 共享密钥认证过程

### 4.6.2 用户接入认证

（1）PSK 认证。PSK 认证需要实现在无线客户端和设备端配置相同的预共享密钥，如果密钥相同，PSK 接入认证成功；如果密钥不同，PSK 接入认证失败，如图 4-11 所示。

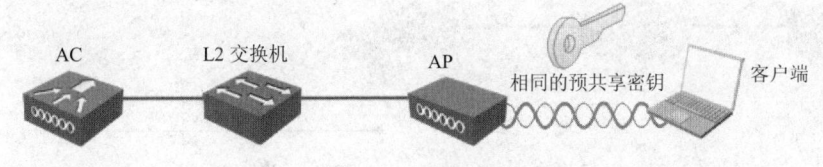

图 4-11 PSK 认证

（2）MAC 接入认证。MAC 地址认证是一种基于端口和 MAC 地址对用户的网络访问权限进行控制的认证方法。通过手工维护一组允许访问的 MAC 地址列表，实现对客户端物理地址的过滤，但这种方法的效率会随着终端数目的增加而降低，因此 MAC 地址认证适用于安全需求不太高的场合，如家庭、小型办公室等环境。

MAC 地址认证分为以下两种方式：

- 本地 MAC 地址认证：当选用本地认证方式进行 MAC 地址认证时，需要在设备上预先配置允许访问的 MAC 地址列表，如果客户端的 MAC 地址不在允许访问的 MAC

地址列表中，其接入请求将被拒绝，如图 4-12 所示。

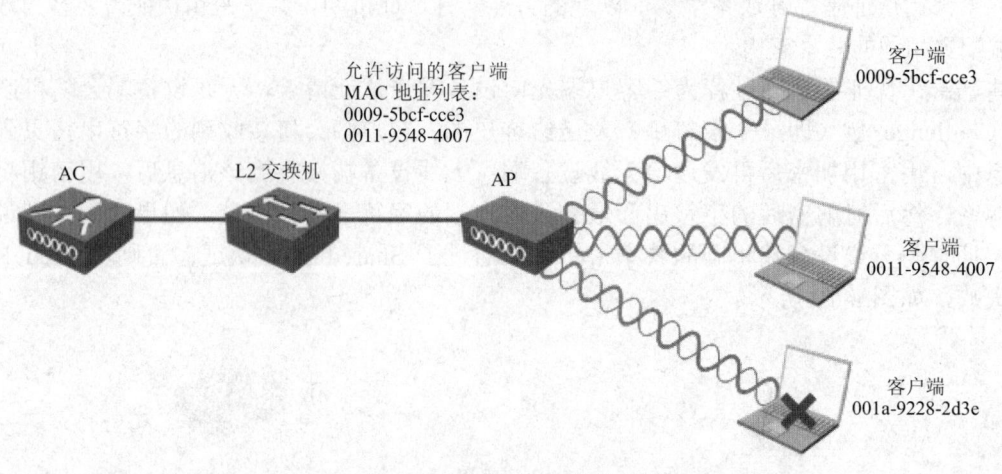

图 4-12 本地 MAC 地址认证

- 通过 RADIUS 服务器进行 MAC 地址认证：当 MAC 接入认证发现当前接入的客户端为未知客户端时，会主动向 RADIUS 服务器发起认证请求，在 RADIUS 服务器完成对该用户的认证后，认证通过的用户可以访问无线网络以及相应的授权信息，如图 4-13 所示。

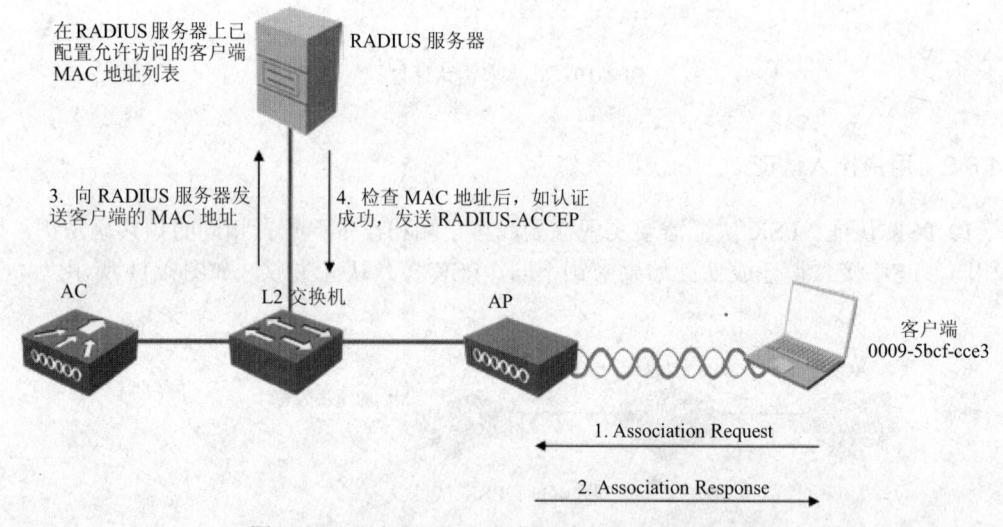

图 4-13 通过 RADIUS 服务器进行 MAC 地址认证

（3）802.1x 认证。802.1x 协议是一种基于端口的网络接入控制协议，该技术也是用于 WLAN 的一种增加网络安全的解决方案。当客户端与 AP 关联后，是否可以使用 AP 提供的无线服务要取决于 802.1x 的认证结果。如果客户端能通过认证，就可以访问 WLAN 中的资源；如果不能通过认证，则无法访问 WLAN 中的资源，如图 4-14 所示。

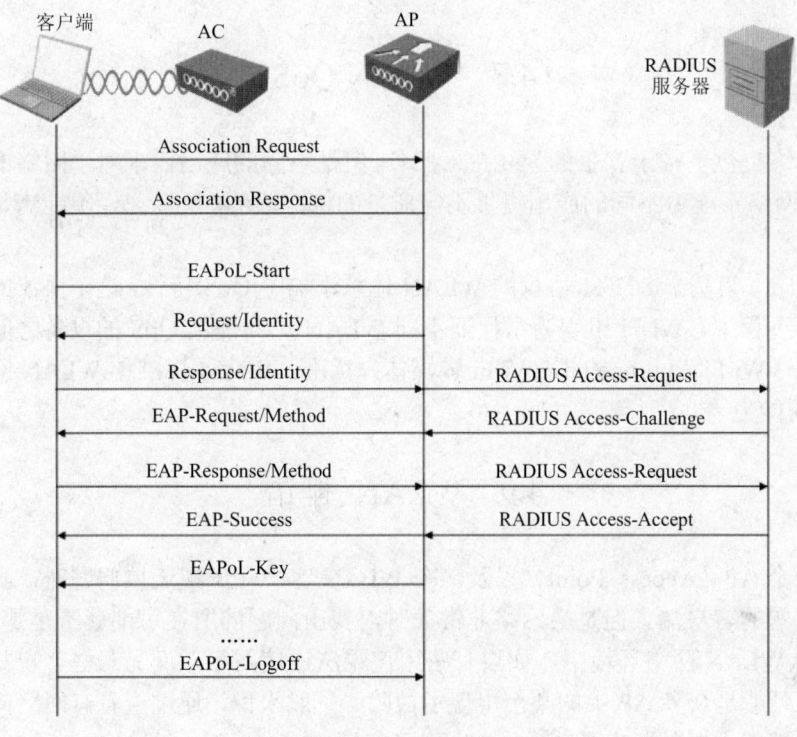

图 4-14　802.1x 认证

## 4.7　WLAN IDS

　　802.11 网络很容易受到各种网络威胁的影响,如未经授权的 AP 用户、Ad-Hoc 网络、拒绝服务型攻击等;Rogue 设备对于企业网络安全来说更是一个很严重的威胁。WIDS(Wireless Intrusion Detection System)可以对有恶意的用户攻击和入侵行为进行早期检测,保护企业网络和用户不被无线网络上未经授权的设备访问。WIDS 可以在不影响网络性能的情况下对无线网络进行监测,从而提供对各种攻击的实时防范。

　　下面是 WLAN IDS 涉及的常用术语。

- Rogue AP:网络中未经授权或者有恶意的 AP,它可以是私自接入到网络中的 AP、未配置的 AP、邻居 AP 或者攻击者操作的 AP。如果在这些 AP 上存在安全漏洞,黑客就有机会危害无线网络安全。
- Rogue Client:非法客户端,网络中未经授权或者有恶意的客户端,类似于 Rogue AP。
- Rogue Wireless Bridge:非法无线网桥,网络中未经授权或者有恶意的网桥。
- Monitor AP:这种 AP 在无线网络中通过扫描或监听无线介质检测无线网络中的 Rogue 设备。一个 AP 可以同时用作接入 AP 和 Monitor AP,也可以只用作 Monitor AP。
- Ad-hoc mode:把无线客户端的工作模式设置为 Ad-Hoc 模式,Ad-Hoc 终端可以不需要任何设备支持而直接进行通信。

## 4.8　WLAN QoS

802.11 网络提供了基于竞争的无线接入服务，但是不同的应用需求对于网络的要求是不同的，而原始的网络不能为不同的应用提供不同质量的接入服务，所以已经不能满足实际应用的需要。

IEEE 802.11e 为基于 802.11 协议的 WLAN 体系添加了 QoS 特性，这个协议的标准化时间很长，在这个过程中，Wi-Fi 组织为了保证不同 WLAN 厂商提供 QoS 的设备之间可以互通，定义了 WMM（Wi-Fi Multimedia，Wi-Fi 多媒体）标准。WMM 标准使 WLAN 网络具备了提供 QoS 服务的能力。

## 4.9　WLAN 排错

当只有一个 AP（Access Point）以及一个 WLAN 客户端出现连接问题时，我们可能会很快地找出有问题的客户端。但是当网络非常大时，找出问题的所在可能就不是那么容易了。

在大型的 WLAN 网络环境中，如果有些用户无法连接网络，而另一些客户却没有任何问题，那么很有可能是众多 AP 中的某个出现了故障。一般来说，通过查看有网络问题的客户端的物理位置，就能大概判断出是哪个 AP 出现了问题。

当所有客户都无法连接网络时，问题可能来自多方面。如果你的网络只使用了一个 AP，那么这个 AP 可能有硬件问题或者配置有错误。另外，也有可能是由于无线电干扰过于强烈，或者是无线 AP 与有线网络间的连接出现了问题。

当一个无线网络发生问题时，应该首先从以下几个关键问题入手进行排错：

（1）射频环境。
（2）AP、无线客户端配置。
（3）硬件。

### 4.9.1　无线客户端检测不到信号

无线客户端无法检测到信号，如图 4-15 所示。
排错思路：
（1）单个用户报错。
- 查看报错无线客户端处是否有无线信号。可使用一些专业的器材或软件。

（2）批量用户报错。
- 查看报错无线客户端处是否有无线信号。可使用一些专业的器材。
- 检查相关软硬件是否正确安装，包括 AP 电源、网卡、驱动等。

解决方案：
- 确认报错无线客户端网卡是否正确安装，包括有无适配的驱动程序。
- 可以使用 Network Stumbler 等软件或专业的信号强度测试仪器查看报错无线客户端周围是否有无线信号，并将无线客户端放置到 WLAN 信号较好处。
- 注意家具的移动、金属文件柜的移动、微波炉的安装或其他使用无线的家电出现。

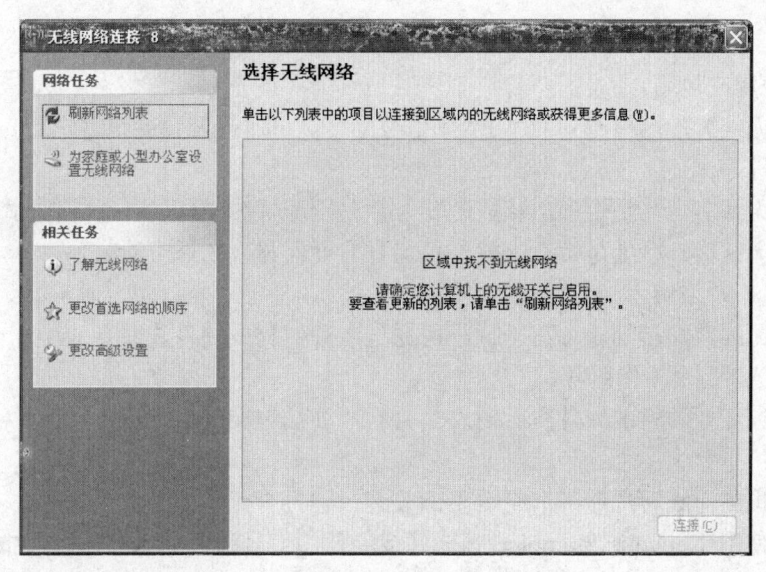

图 4-15　无线客户端无法检测到信号

- 靠近 AP，并使用 Network Stumbler 等软件或专业的信号强度测试仪器确定 AP 在正常工作。
- 如果在 AP 周围查看到的信号强度较弱，可查看天线安装是否正确。
- 如果在 AP 周围没有查看到信号，可先查看 AP 是否正常启动，如电源是否安装、无线接口是否正常工作等。如 AP 工作正常，可查看天线安装是否正确。
- 可尝试将 AP 恢复出厂配置后再次配置或重启 AP。

### 4.9.2　有信号无法连接上 AP

客户端检测到无线信号，但无法连接到 AP 上，如图 4-16 所示。

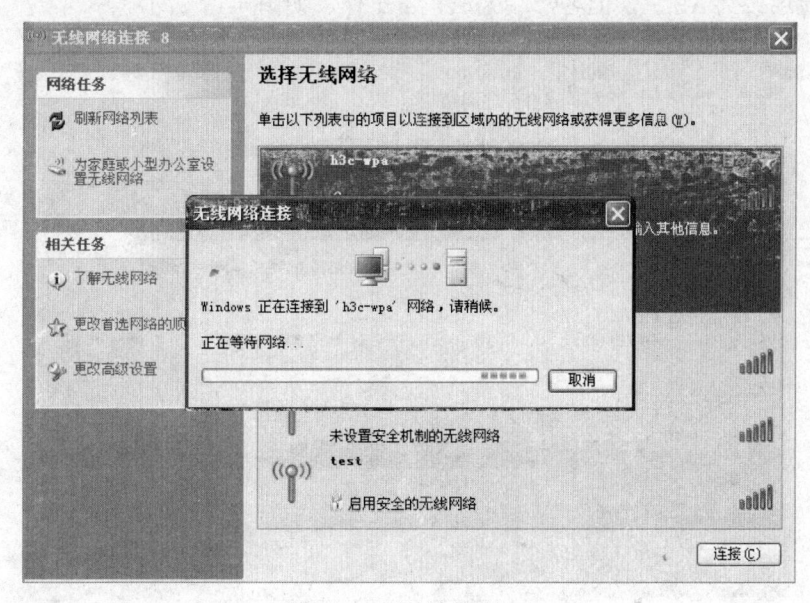

图 4-16　无法连接到 AP

排错思路:

(1) 单个用户报错。
- 查看无线客户端检测到的 WLAN 信号强度。可通过查看无线客户端自带的信号强度查看程序。
- 查看无线客户端是否做出相应配置,如是否配置 SSID、认证加密方式是否正确。
- 查看无线客户端处是否有干扰。可通过专业器材或软件查看。

(2) 批量用户报错。
- 查看无线客户端处是否有干扰。可通过专业器材或软件查看。
- 查看 AP 是否工作正常。
- 可通过专业器材或软件查看附近是否有"非法"AP。

解决方案:
- 确认报错无线客户端网卡是否正确安装,包括有无适配的驱动程序。
- 可以使用 Network Stumbler 等软件或专业的信号强度测试仪器查看报错无线客户端周围信号强度是否足够。
- 可以使用 Network Stumbler 等软件或专业的信号强度测试仪器查看报错无线客户端周围是否有 ISM 设备的射频干扰,如相邻 WLAN 设备、微波炉、对讲机等。
- 检查报错无线客户端是否配置正确的 SSID 信息和认证加密方式。如果此处配置与欲连接 AP 配置不符,无法进行连接。
- 测试从 AP 上是否可以与网关通信。
- 可尝试将 AP 恢复出厂配置后再次配置或重启 AP。
- 查找出是否有"非法"AP 配置与"合法"AP 相同的 SSID。

### 4.9.3　连接上后无线客户端无法正常工作

客户端能连接到 AP 上,但客户端无法正常工作,如图 4-17 所示。

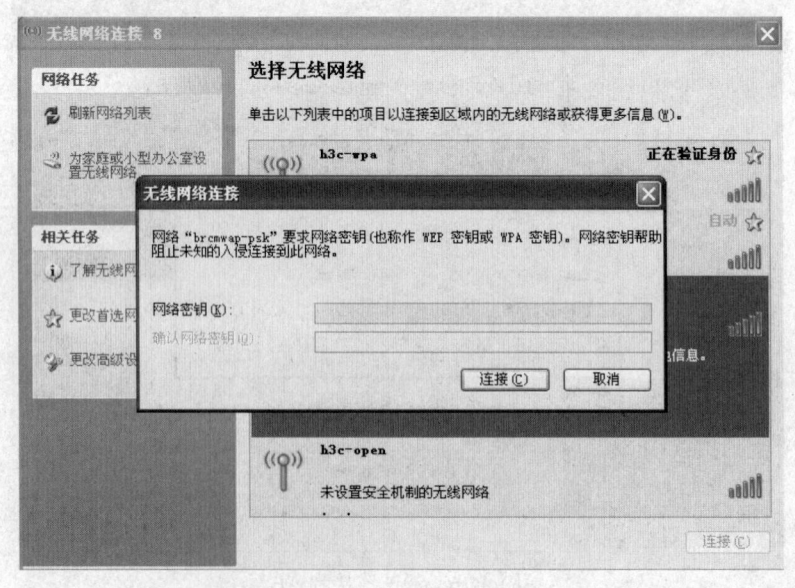

图 4-17　客户端无法正常工作

排错思路：

（1）单个用户报错。

- 查看无线客户端检测到的 WLAN 信号强度，并进行评估。可通过查看无线客户端自带的信号强度查看程序。
- 查看无线客户端是否做出相应配置，如认证加密方式是否正确。
- 查看无线客户端处是否有干扰。可通过专业器材或软件查看。
- 客户端是否配置静态 IP 地址，此静态 IP 地址是否合法。

（2）批量用户报错。

- 查看无线客户端处是否有干扰。可通过专业器材或软件查看。
- 查看 AP 是否工作正常。
- 主网络的 DHCP 等功能是否工作正常。
- AP 是否开启用户隔离功能。
- 是否有很多用户连接在同一 AP 上。
- 是否有用户在使用 P2P 等会占用大量带宽的应用程序。
- 是否有网络病毒或黑客攻击。
- 可通过专业器材或软件查看附近是否有"非法"AP。

解决方案：

- 确认无线客户端是否获得正确的 IP 地址。如没有，可查看主网络 DHCP 等功能是否工作正常或无线客户端设置的静态 IP 地址是否正确。
- 查看无线客户端所检测到的 WLAN 信号强弱，如较弱，可将无线客户端放置到 WLAN 信号较好处。
- 查看无线客户端认证加密方法是否与 AP 匹配。
- 查看 AP 是否配置了用户隔离功能。
- 可尝试将 AP 恢复出厂配置后再次配置或重启 AP。
- 查找出是否有"非法"AP 配置与"合法"AP 相同的 SSID。

## 工作任务

任务 1：利用二层隔离保护企业无线网络。

【任务名称】利用二层隔离保护企业无线网络

【任务分析】无线网络工程师小赵在所建设的无线网络项目中进行无线网络试运行测试时，有企业员工反映无线网络的速度非常慢，然后小赵就在网管上查看，发现无线网络内的流量很大，而企业网出口的流量不是很大，据此小赵推断是有些员工在利用无线网络相互之间传输大量的数据。为了增加无线网络的利用率，减少无线网络带宽在局域网内的浪费，小赵决定把无线网络内的用户做一个二层隔离。

那么如何降低无线局域网内无线带宽的浪费呢，小赵采用智能无线局域网的二层隔离功能将用户隔离开，不允许无线网用户使用无线网络互相访问和传输数据。

【项目设备】2 台安装了 Windows XP 系统的计算机、1 块 RG-WG54U 无线网卡、1 台智能无线 AP、1 台智能无线交换机、1 台 RingMaster 服务器。

【项目拓扑】拓扑如图 4-18 所示。

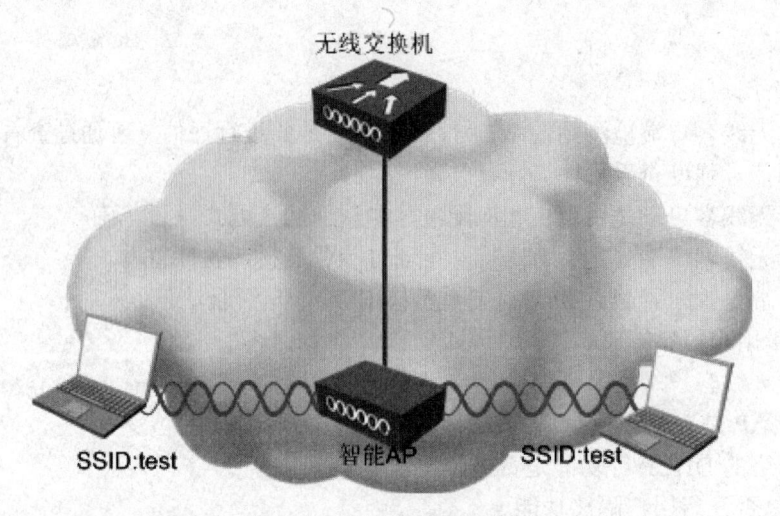

图 4-18　任务 1 实施拓扑图

【项目实施】

（1）配置无线交换机的基本参数。

无线交换机的默认 IP 地址是 192.168.100.1/24，因此将 STA-1 的 IP 地址配置为 192.168.100.2/24，并打开浏览器登录到https://192.168.100.1，弹出如图 4-19 所示的对话框，单击"是"按钮。

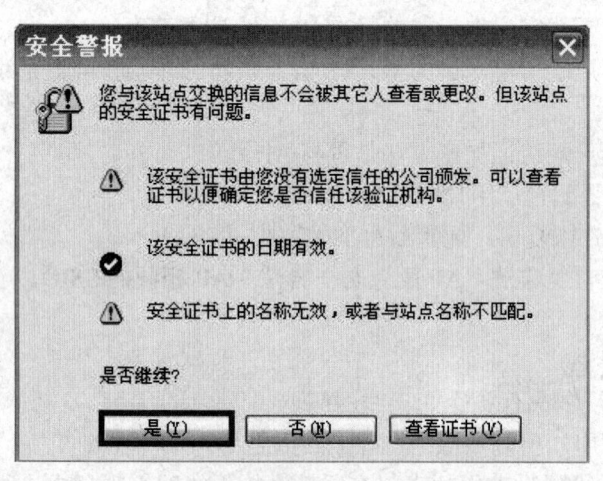

图 4-19　登录

系统的默认管理用户名是 admin，密码为空，如图 4-20 所示。

输入用户名和密码后就进入了无线交换机的 Web 配置页面，单击 Start 按钮，进入快速配置指南，如图 4-21 所示。

选择管理无线交换机的工具 RingMaster，如图 4-22 所示。

图 4-20　输入用户名和口令

图 4-21　Quick Start Configure

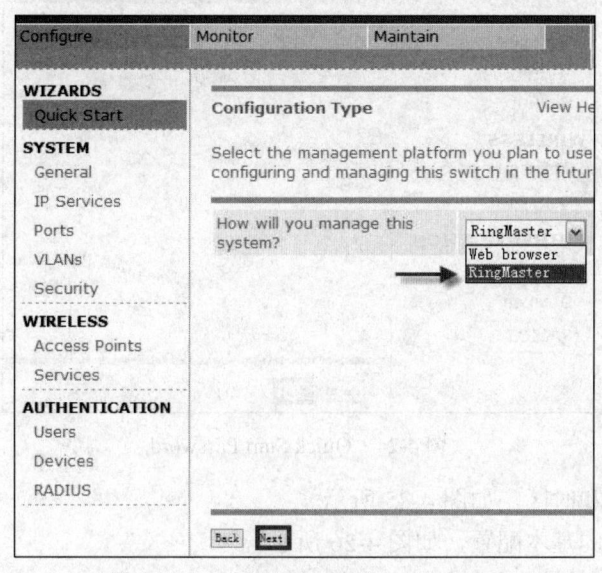

图 4-22　Quick Start Configuration Type

配置无线交换机的 IP 地址、子网掩码以及默认网关，如图 4-23 所示。

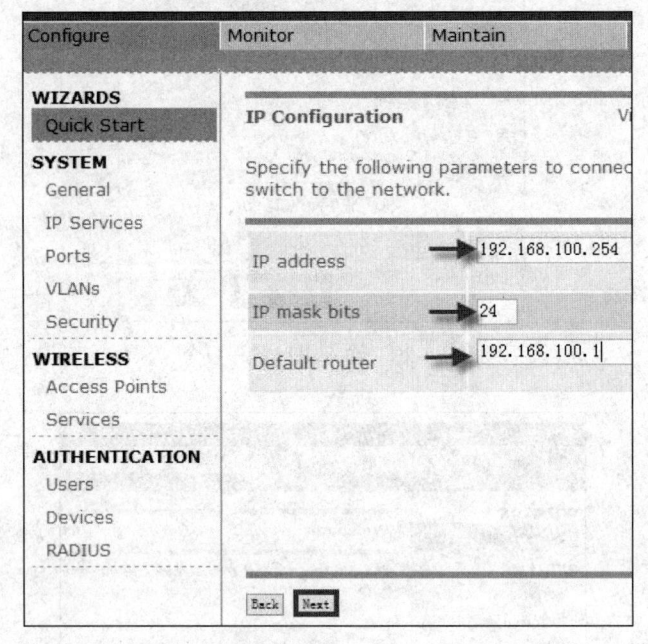

图 4-23　Quick Start IP Configuration

设置系统的管理密码，如图 4-24 所示。

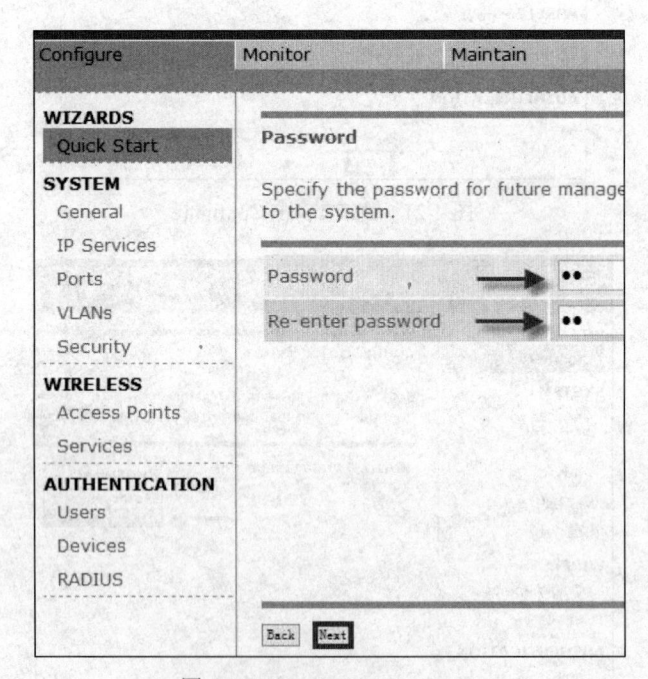

图 4-24　Quick Start Password

设置系统的时间和时区，如图 4-25 所示。

确认无线交换机的基本配置，如图 4-26 所示。

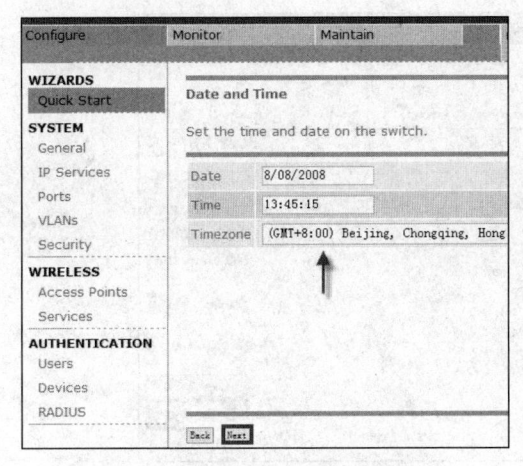

图 4-25  Quick Start Date And Time 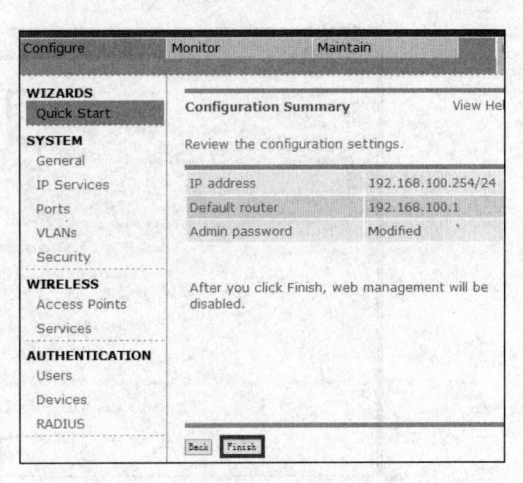　　　　图 4-26  Quick Start Configuration Summary

完成无线交换机的基本配置。

（2）通过 RingMaster 网管软件来进行无线交换机的高级配置。

运行 RingMaster 软件，地址为 127.0.0.1，端口为 443，用户名和密码默认为空，如图 4-27 所示。

图 4-27  登录 RingMster

选择 Configuration，进入配置界面，并添加被管理的无线交换机，如图 4-28 所示。

输入被管理的无线交换机的 IP 地址、Enable 密码，无线交换机输入被管理的无线交换机的 IP 地址会自动完成配置的更新，如图 4-29 至图 4-31 所示。

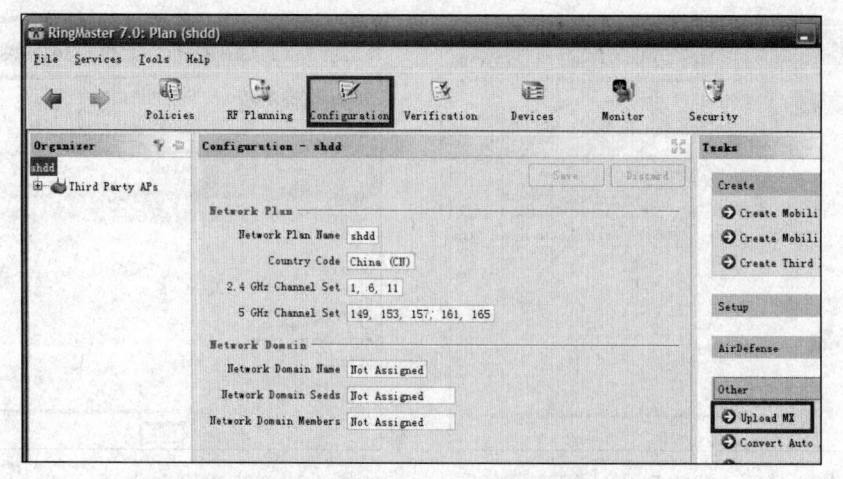

图 4-28　Configuration

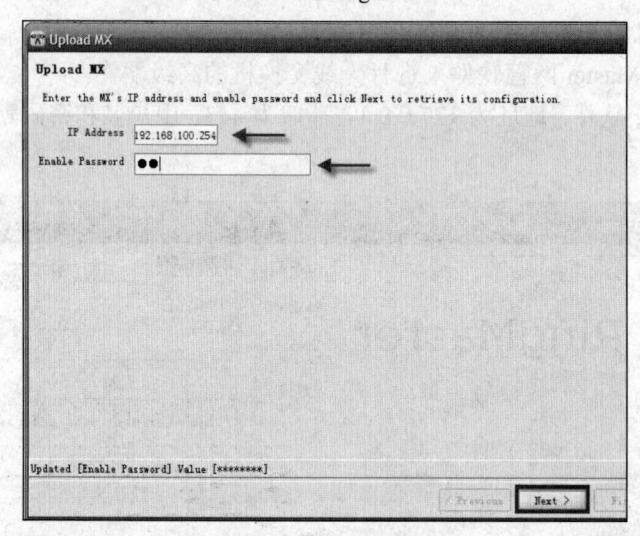

图 4-29　Upload MX

图 4-30　Upload MX

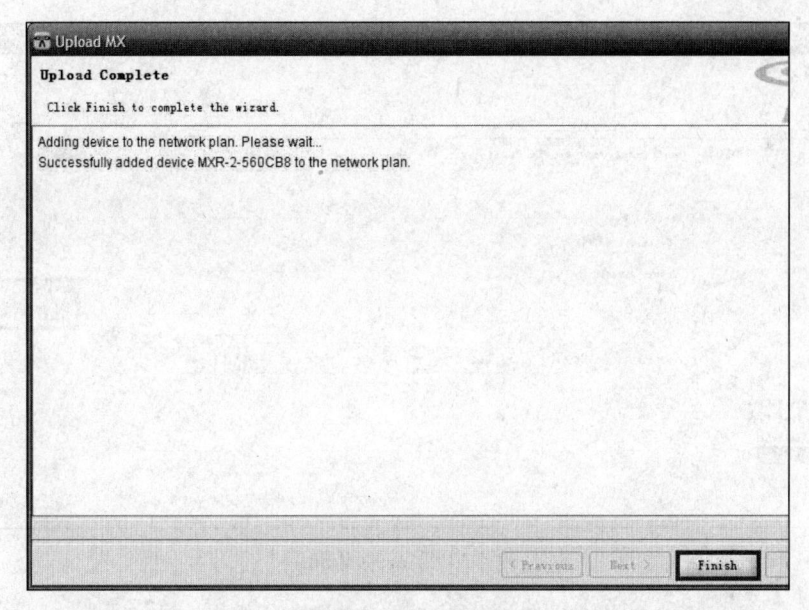

图 4-31　Upload MX

完成添加后，进入无线交换机的操作界面，如图 4-32 所示。

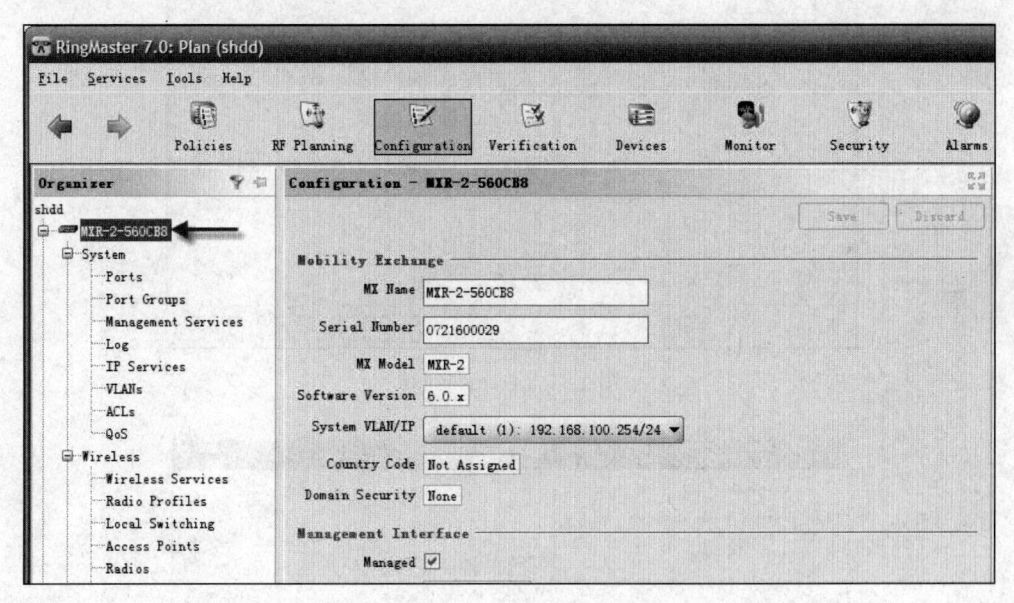

图 4-32　Configuration

（3）配置无线 AP。

进入 Wireless→Access Point 选项，添加 AP，如图 4-33 所示。

为添加的 AP 命名，并选择连接方式，默认使用 Distributed 模式，如图 4-34 所示。

将需要添加的 AP 机身后面的 SN 号输入对话框，用于 AP 与无线交换机的注册过程，如图 4-35 所示。

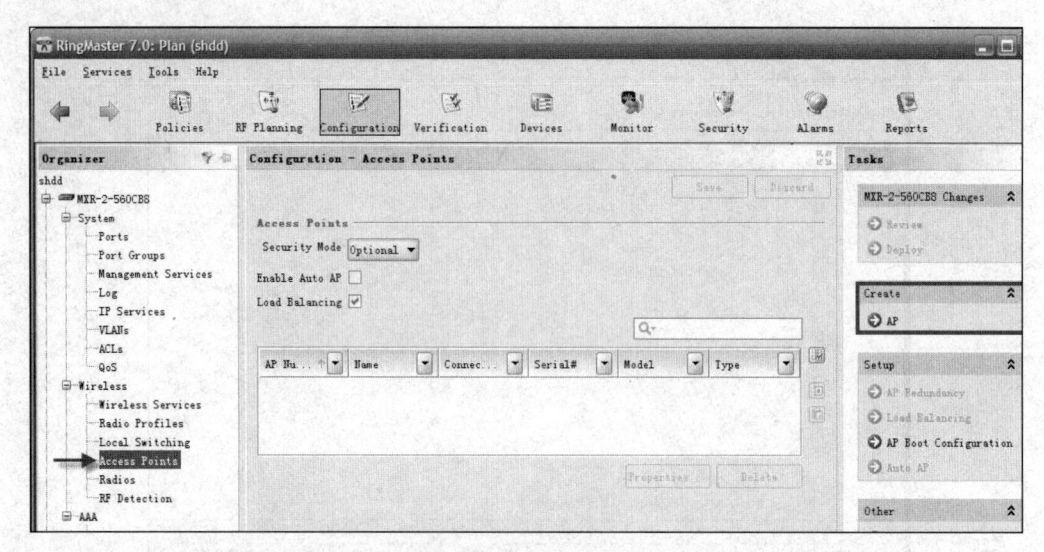

图 4-33　Access Point

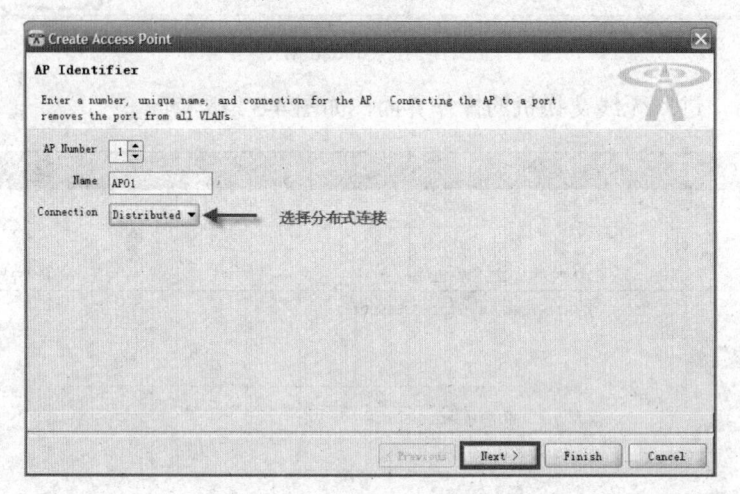

图 4-34　Access Point

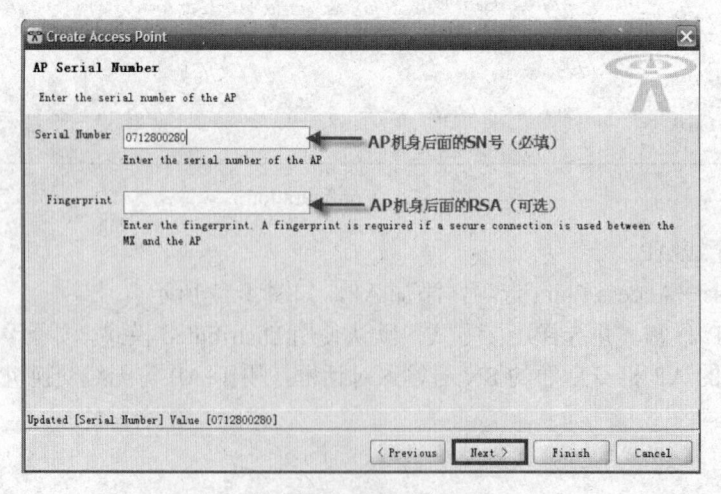

图 4-35　SN 号

选择添加 AP 的具体型号和传输协议，完成 AP 添加，如图 4-36 所示。

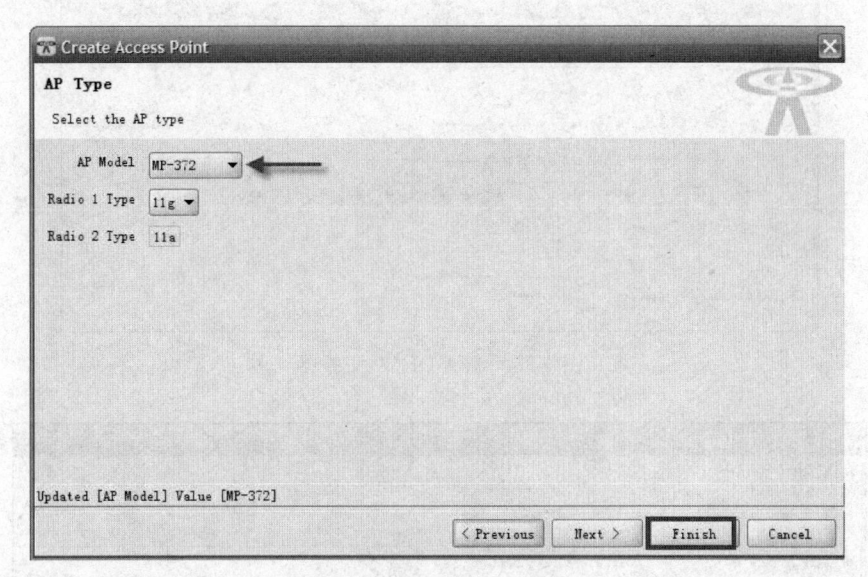

图 4-36　完成 AP 添加

（4）配置无线交换机的 DHCP 服务器。

进入 Syestem→VLANS 选项，选择 default VLAN，进行属性配置，如图 4-37 所示。

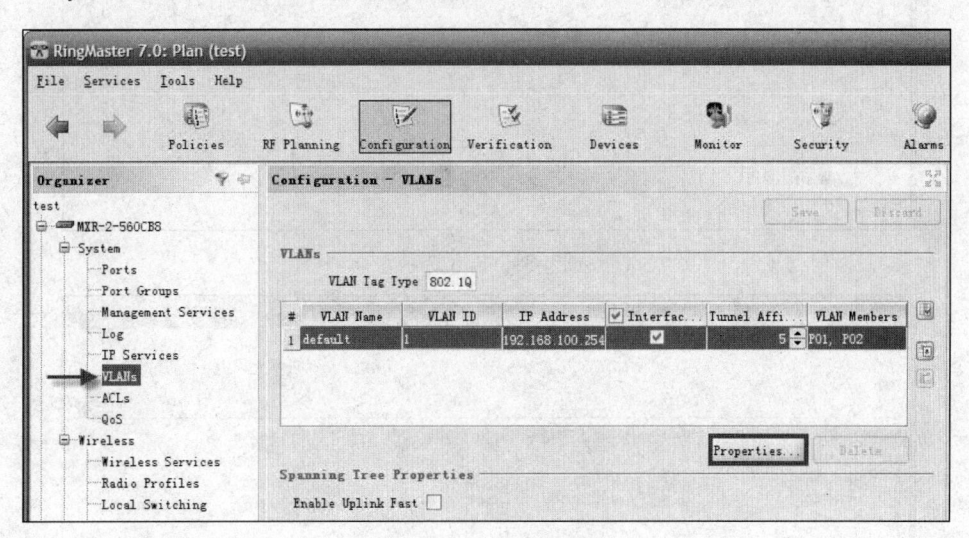

图 4-37　VLANS 选项

进入 Properties→DHCP Server 选项，激活 DHCP 服务器，设置地址池和 DNS 并保存，如图 4-38 所示。

进入 System→Port 选项，将无线交换机的端口 PoE 打开并保存，如图 4-39 所示。

（5）配置网管软件的二层隔离功能。

打开无线网管软件的 Configuration→system→VLANs，如图 4-40 所示。

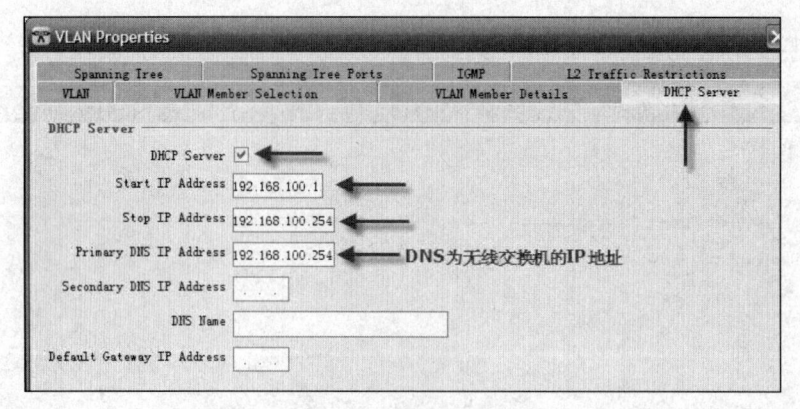

图 4-38 激活 DHCP 服务器

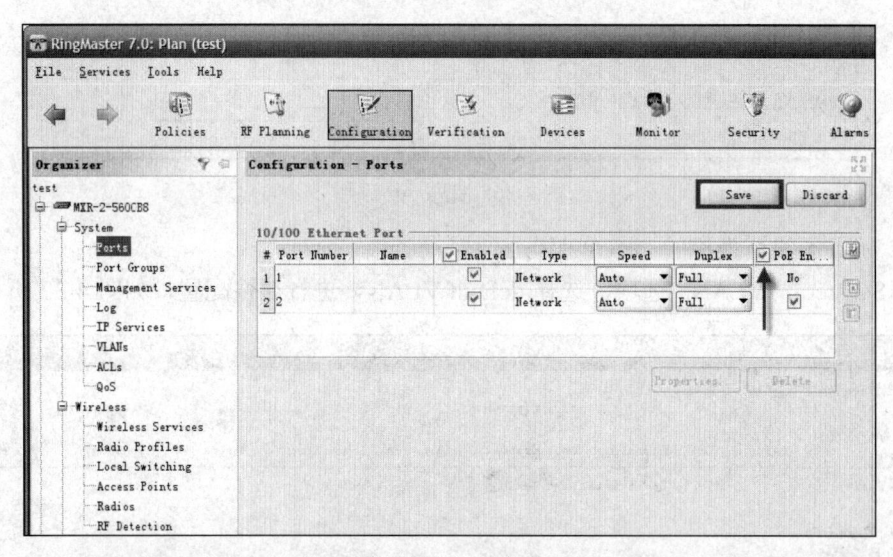

图 4-39 Port 选项

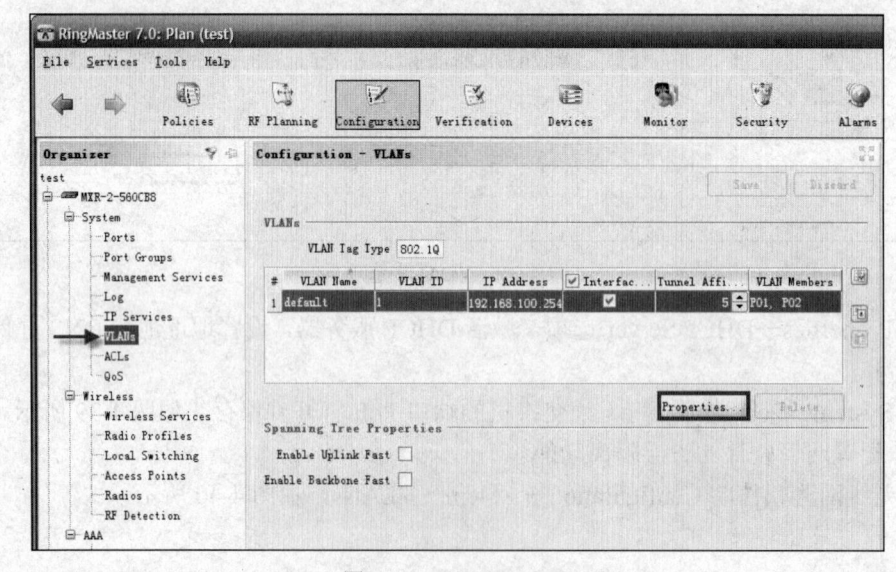

图 4-40 Configuration

进入 Properties→VLAN L2 Restriction 选项，激活该选项，在方框内打上对钩，如图 4-41 所示。

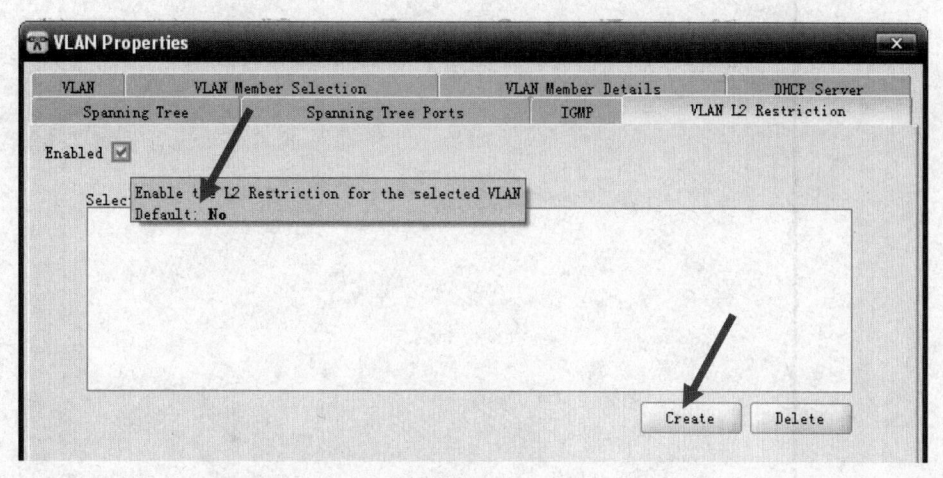

图 4-41 Properties

添加 VLAN 内用户网关设备的 MAC 地址。
单击 Create 按钮，弹出界面如图 4-42 所示。

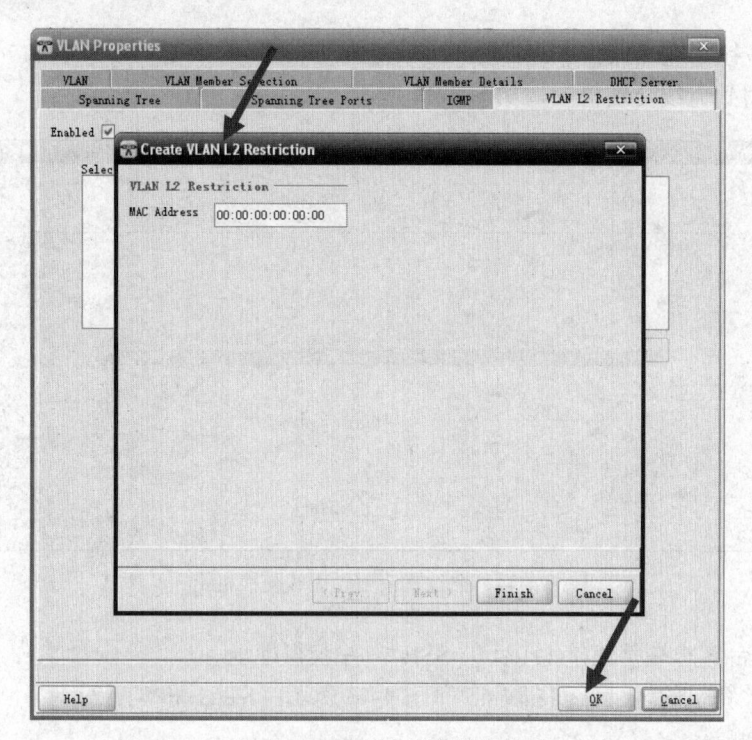

图 4-42 添加 VLAN 内用户网关设备的 MAC 地址

添加网关的 MAC 地址，单击 Finish 按钮完成添加，如图 4-43 所示。

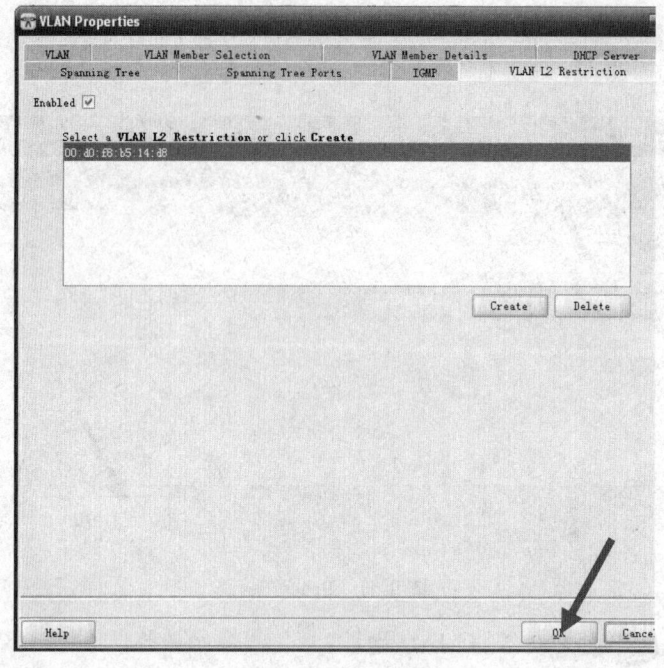

图 4-43 完成添加

单击 OK 按钮，完成操作。

把设置应用到无线交换机上，如图 4-44 所示。

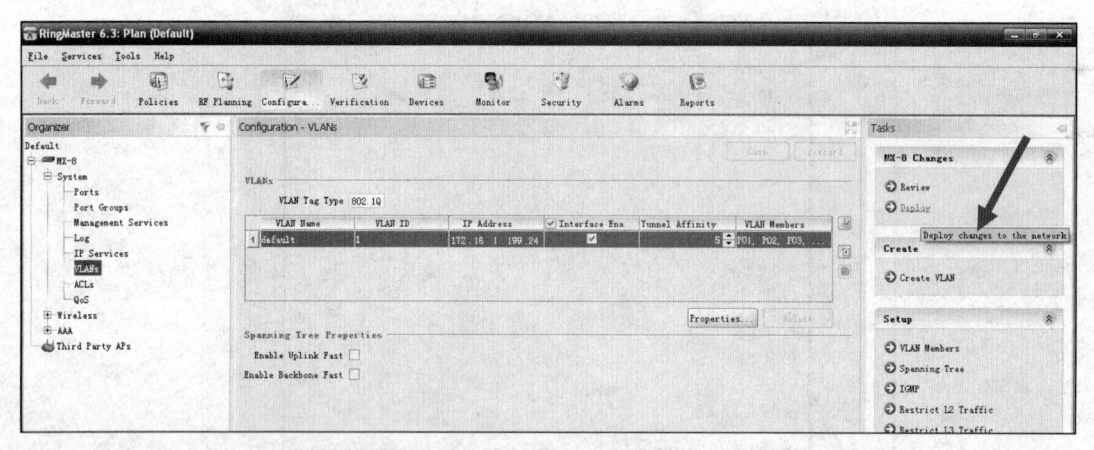

图 4-44 把设置应用到无线交换机上

（6）使两台客户端都连接上 test 的 SSID，并获得地址。

查看两台计算机的地址，如图 4-45 和图 4-46 所示：STA1 和 STA2。

（7）验证测试。

使用 STA 1 Ping STA2 笔记本电脑，如图 4-47 所示。

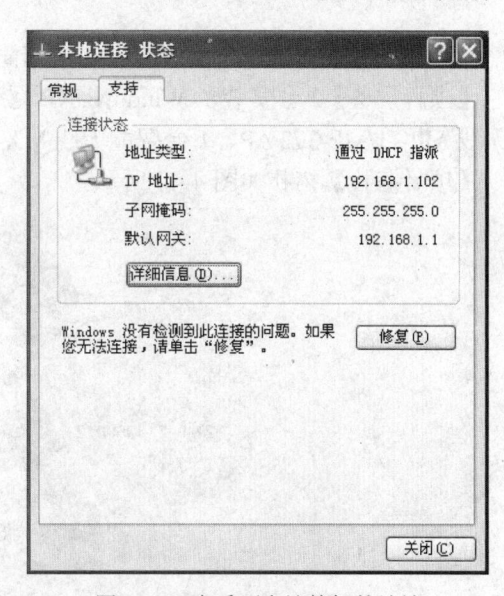

图 4-45　查看计算机的地址　　　　　　图 4-46　查看两台计算机的地址

图 4-47　Ping STA2 笔记本电脑

STA 1 与 STA 2 不能相互 Ping 通。

任务 2：医院无线网络的 MAC 认证。

【任务名称】医院无线网络的 MAC 认证

【任务分析】无线网络工程师小赵在建设一个医院的无线网络项目时，根据医院客户的需求，需要给医院的住院楼做无线覆盖，目的是为了给护理部的移动查房系统设计无线网络规划。每个护士都有一个手持终端用来采集病人的信息，如体温、血压和其他参数，而这些信息将来需要通过无线网络传送到护理中心。

由于手持终端的操作系统局限性，采用加密和 Web 认证都不现实，而使用手持终端的 MAC

无线网络组建项目教程

地址作为认证的依据，具有实现方便、规划简单等优点。

【项目设备】2 台安装了 Windows XP 系统的计算机、1 块 RG-WG54U 无线网卡、1 台智能无线 MP-71/MP-372 AP、1 台智能无线 MX-8/MXR-2 交换机、1 台 RingMaster 服务器。

【项目拓扑】拓扑如图 4-48 所示。

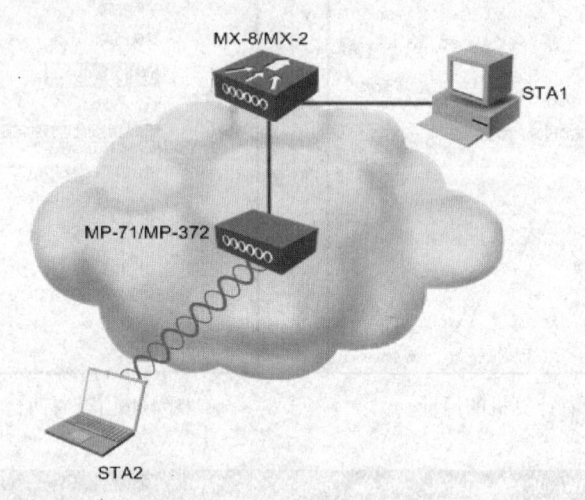

图 4-48　任务 2 实施拓扑

【项目实施】
（1）配置无线交换机的基本参数。
无线基本配置可以参照前面的配置内容。
（2）配置无线交换机的 DHCP 服务器。
进入 Syestem→VLANS 选项，选择 default VLAN，进行属性配置，如图 4-49 所示。

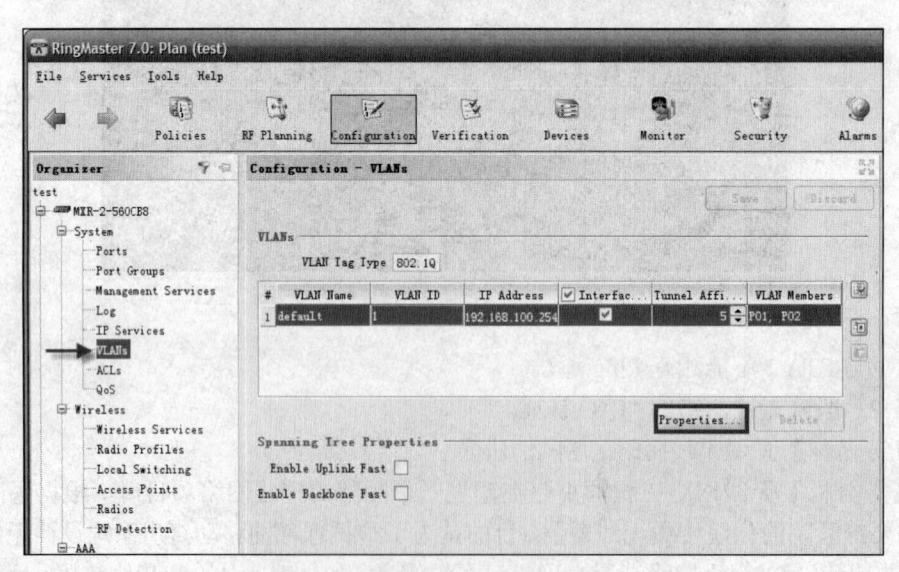

图 4-49　VLANS 选项

进入 Properties→DHCP Server 选项，激活 DHCP 服务器，设置地址池和 DNS 并保存，如图 4-50 所示。

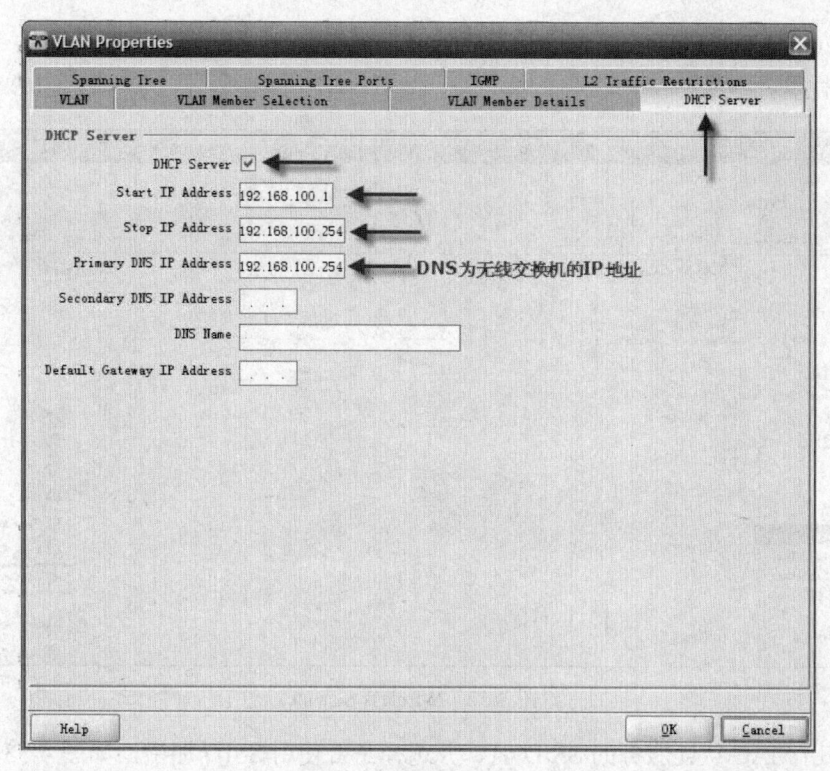

图 4-50　Properties

进入 System→Port 选项，将无线交换机的端口 PoE 打开并保存，如图 4-51 所示。

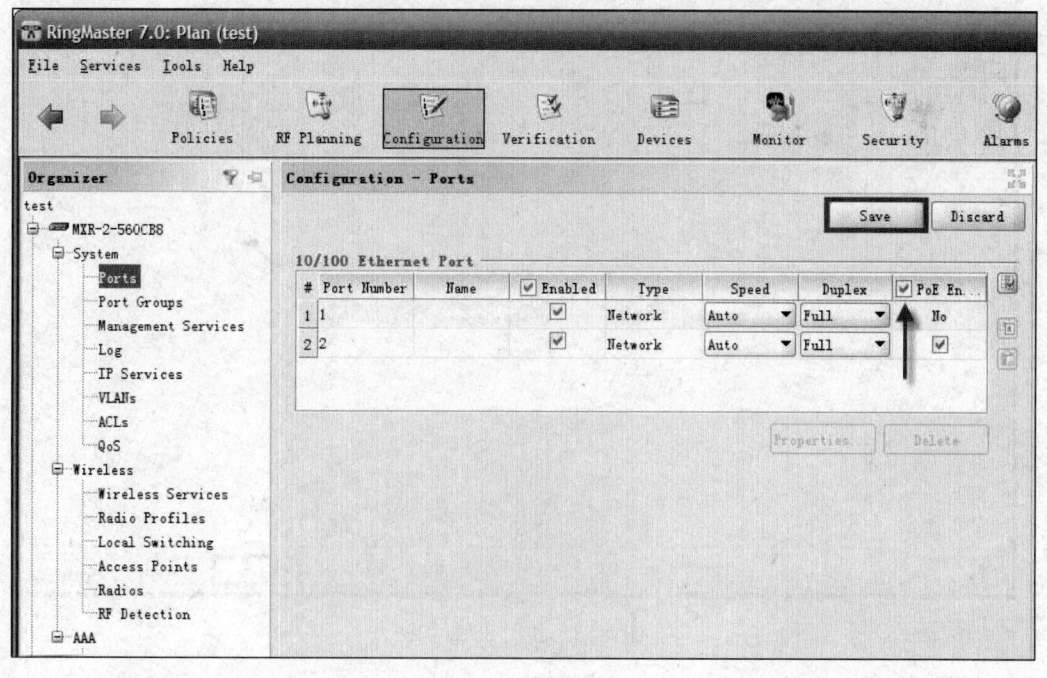

图 4-51　Port 选项

（3）配置无线交换机的 MAC 地址认证。

进入 Wireless→Wireless Service 选项，选择添加 Custom Service Profile，用于 MAC 认证，如图 4-52 所示。

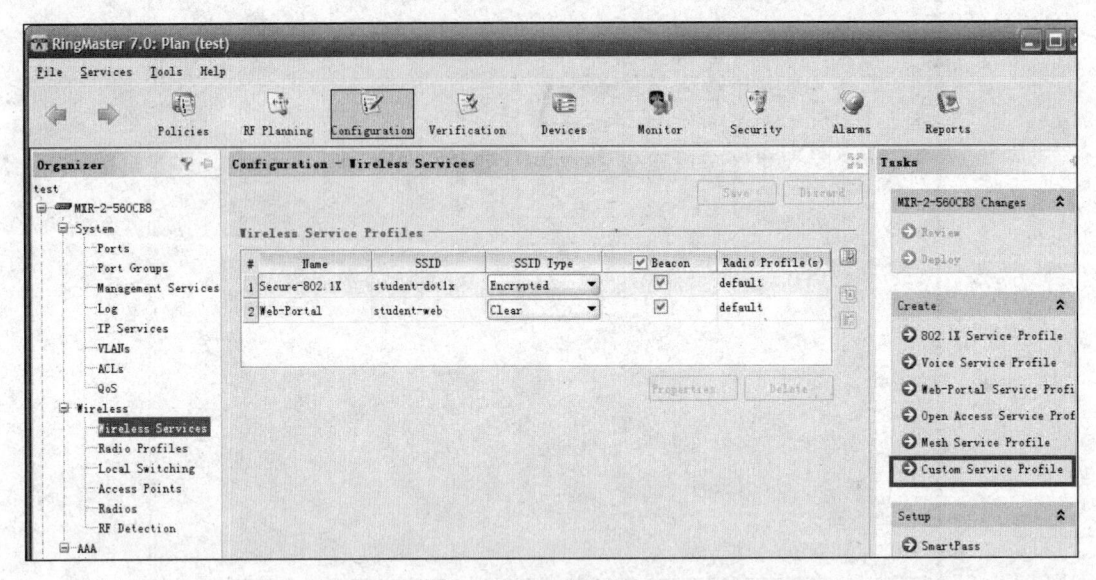

图 4-52  Wireless Service

输入使用 MAC 认证服务的 SSID 名，并选择是否使用 SSID 加密，如图 4-53 所示。

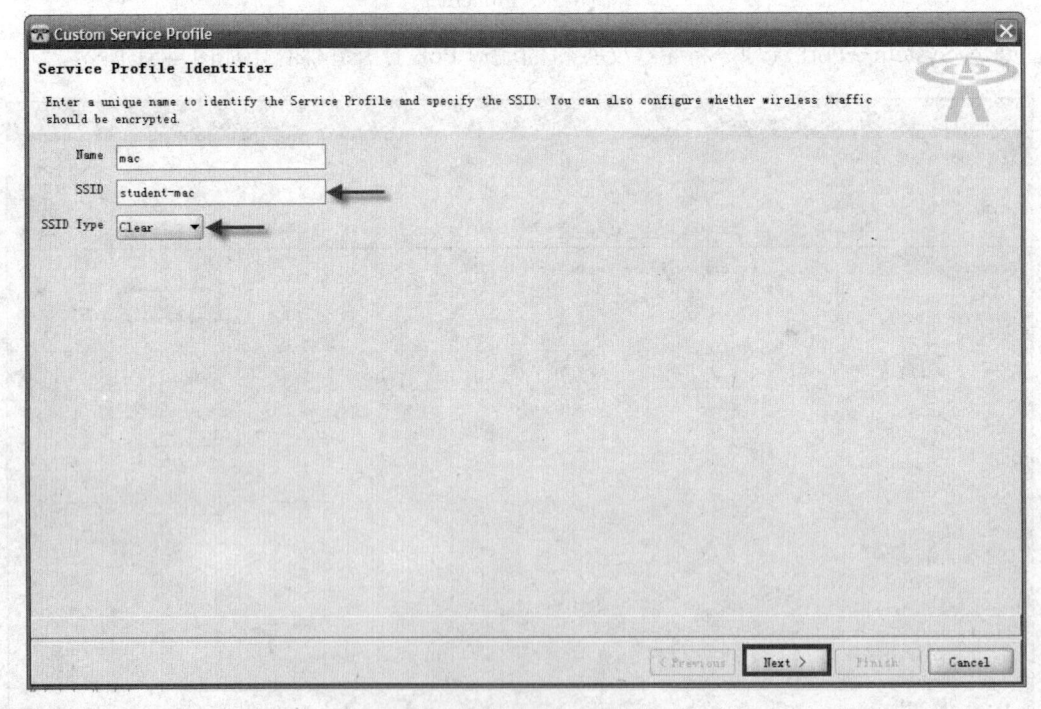

图 4-53  使用 SSID 加密

选择采用 MAC 地址认证，如图 4-54 所示。

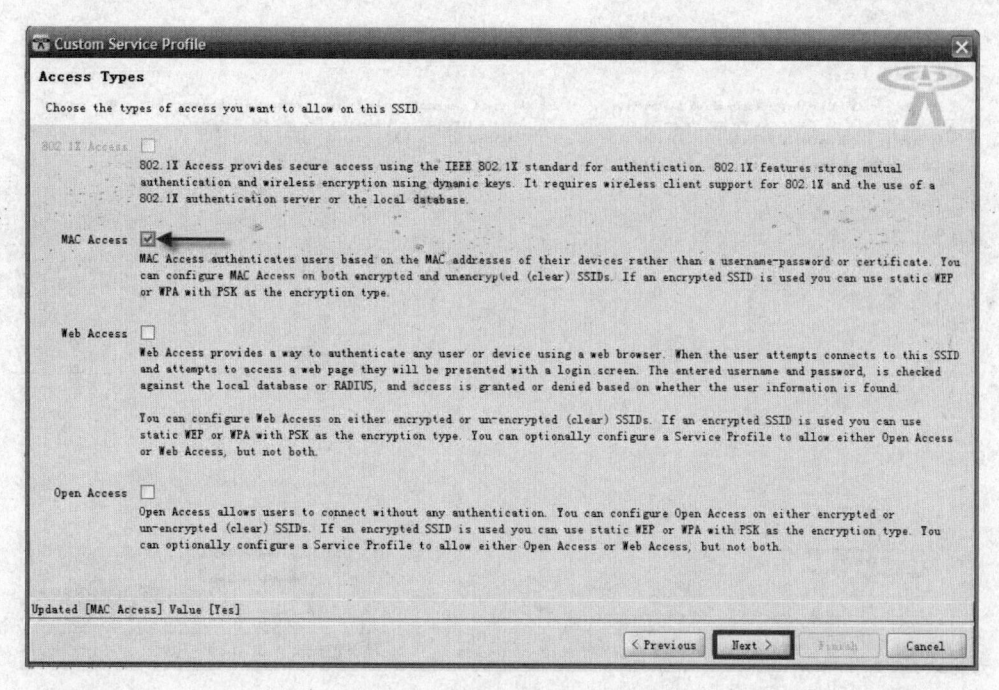

图 4-54 采用 MAC 地址认证

选择该 SSID 对应的用户 VLAN，如图 4-55 所示。

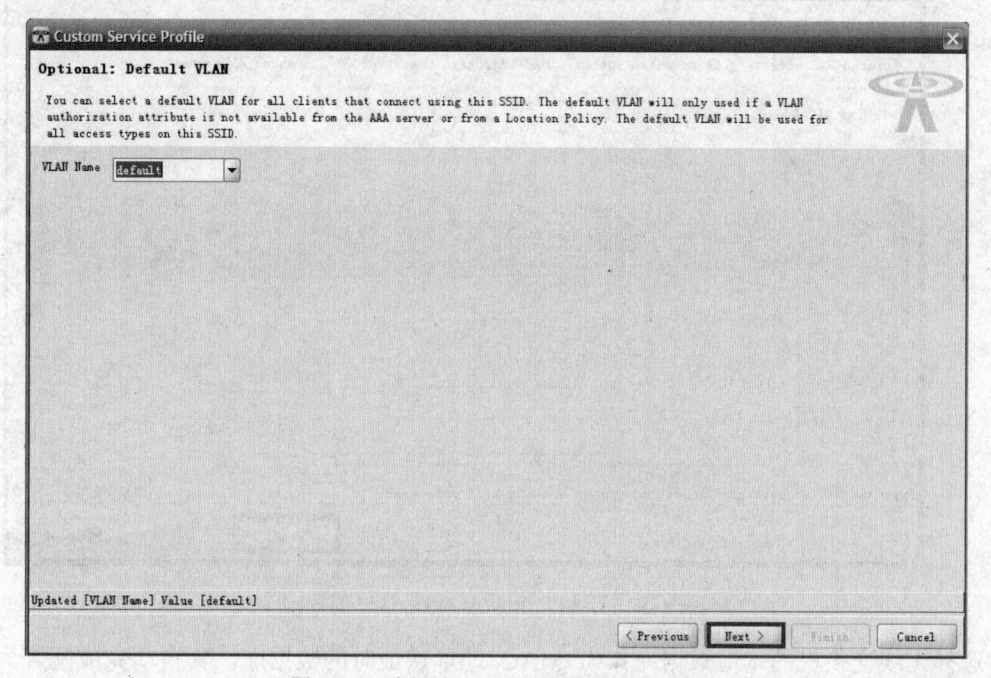

图 4-55 选择该 SSID 对应的用户 VLAN

添加一个 MAC 地址认证的规则，其自动完成配置，如图 4-56 和图 4-57 所示。

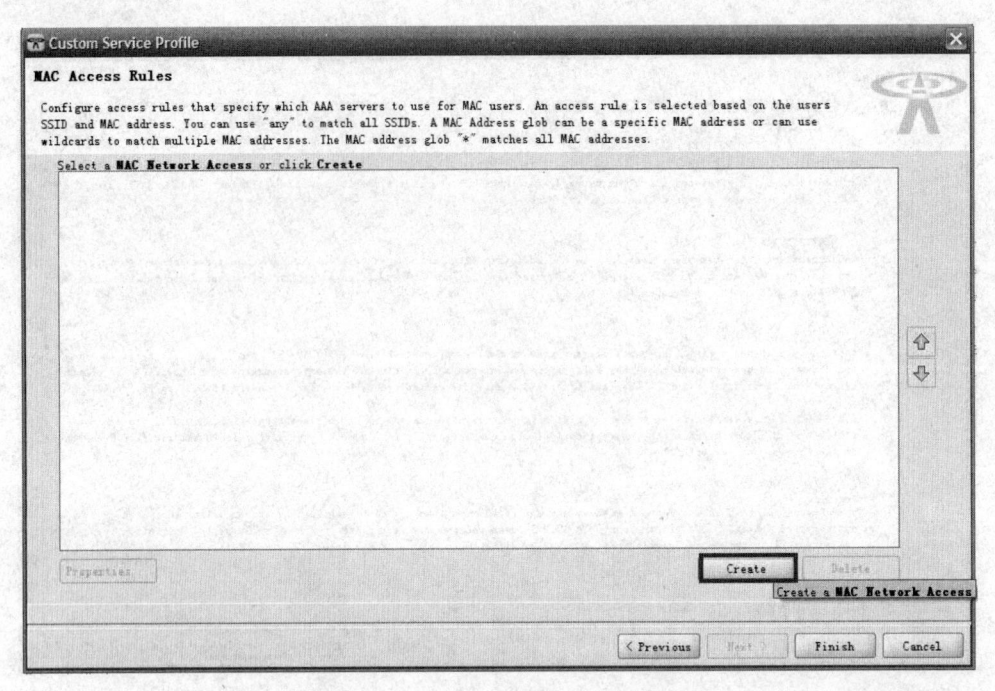

图 4-56 添加一个 MAC 地址认证的规则

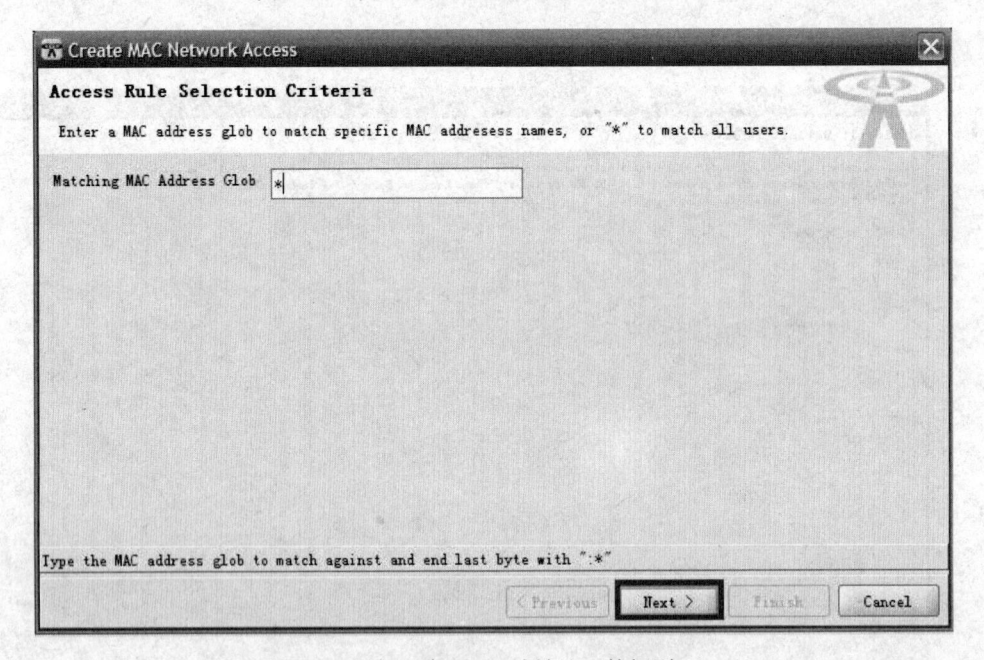

图 4-57 添加一个 MAC 地址认证的规则

  选择无线交换机的本地数据库作为 MAC 地址认证时的数据库，其自动完成配置，如图 4-58 和图 4-59 所示。

  完成配置，并检查配置是否生效，如图 4-60 所示。

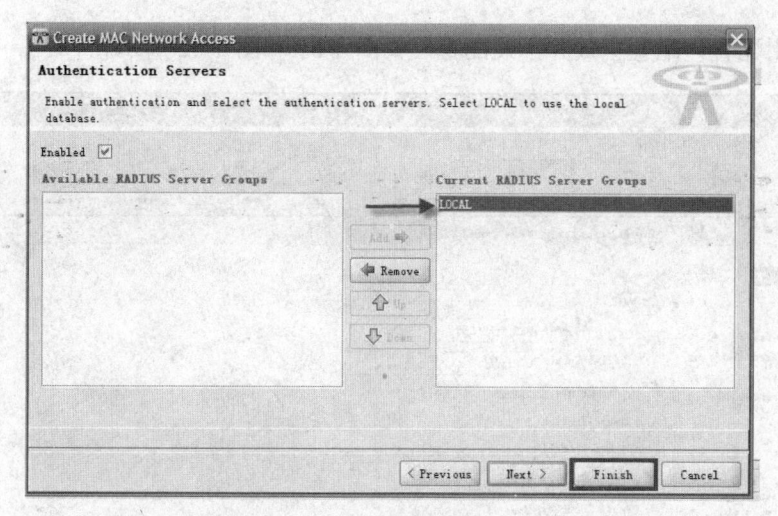

图 4-58 本地数据库

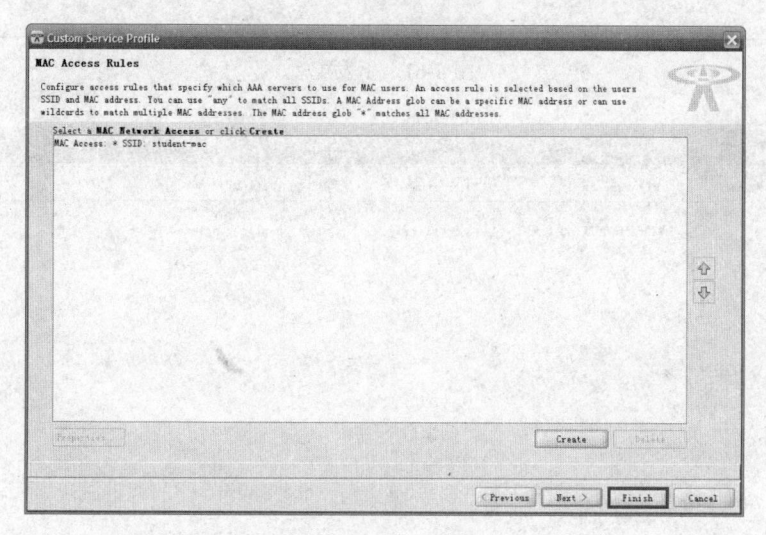

图 4-59 完成配置

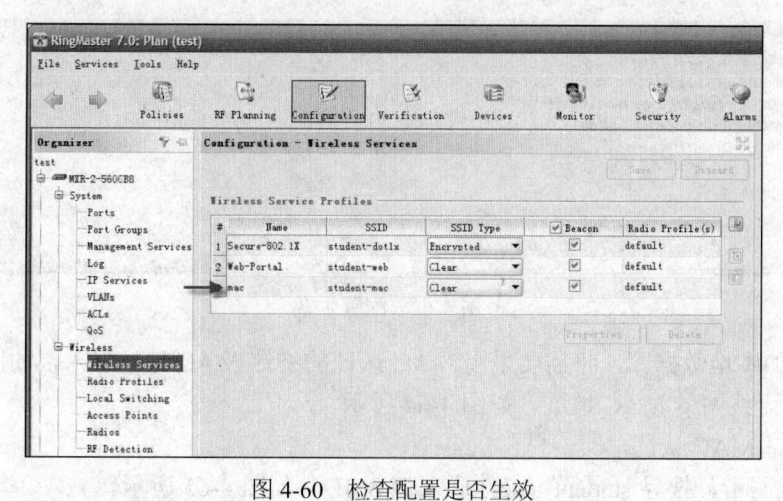

图 4-60 检查配置是否生效

（4）应用配置，配置生效并下发配置，如图 4-61 和图 4-62 所示。

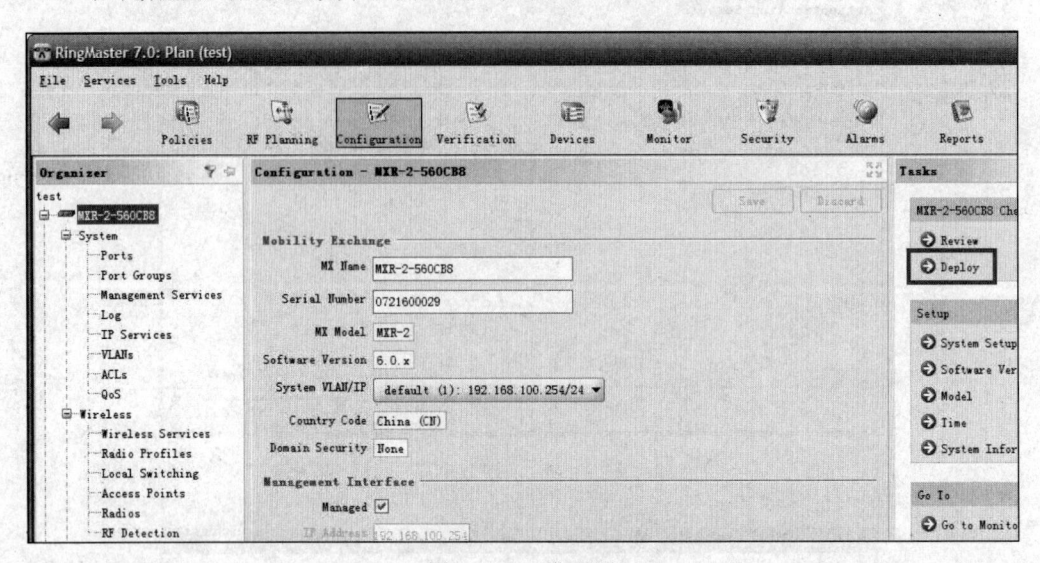

图 4-61  下发配置

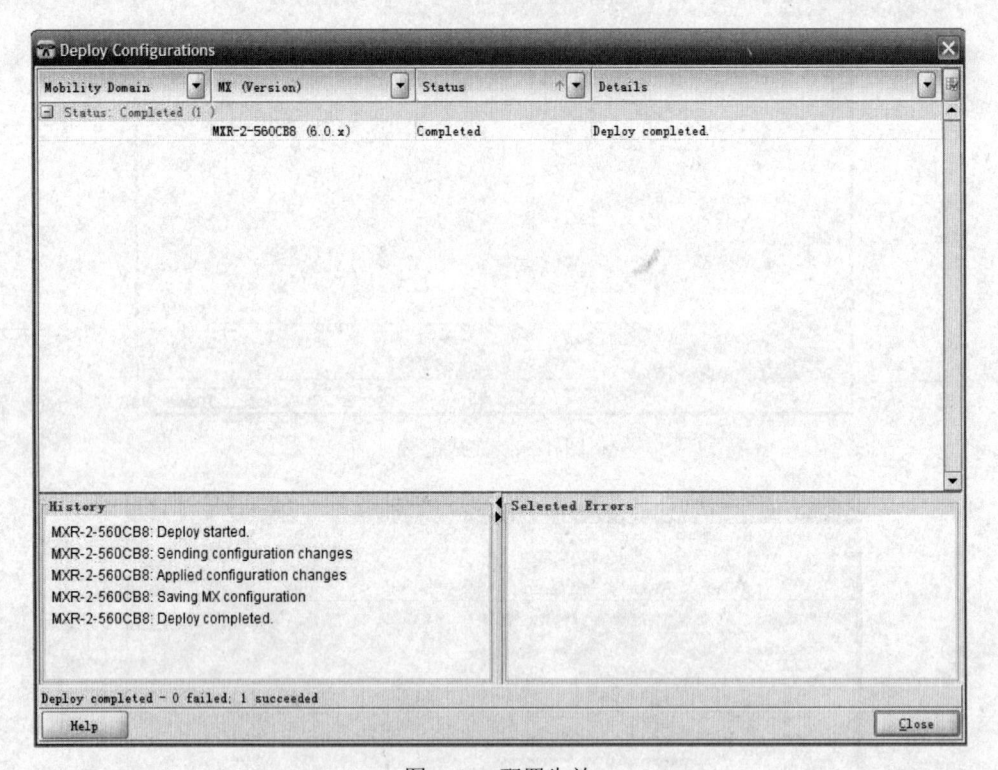

图 4-62  配置生效

（5）添加本地数据库，将需要采用 MAC 认证的终端 MAC 地址导入，如图 4-63 所示；输入 STA1 的无线网卡 MAC 地址，如图 4-64 所示。

（6）测试 MAC 认证。

打开无线网卡，搜寻 student-mac，联入该 SSID，如图 4-65 所示。

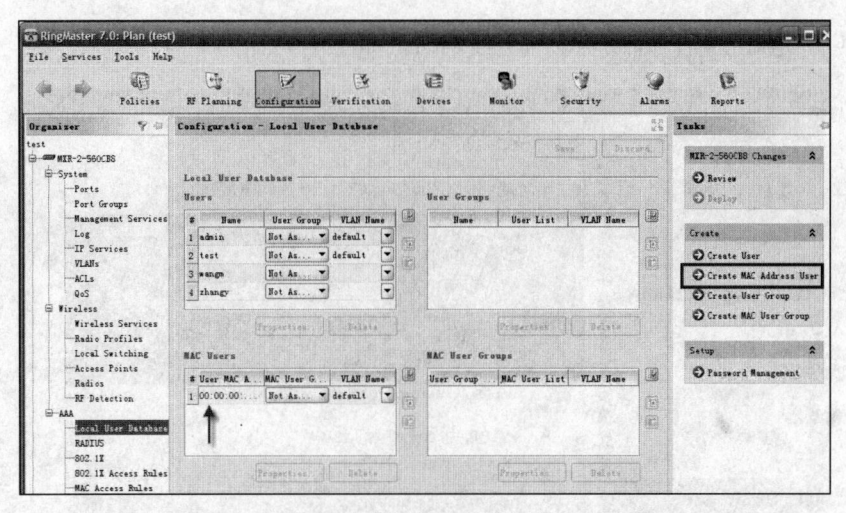

图 4-63 添加本地数据库

图 4-64 无线网卡 MAC 地址

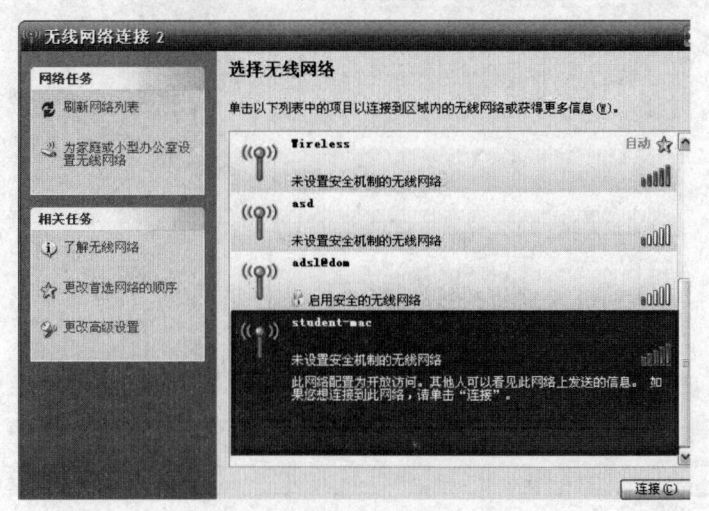

图 4-65 测试 MAC 认证

如果 MAC 地址正确，则成功联入无线网络，如图 4-66 所示。

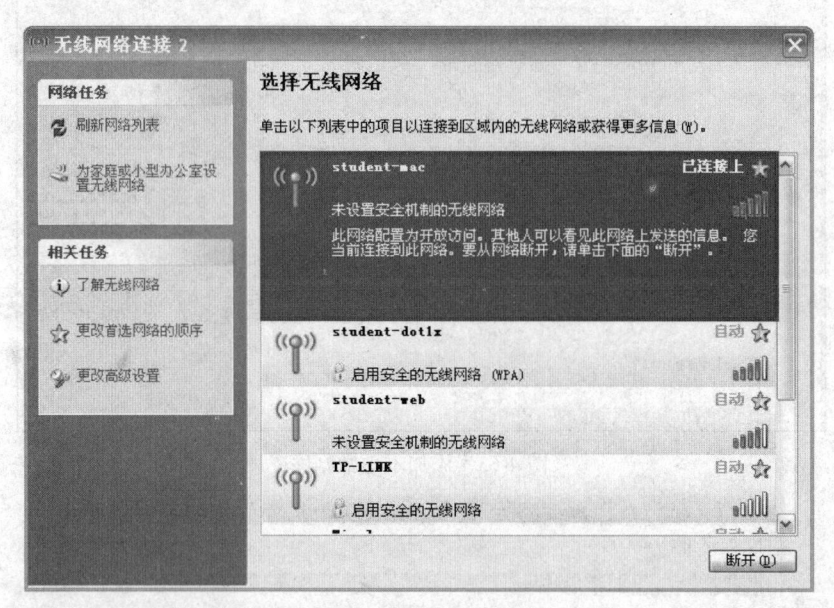

图 4-66　测试 MAC 认证

（7）查看用户的连接状态。

在 RingMaster 的 Monitor→Clients by MX 下查看连接的用户信息，如图 4-67 所示。

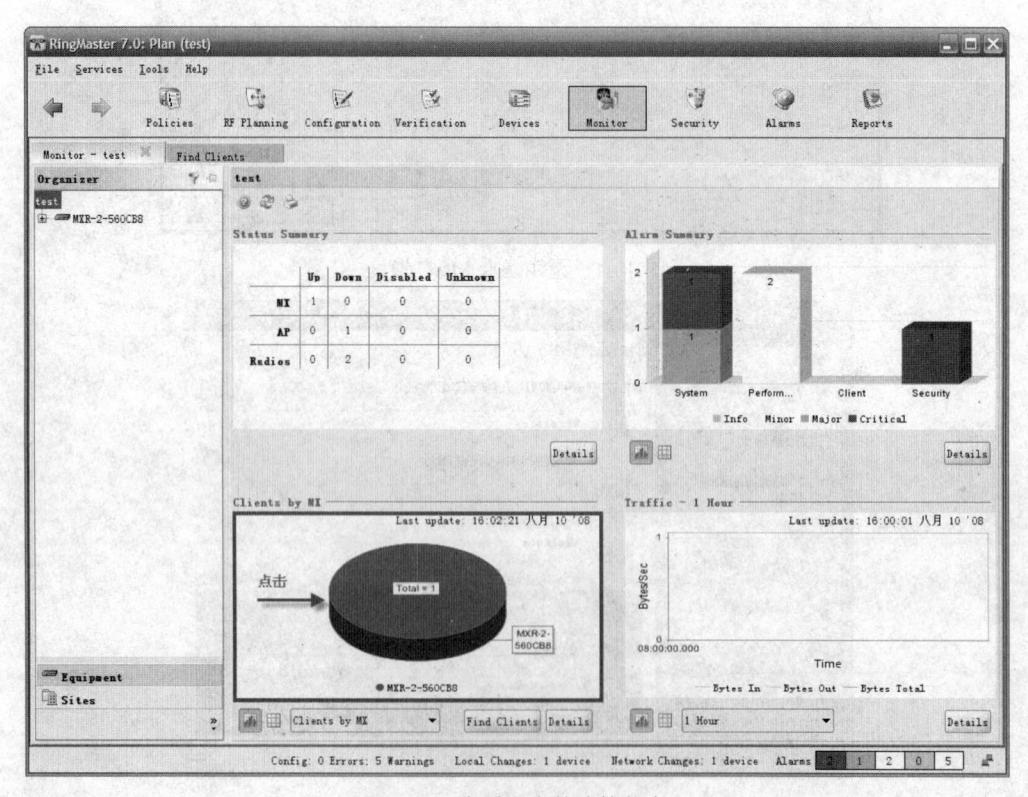

图 4-67　查看用户的连接状态

查看用户的具体信息：MAC 地址、认证类型，如图 4-68 所示。

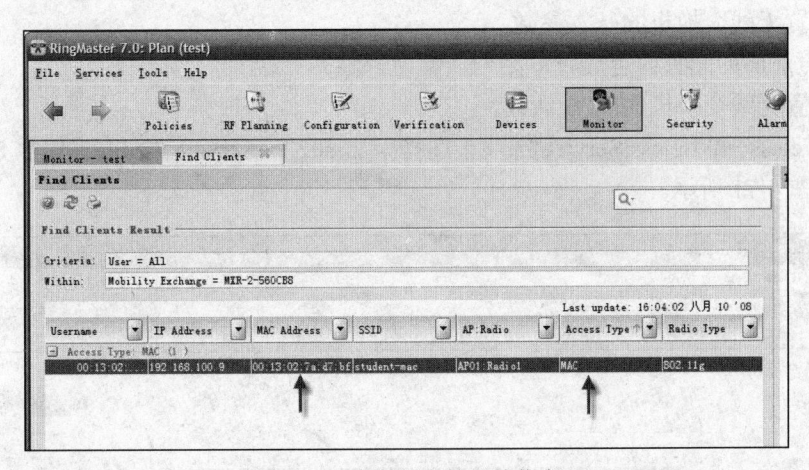

图 4-68 查看用户的具体信息

（10）实验完成。

任务 3：企业无线网络的 802.1x 认证。

【任务名称】企业无线网络的 802.1x 认证

【任务分析】在新建的无线网络项目中，客户需要在建设无线网络时，需要给无线网络设计安全接入策略，无线网络工程师小赵考虑到该项目是某外企 IT 公司的无线接入，用户对网络的安全要求很高，并且客户的计算机操作能力也很强，于是他选择了采用相对安全的"入网即认证"的 802.1x 认证方式。

如何实现在没有认证服务器的情况下实现 802.1x 认证呢，可以通过无线交换机自带的本地服务器实现 802.1x 认证功能。

【项目设备】2 台安装了 Windows XP 系统的计算机、1 块 RG-WG54U 无线网卡、1 台智能无线 MP-71/MP-372 AP、1 台智能无线 MX-8/MXR-2 交换机、1 台 RingMaster 服务器。

【项目拓扑】拓扑如图 4-69 所示。

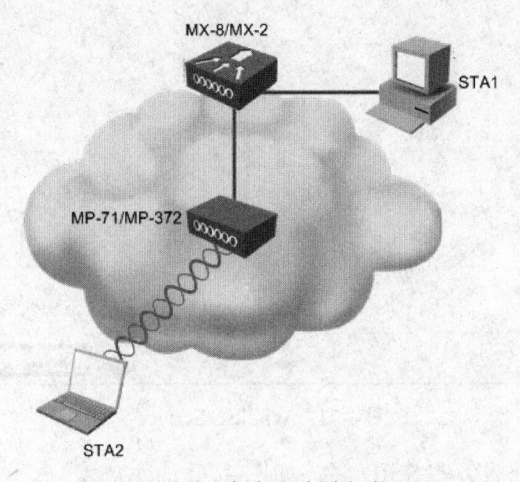

图 4-69 任务 3 实施拓扑

【项目实施】

（1）配置无线交换机的基本参数。

可以参照前面的配置内容。

（2）配置无线交换机的 Web 认证。

进入 Wireless→Wireless Service 选项，选择添加 802.1x Service Profile，用于 802.1x 认证，如图 4-70 和图 4-71 所示。

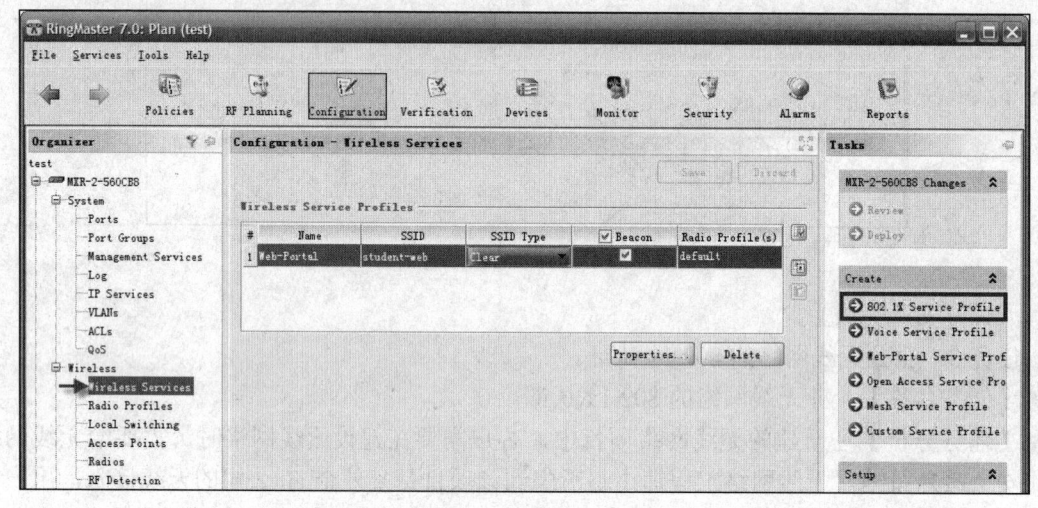

图 4-70　Confguration

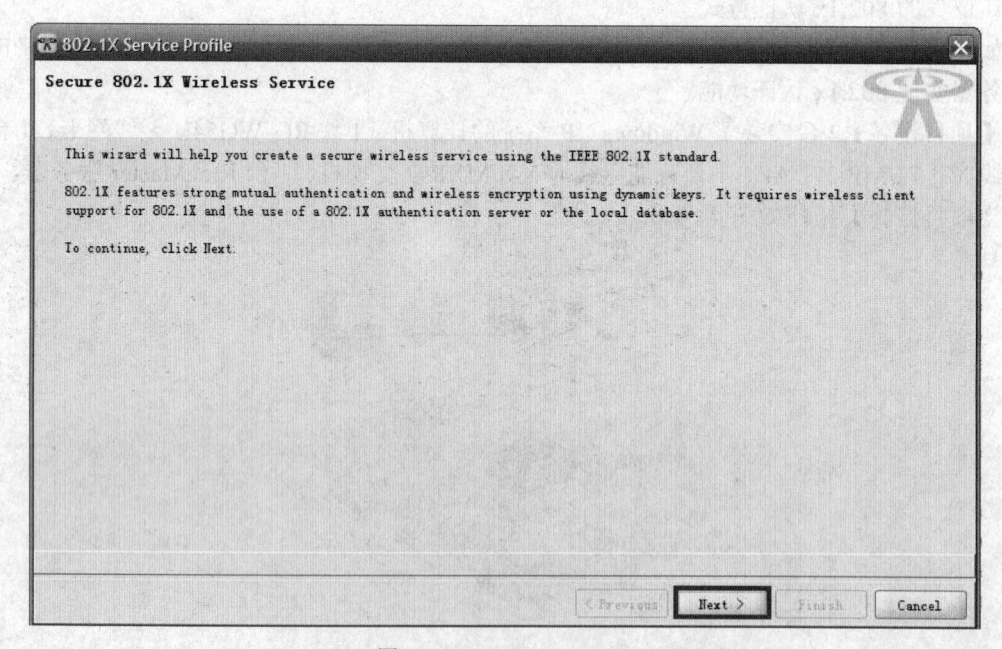

图 4-71　Wireless Service

输入使用 802.1x 认证服务的 SSID 名，如图 4-72 所示。

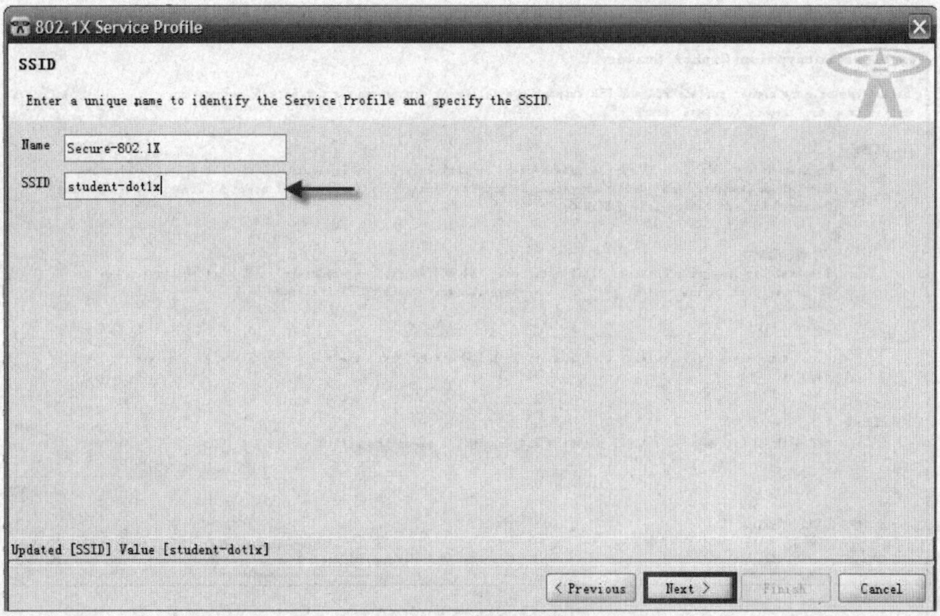

项目四　无线网络安全管理与故障维护

图 4-72　SSID 名

选择加密方式，如图 4-73 所示。

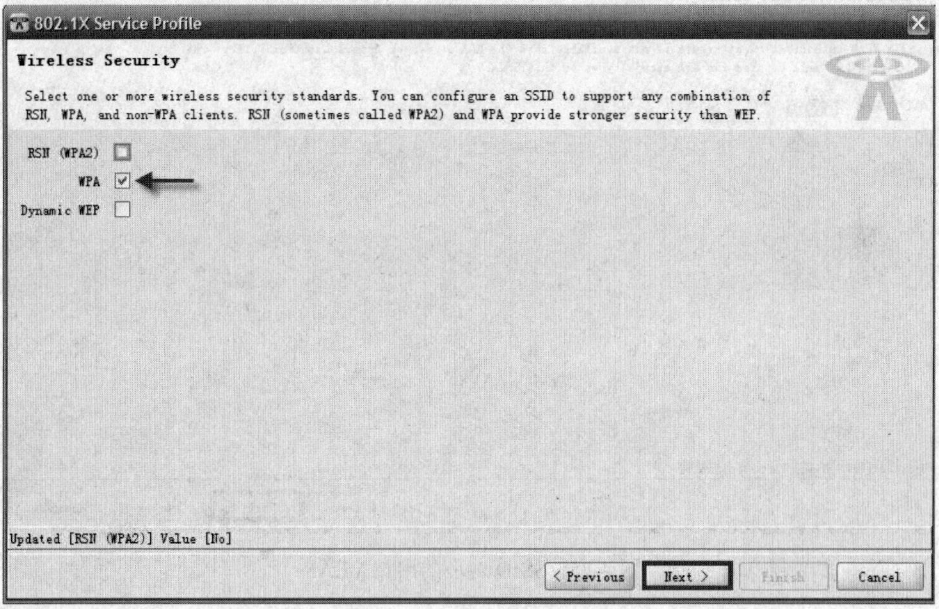

图 4-73　选择加密方式

选择加密算法，如图 4-74 所示。
选中该 SSID 对应的用户 VLAN，选中 default VLAN 即 VLAN 1，如图 4-75 所示。

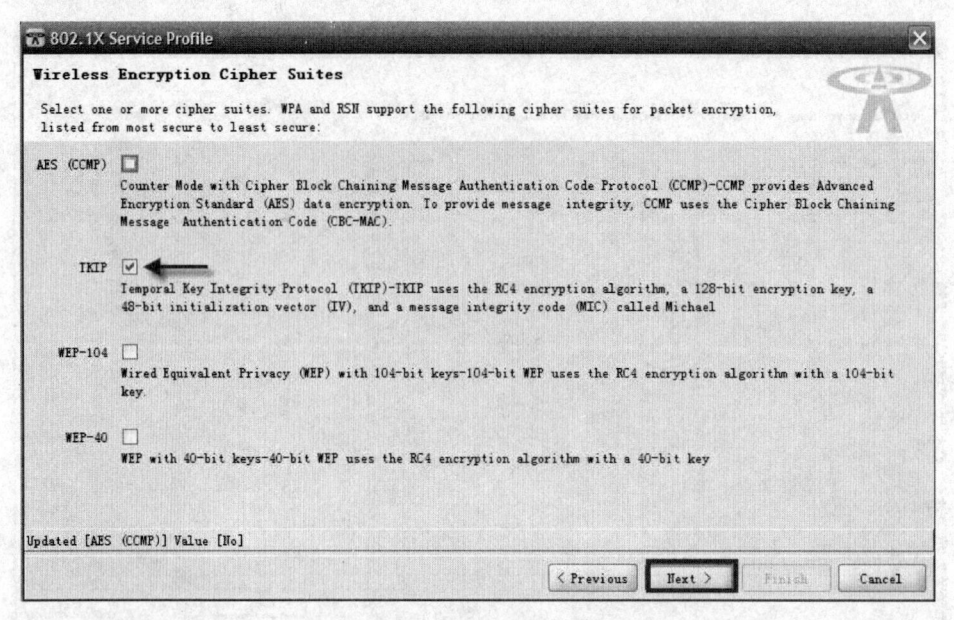

图 4-74 选择加密算法

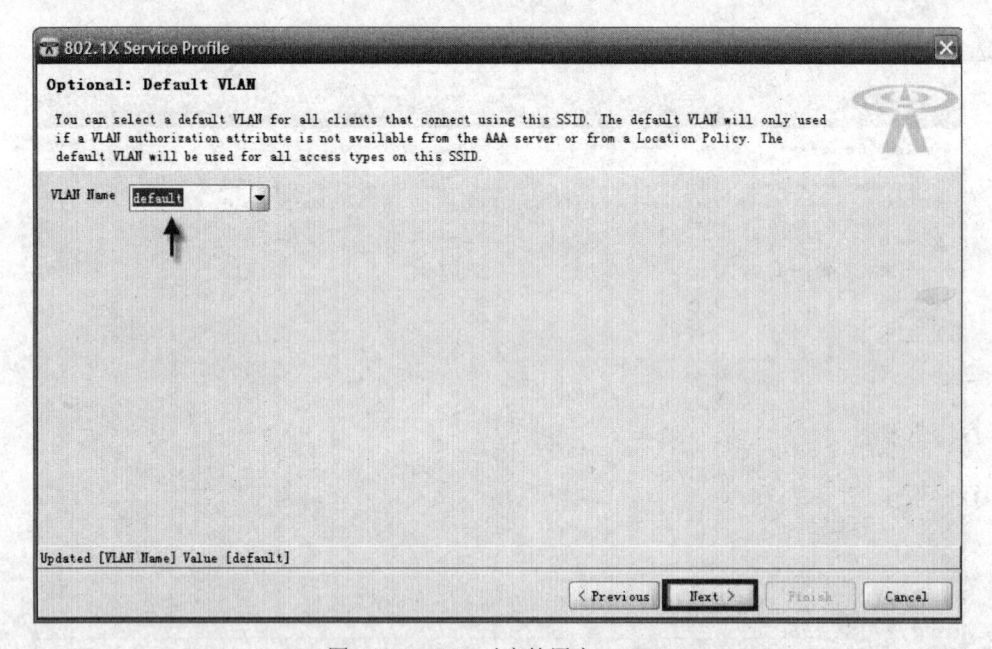

图 4-75 SSID 对应的用户 VLAN

选择 802.1x 认证服务的认证服务器，由于实验采用本地数据库，因此将 LOCAL 设置为 Current RADIUS Server Groups，并选择 EAP 类型，如图 4-76 所示。

完成 802.1x 认证服务的配置，如图 4-77 所示。

回到 Wireless 主页面，确认 802.1x 认证服务已经建立成功。

（3）应用配置，配置生效并下发配置，如图 4-78 和图 4-79 所示。

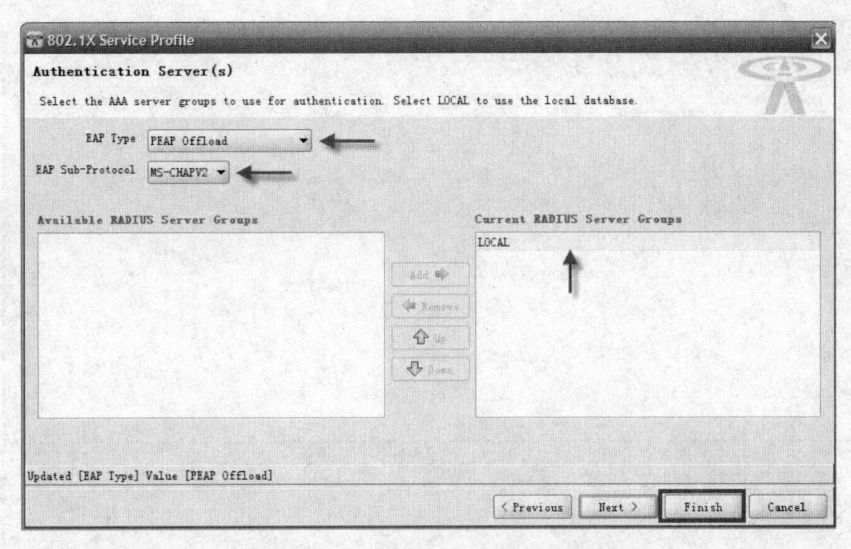

图 4-76　Current RADIUS Server Groups

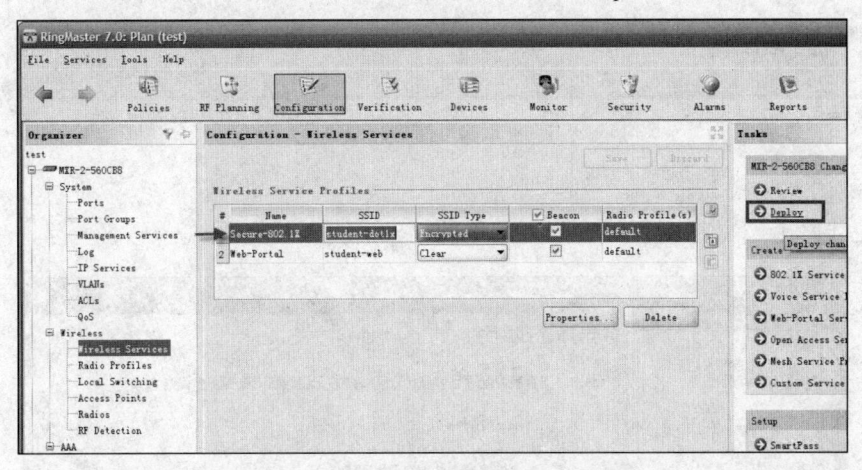

图 4-77　完成配置

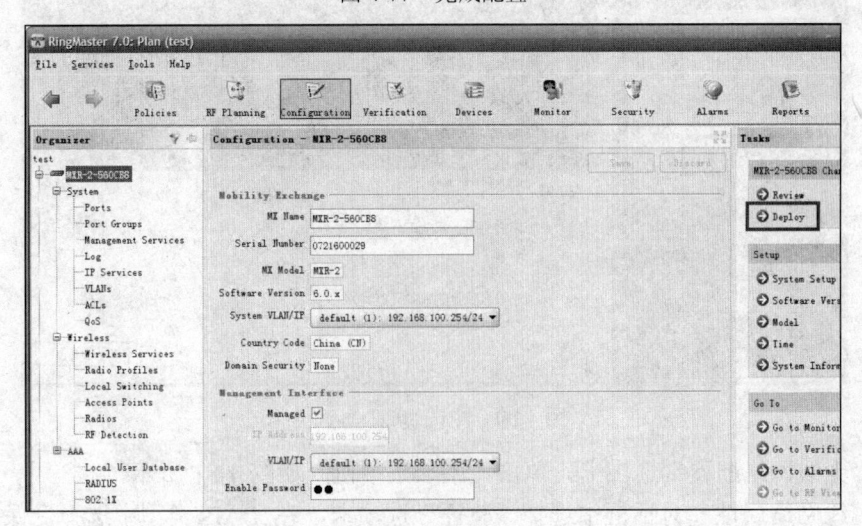

图 4-78　下发配置

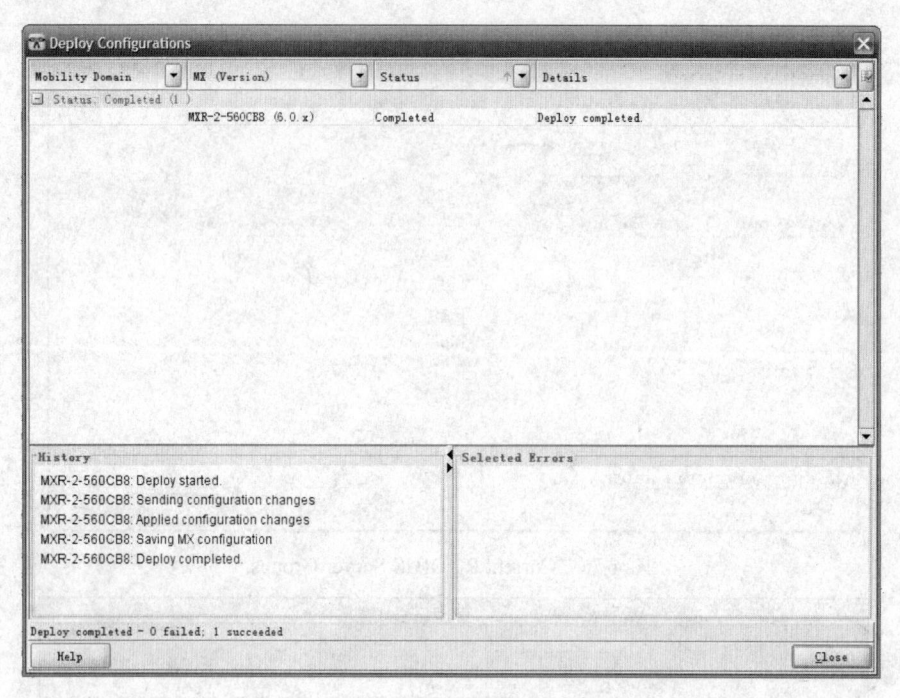

图 4-79　配置生效

（4）测试 802.1x 认证。

打开无线网卡，配置 802.1x 客户端，如图 4-80 所示。

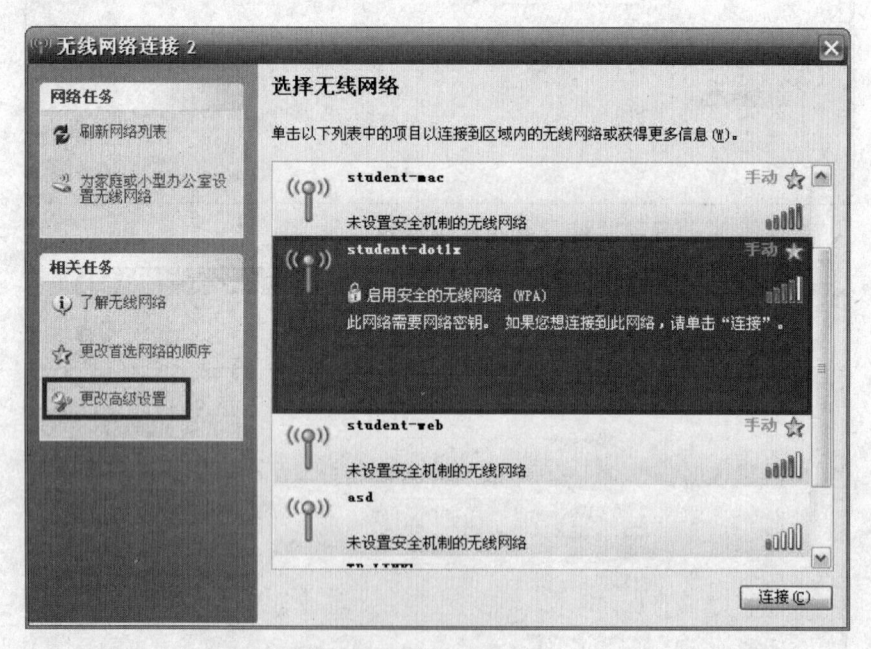

图 4-80　测试 802.1x 认证

选择"无线网络配置"选项卡，单击"添加"按钮，如图 4-81 所示。

在"无线网络属性"对话框中选择"验证"选项卡，在 EAP 类型中选择受保护的 EAP（PEAP），如图 4-82 所示。

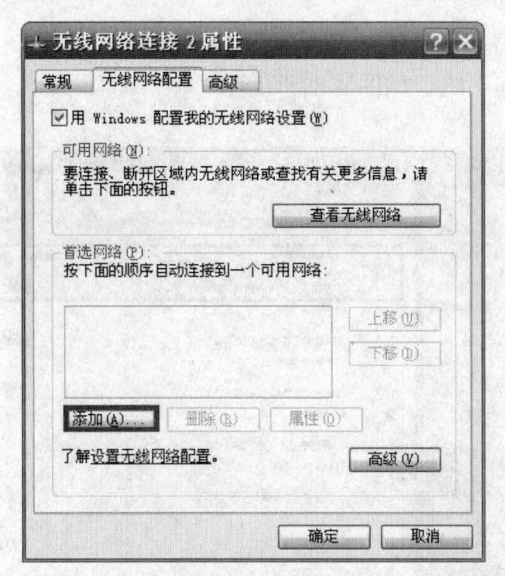

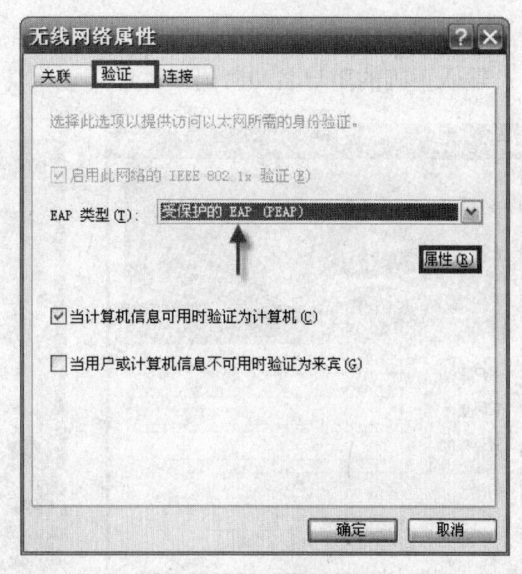

图 4-81　无线网络配置

图 4-82　无线网络属性

在"受保护的 EAP 属性"对话框中取消对"验证服务器证书"复选项的选中，选择"安全密码（EAP-CHAP v2）"，如图 4-83 所示。

在"EAP MSCHAPv2 属性"对话框中，取消对"自动使用 Windows 登录名和密码"复选项的选择，如图 4-84 所示。

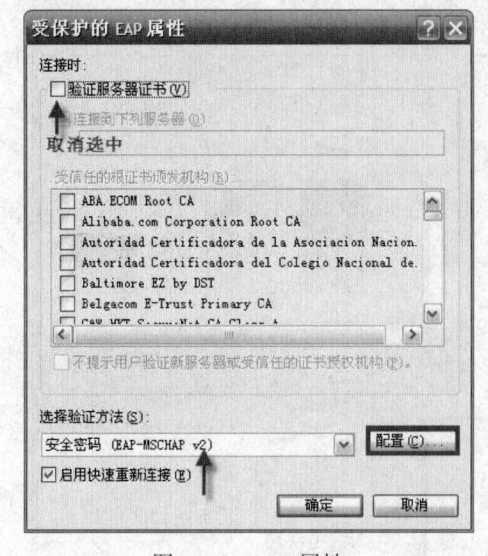

图 4-83　EAP 属性

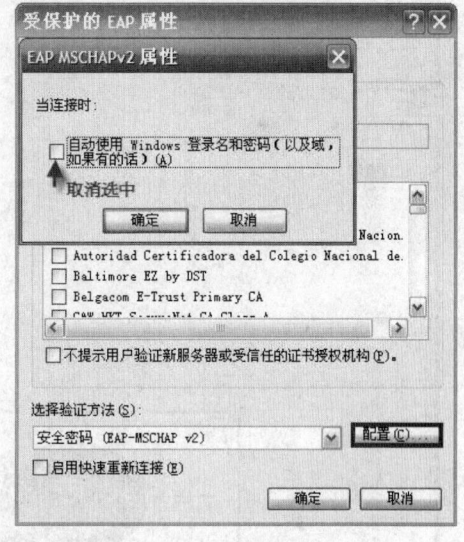

图 4-84　EAP MSCHAPv2 属性

配置完成后，Windows 会弹出如下窗口，要求提供证书或凭据，如图 4-85 所示。

图 4-85　连接状态

单击，在出现的对话框中输入用户名和密码，如图4-86所示。

输入正确的用户名和密码后，即可正常访问网络，如图4-87所示。

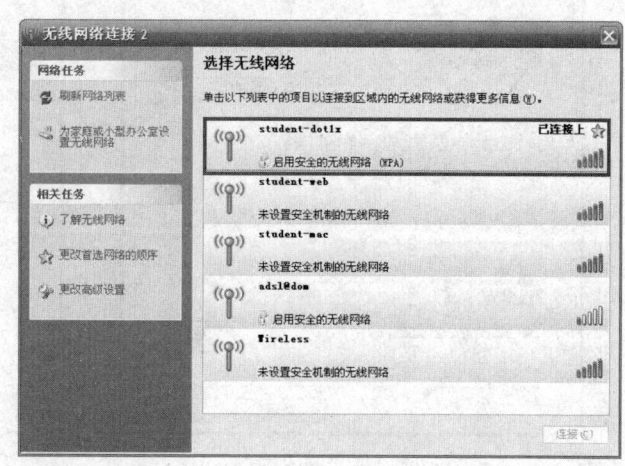

图4-86　输入用户名和口令　　　　　　　　图4-87　查看连接状态

（5）查看用户的连接状态。

在RingMaster的Monitor→Clients by MX中查看连接的用户信息，如图4-88所示。

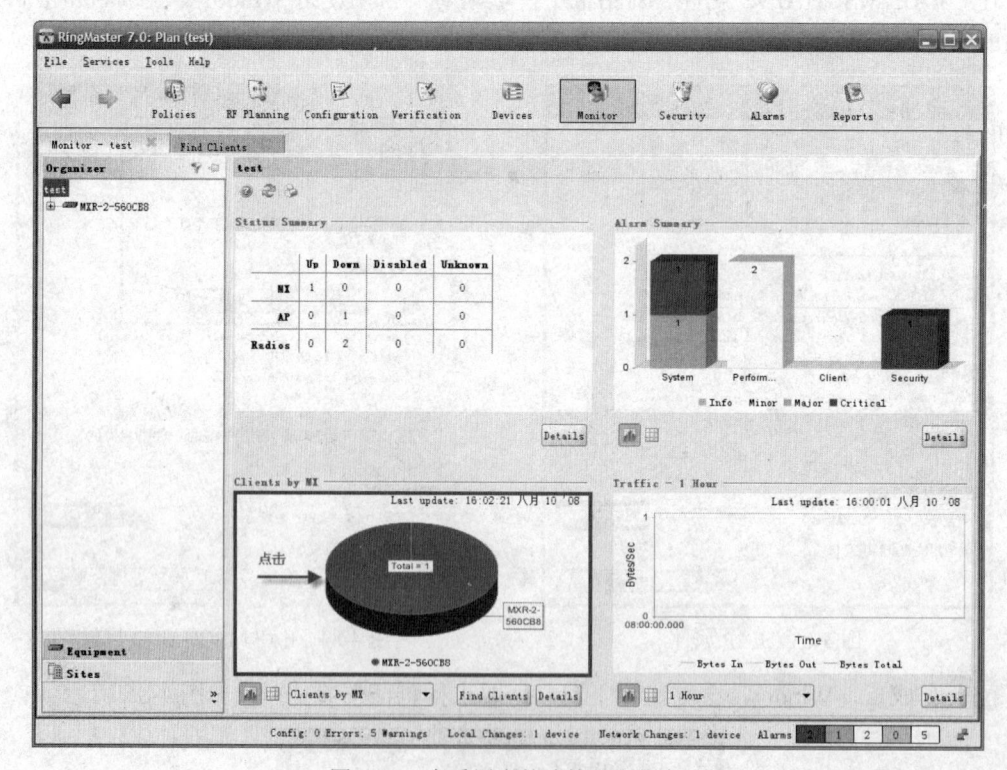

图4-88　查看用户的连接状态信息

查看用户的用户名、密码、接入类型等信息，如图4-89所示。

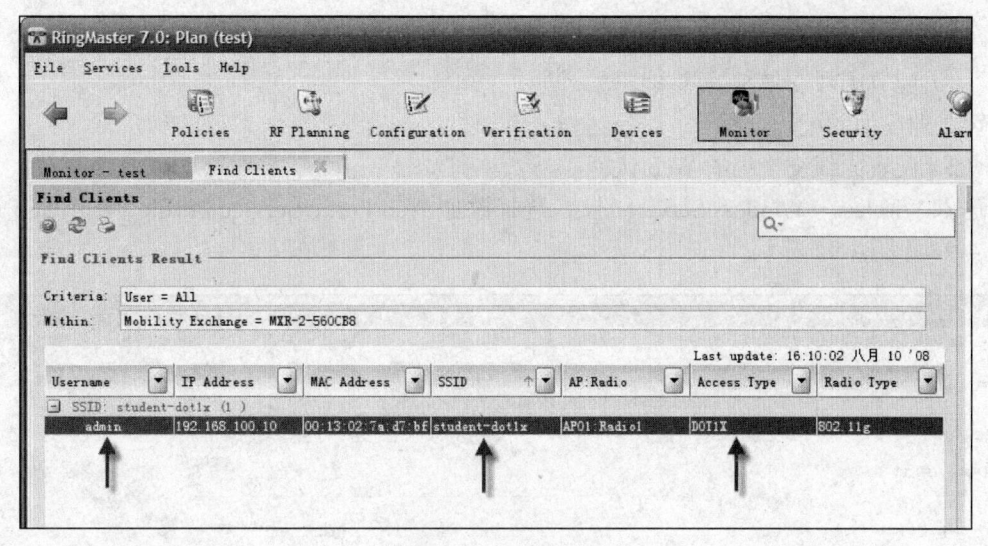

图 4-89　查看用户

（6）完成配置。

任务 4：大型酒店无线网络的 Web 认证。

【任务名称】大型酒店无线网络的 Web 认证

【任务分析】在新建的无线网络项目中，根据客户的需求，需要给无线网络设计安全接入策略，无线网络工程师小赵考虑到该项目是一个酒店的无线接入，用户的网络应用水平普遍不高，应该采用一种简单方便的无线认证方式，于是他选择了采用 Web 认证的方式。即用户需要上网时，只需要打开浏览器访问任何网页，浏览器就会弹出需要输入用户名和密码的对话框，用于只需要输入正确的账号和密码就能访问无线网络。

如何实现在没有认证服务器的情况下实现 Web 认证呢，可以通过无线交换机自带的本地服务器实现 Web 认证功能。

【项目设备】2 台安装了 Windows XP 系统的计算机、1 块 RG-WG54U 无线网卡、1 台智能无线 MP-71/MP-372 AP、1 台智能无线 MX-8/MXR-2 交换机、1 台 RingMaster 服务器。

【项目拓扑】拓扑如图 4-90 所示。

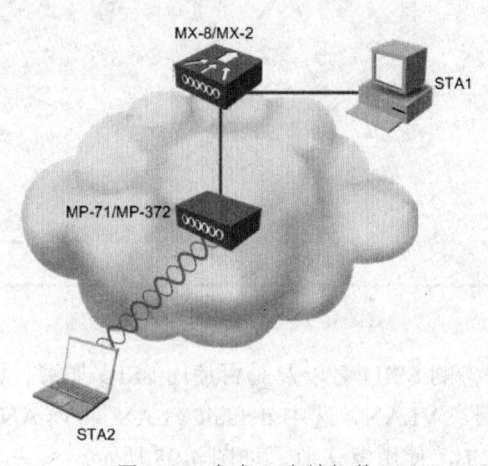

图 4-90　任务 4 实施拓扑

【项目实施】

（1）配置无线交换机的基本参数。

可参照前面的配置过程。

（2）配置无线交换机的 Web 认证。

进入 Wireless→Wireless Service 选项，选择添加 Web-Portal Service Profile，用于 Web 认证，如图 4-91 和图 4-92 所示。

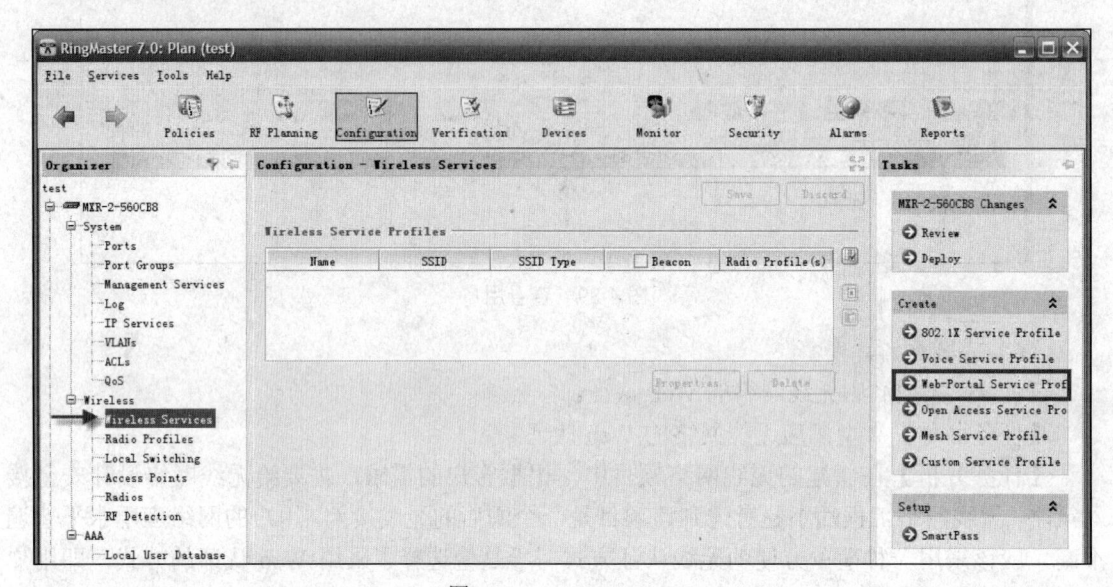

图 4-91　Configuration

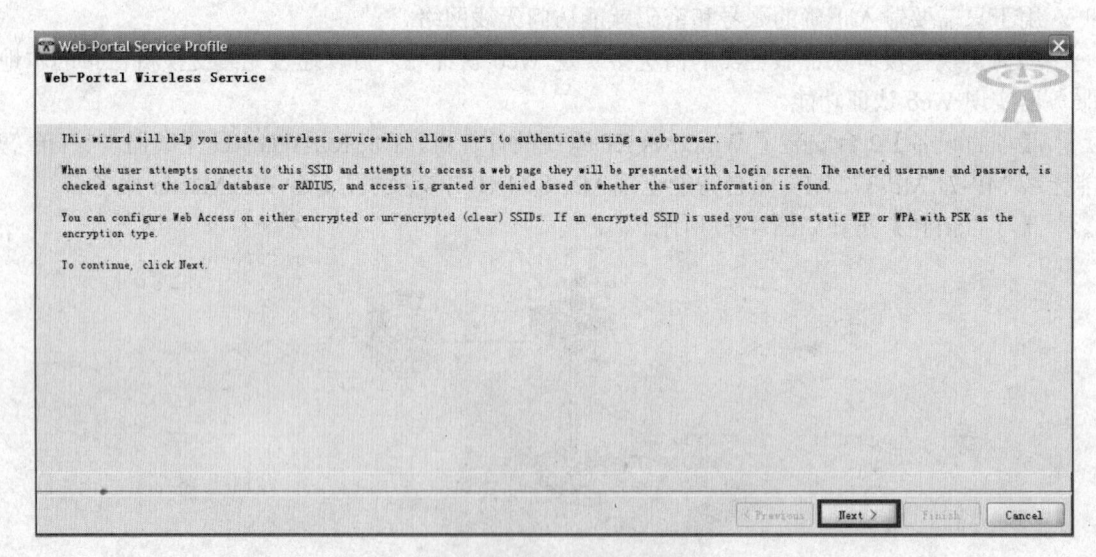

图 4-92　Wireless Service

输入使用 Web 认证服务的 SSID 名以及是否使用 SSID 加密，如图 4-93 所示。

选中该 SSID 对应的用户 VLAN，选中 default VLAN 即 VLAN 1，如图 4-94 所示。

设置 Web-Portal 的 ACL，使用默认值，如图 4-95 所示。

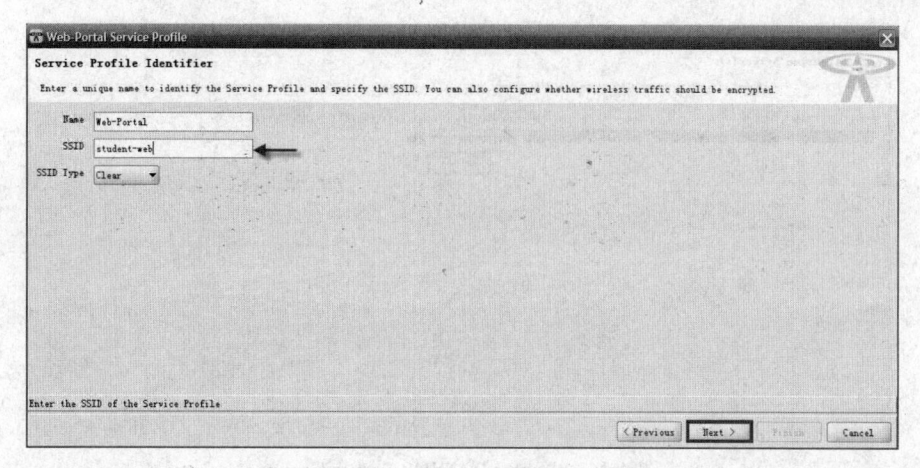

图 4-93 SSID 名

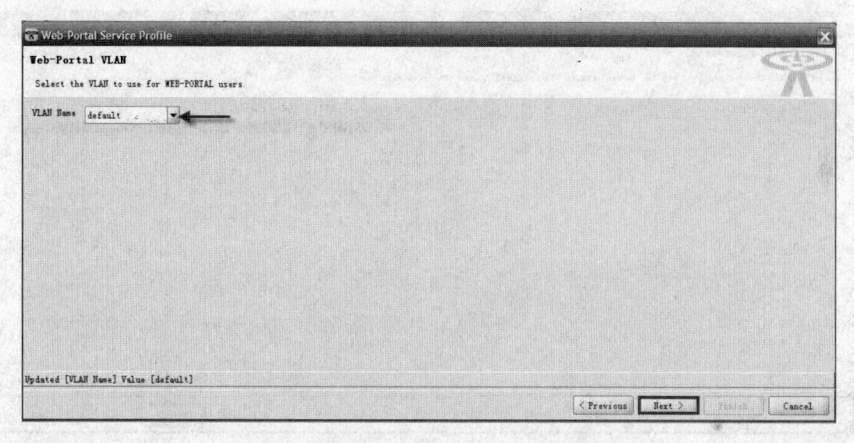

图 4-94 SSID 对应的用户 VLAN

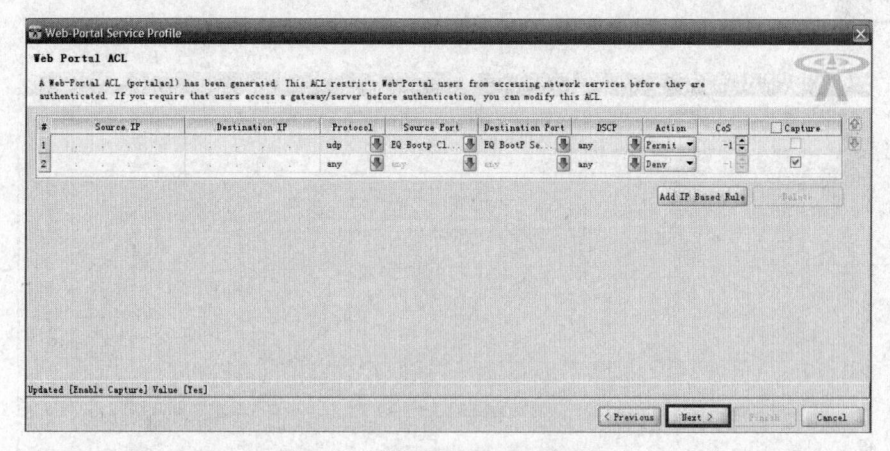

图 4-95 设置 Web-Portal 的 ACL

选中 Web 认证服务的认证服务器，由于实验采用本地数据库，因此将 LOCAL 设置为 Current RADIUS Server Groups，如图 4-96 和图 4-97 所示。

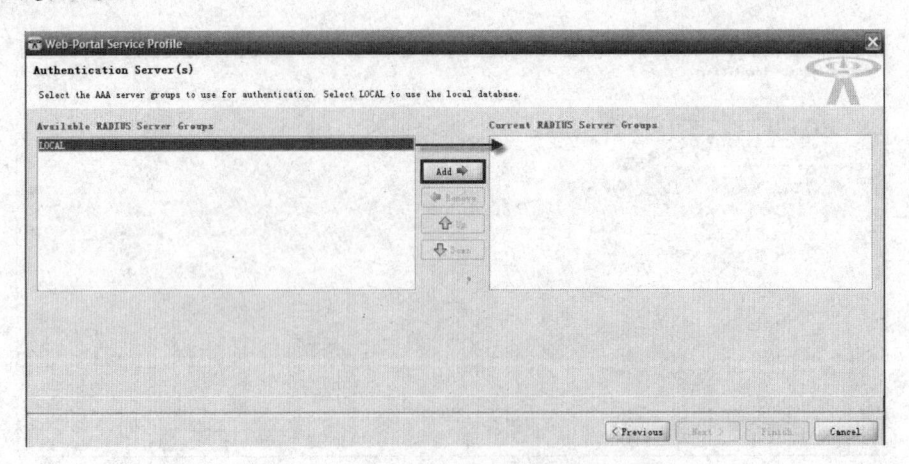

图 4-96　Current RADIUS Server Groups

图 4-97　Current RADIUS Server Groups

完成 Web 认证服务的配置，如图 4-98 所示。

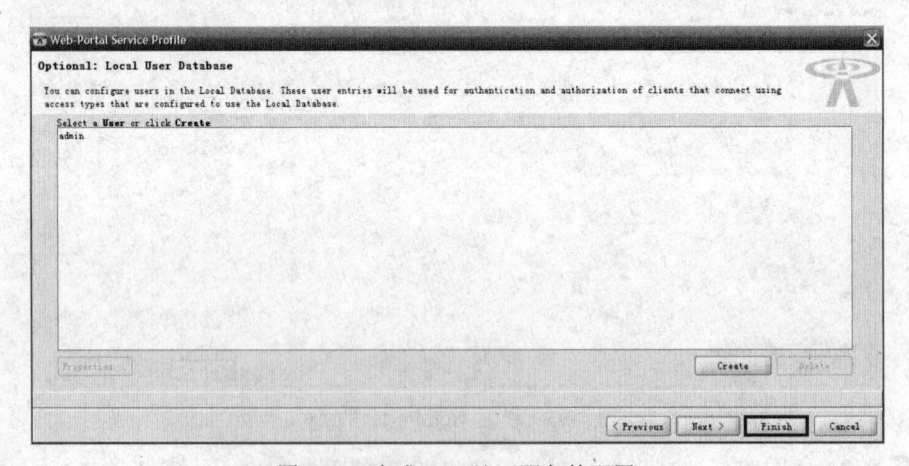

图 4-98　完成 Web 认证服务的配置

回到 Wireless 主页面，确认 Web 认证服务已经建立成功，如图 4-99 所示。

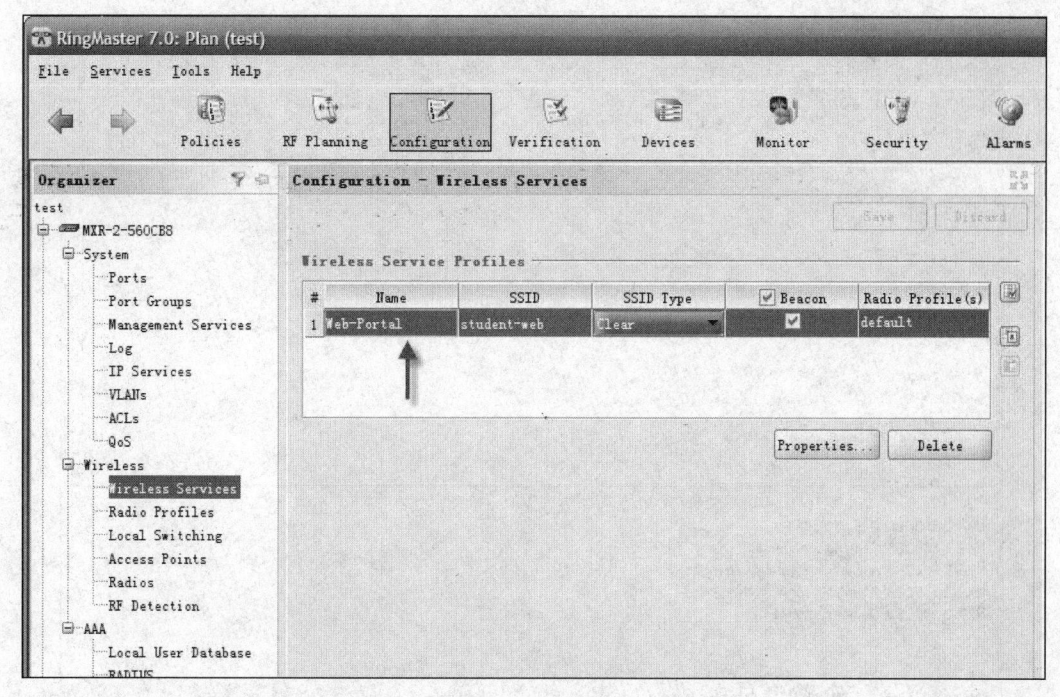

图 4-99　建立成功

（3）应用配置，配置生效并下发配置，如图 4-100 和图 4-101 所示。

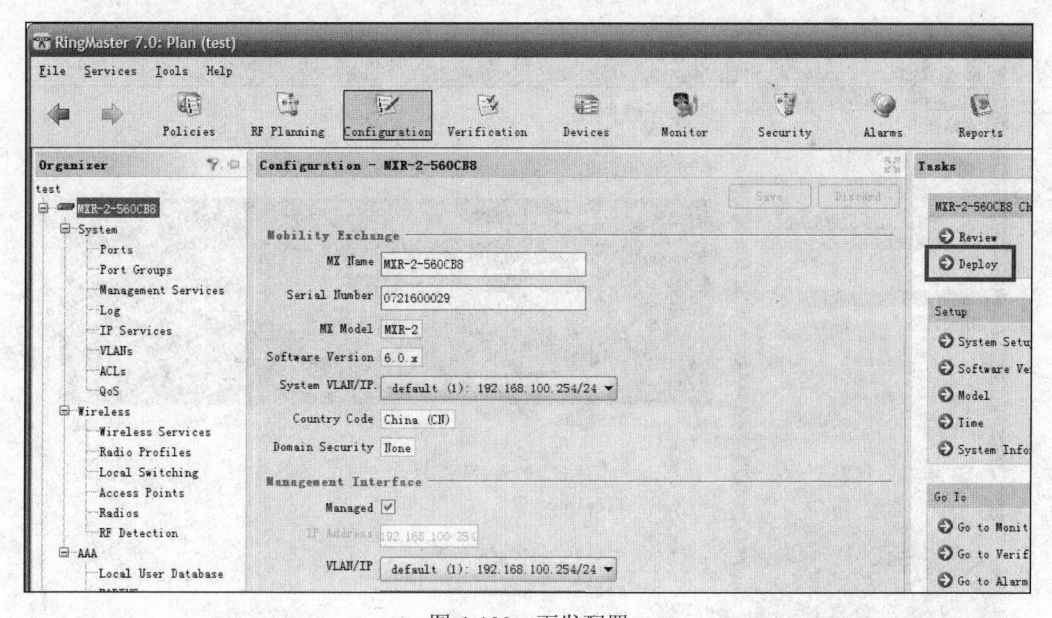

图 4-100　下发配置

（4）测试 Web 认证。

打开无线网卡，搜寻 student-web，联入该 SSID，如图 4-102 所示。
获取地址后打开浏览器访问任何网页，即弹出如图 4-103 所示的页面。

221

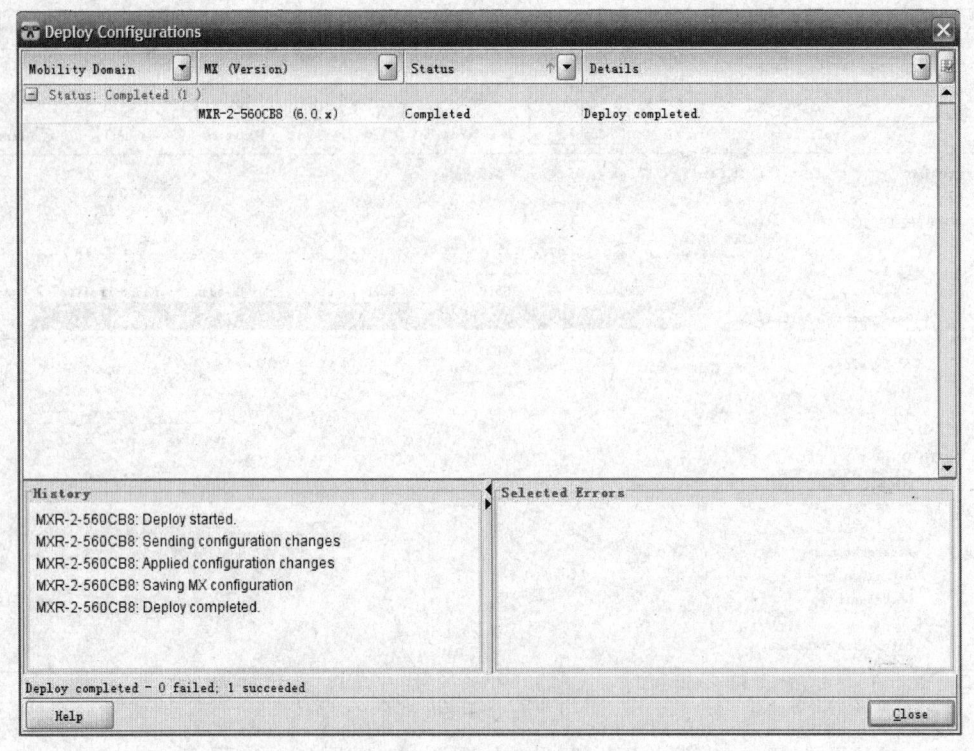

图 4-101　配置生效

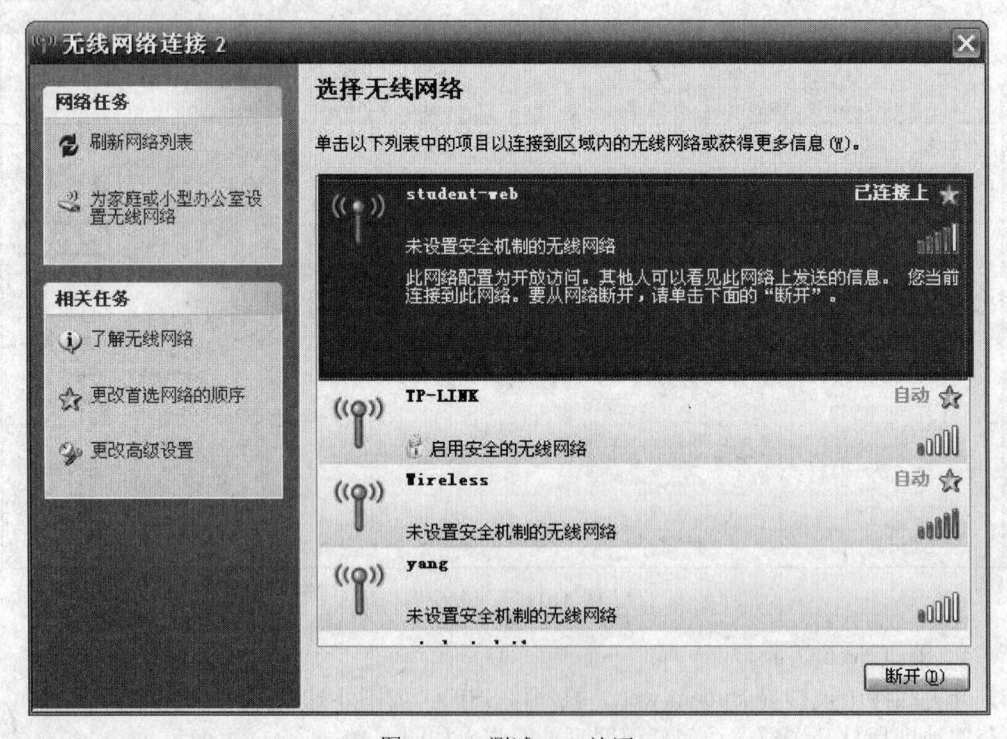

图 4-102　测试 Web 认证

图 4-103 输入用户名和口令

输入正确的用户名和密码后,通过认证并可访问无线网络的资源。

任务 5:使用 WEP 加密保护企业无线网络。

【任务名称】使用 WEP 加密保护企业无线网络

【任务分析】在新建的无线网络项目中,发现无线网络内搜到的 SSID 直接就可以接入无线网络,没有任何认证加密手段,由于无线网络不像有线网有严格的物理范围,例如说,要接入网络必须要有一根网线插上才能上,而无线网不同,无线信号可能会广播到公司办公室以外的地方,或者大楼外,或者别的公司,都可以搜到,这样收到信号的人就可以随意地接入到网络中来,很不安全。于是你建议采用 WEP 加密的方式来对无线网进行加密及接入控制,只有输入正确密钥的才可以接入到无线网络中来,并且空中的数据传输也是加密的。

主要防止非法用户连接进来,防止无线信号被窃听。采用共享密钥的接入认证、数据加密,防止非法窃听。

【项目设备】2 台安装了 Windows XP 系统的计算机、1 块 RG-WG54U 无线网卡、1 台智能无线 MP-71/MP-372 AP、1 台智能无线 MX-8/MXR-2 交换机、1 台 RingMaster 服务器。

【项目拓扑】拓扑如图 4-104 所示。

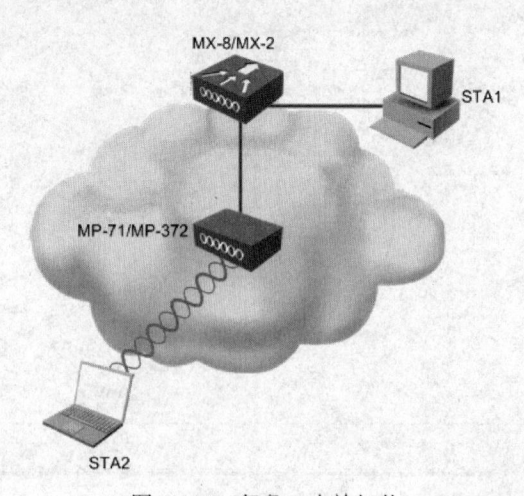

图 4-104 任务 5 实施拓扑

【项目实施】
(1)配置无线交换机的基本参数。

可参照前面的配置过程。

（2）配置无线交换机的 DHCP 服务器。

进入 Syestem→VLANS 选项，选择 default VLAN，进行属性配置，如图 4-105 所示。

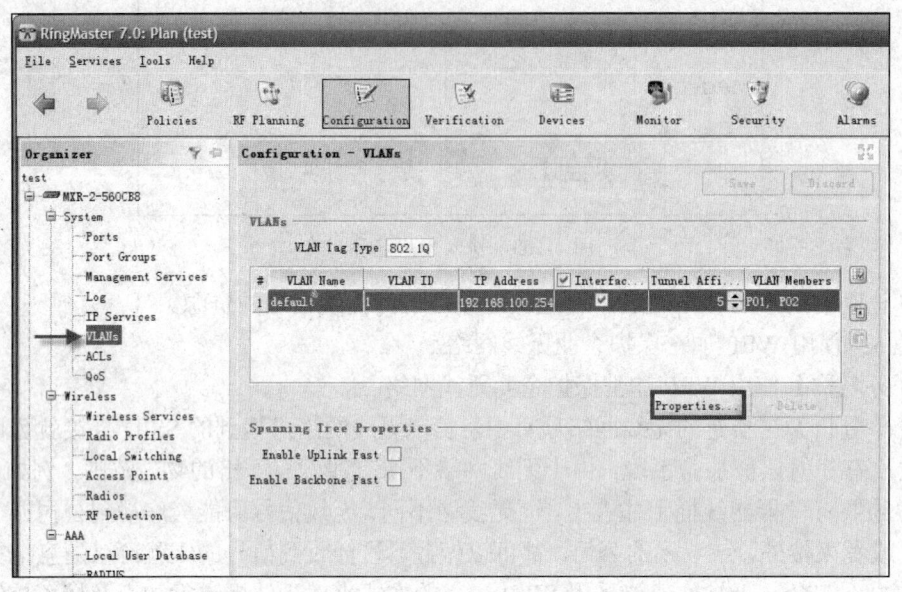

图 4-105　VLANS 选项

进入 Properties→DHCP Server 选项，激活 DHCP 服务器，设置地址池和 DNS 并保存，如图 4-106 所示。

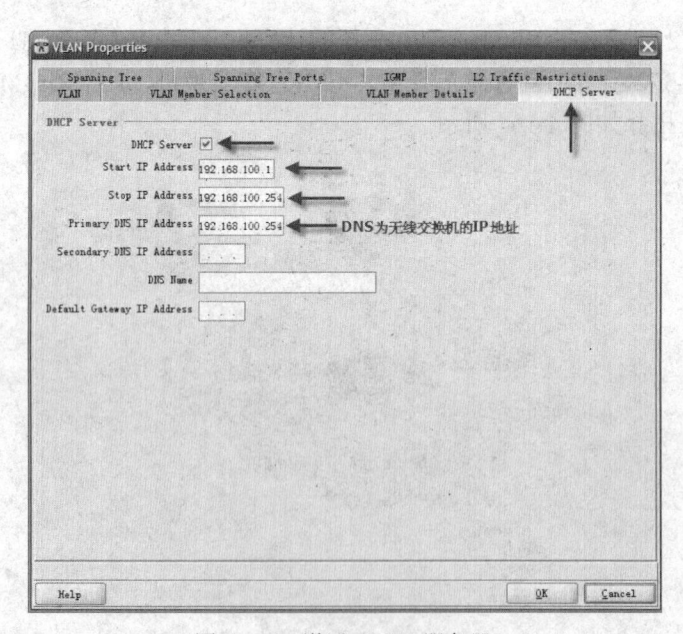

图 4-106　激活 DHCP 服务器

进入 System→Port 选项，将无线交换机的端口 PoE 打开并保存，如图 4-107 所示。

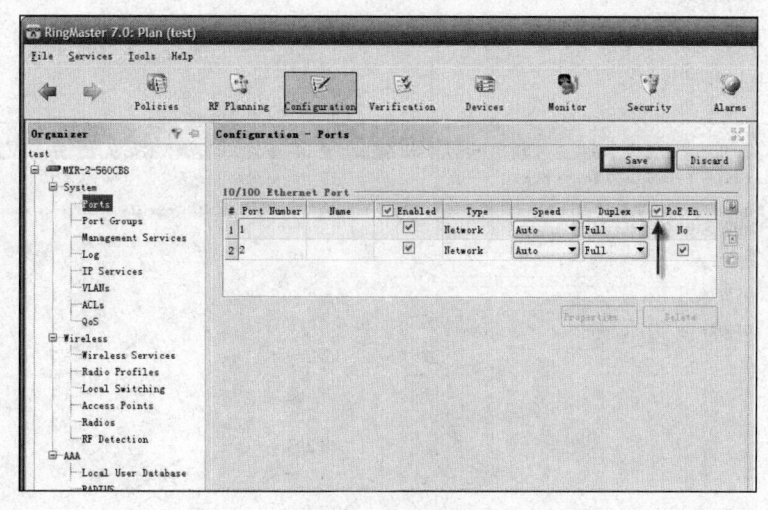

图 4-107　Port 选项

（3）配置 Wireless Services。

在 Configuration 下单击 Wireless→Wireless Services，如图 4-108 所示。

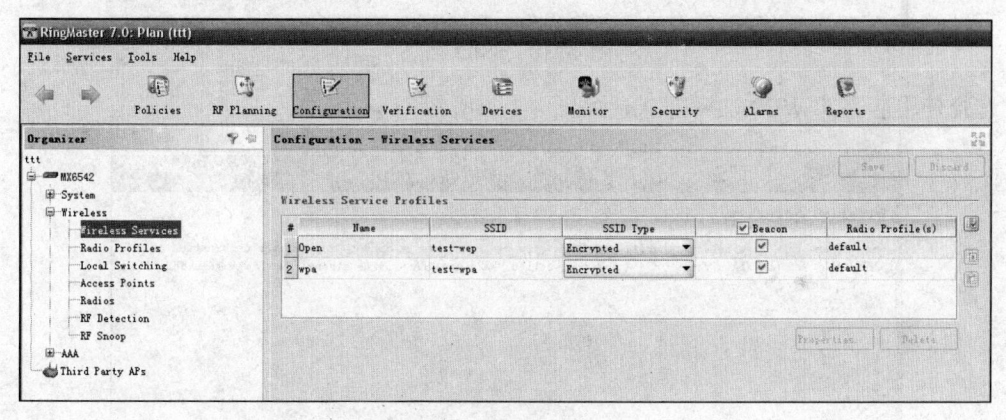

图 4-108　Wireless Services

创建一个 Service Profile：在管理页面右边的 Create 的下面单击 Open Access Service Profile，如图 4-109 所示。

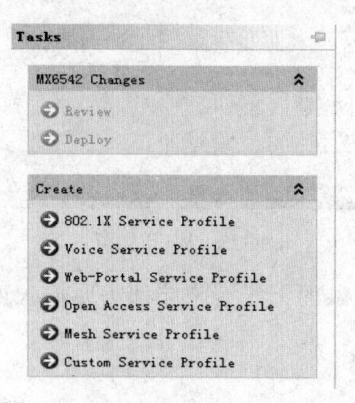

图 4-109　Open Access Service Profile

输入实验使用的 Service-Profile 名为 open，SSID 为 test-wep，SSID 类型为 Encrypted，即加密的，如图 4-110 所示。

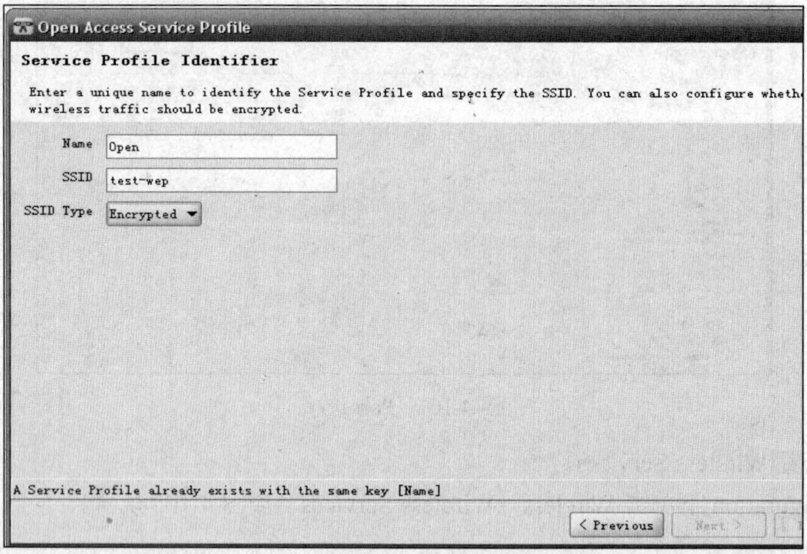

图 4-110  SSID 类型

选择使用静态的 WEP 加密方式，如图 4-111 所示。

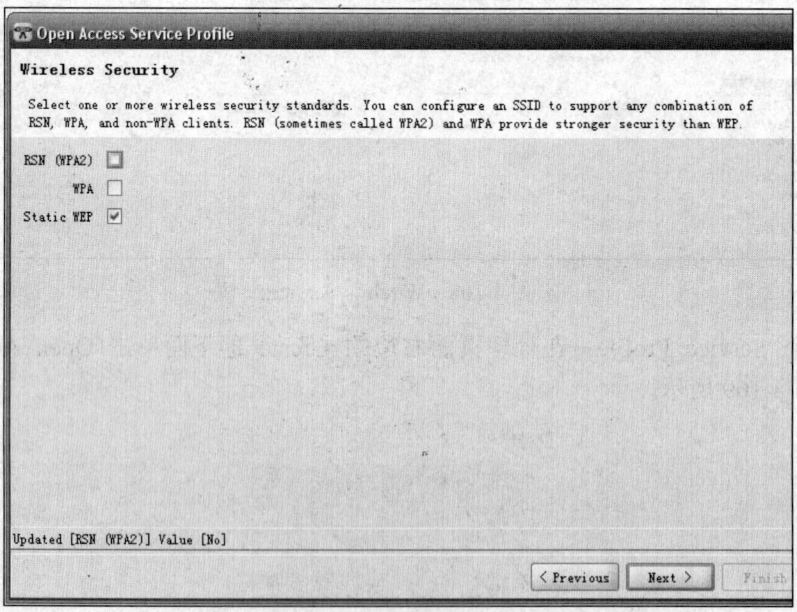

图 4-111  WEP 加密方式

输入密钥 1234567890，接入的无线客户端都需要输入正确的密钥才能接入进来，如图 4-112 所示。

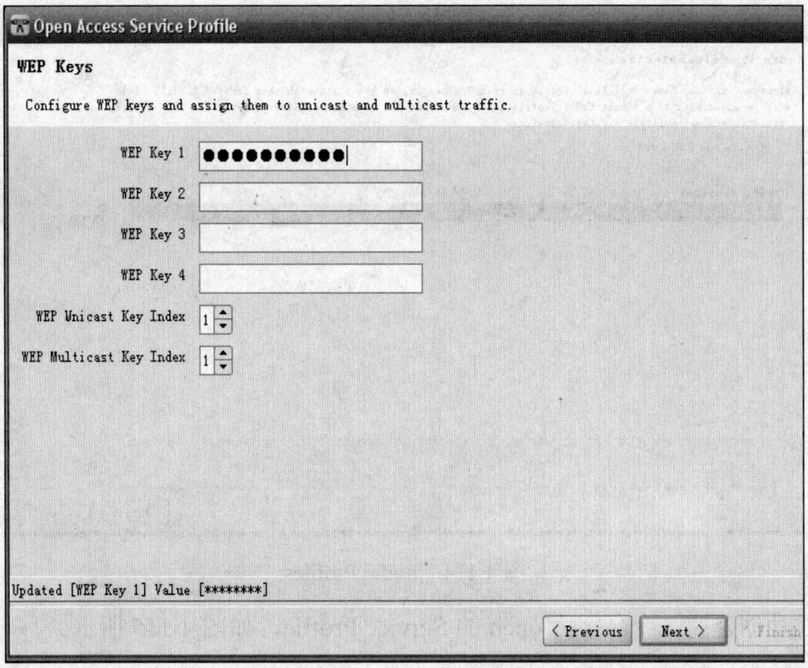

图 4-112 输入正确的密钥

VLAN Name 为 Default，如图 4-113 所示。

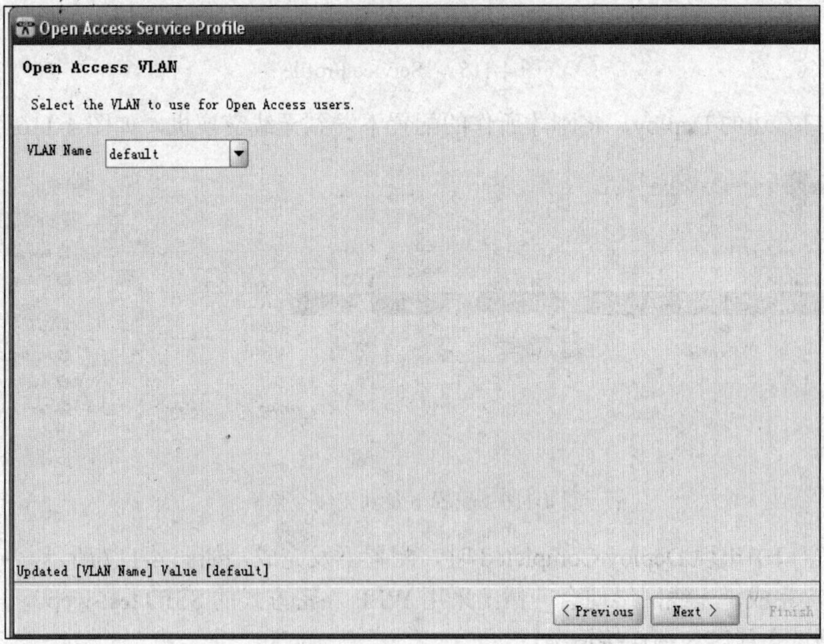

图 4-113 VLAN Name

Radio Profiles 使用 Default，然后单击 Finish 按钮，如图 4-114 所示。

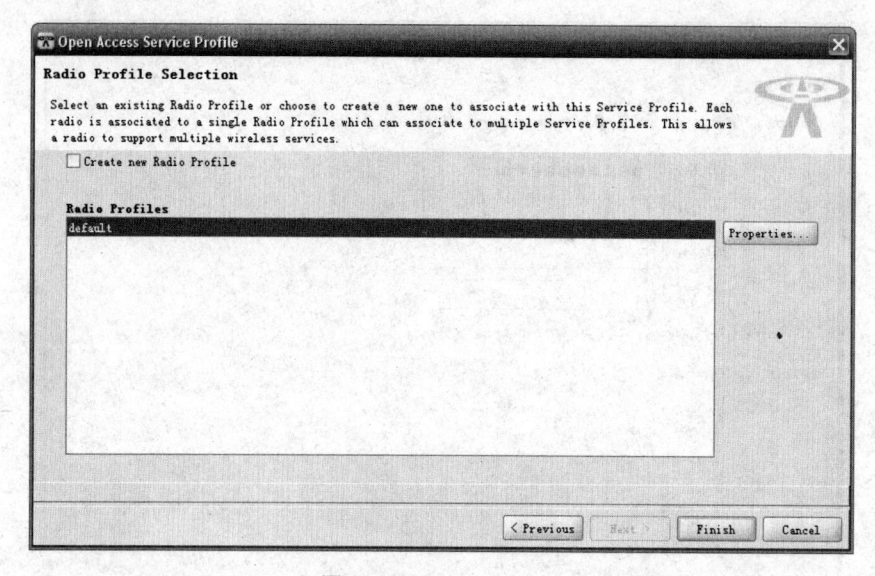

图 4-114　Radio Profiles

至此，成功创建完一个名字为 open 的 Service Profile，如图 4-115 所示。

图 4-115　Service Profile

单击窗口右边的 Deploy，将刚才所作的配置下发到无线交换机，如图 4-116 所示。

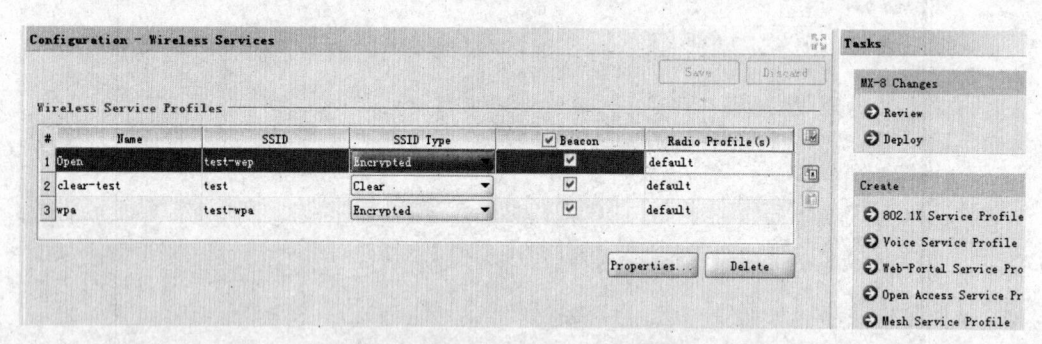

图 4-116　配置下发到无线交换机

弹出的窗口中出现 Deploy Completed 时，配置下发完成，如图 4-117 所示。
此时配置完成，无线网络便会广播出采用 WEP 加密方式的 SSID test-wep。
（4）测试无线客户端连接情况。
打开无线网卡，搜寻无线网络，会发现名为 test-wep 的 SSID，并联入该 SSID，如图 4-118 所示。
选中该 SSID，单击"连接"按钮，此时会提示输入 WEP 密钥，输入密钥 1234567890，如图 4-119 所示。

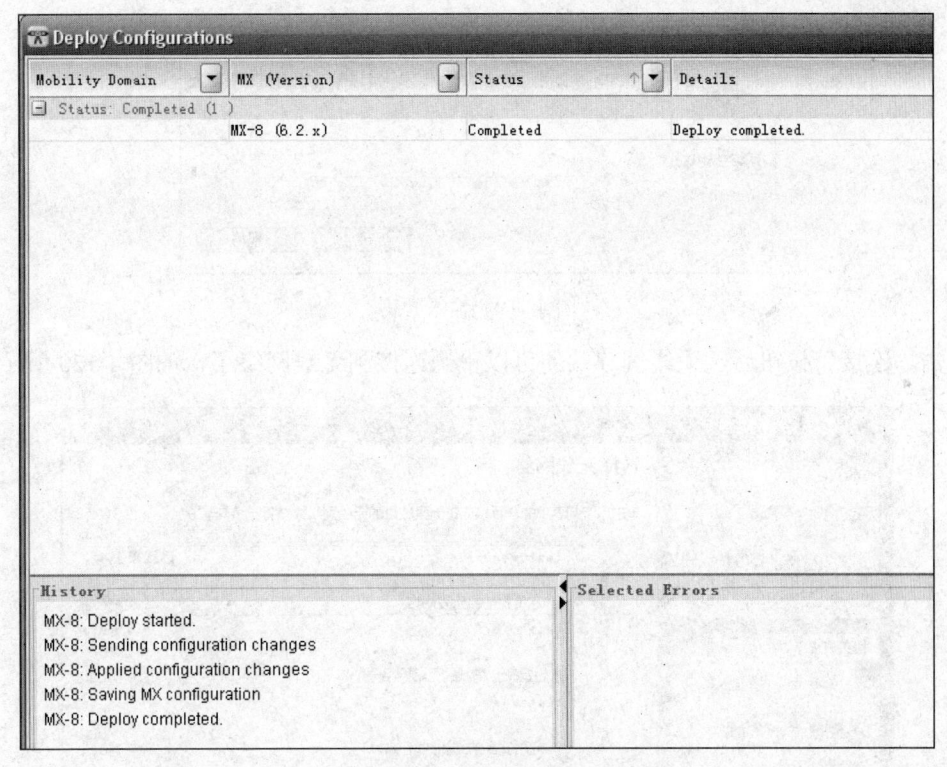

图 4-117　配置下发完成

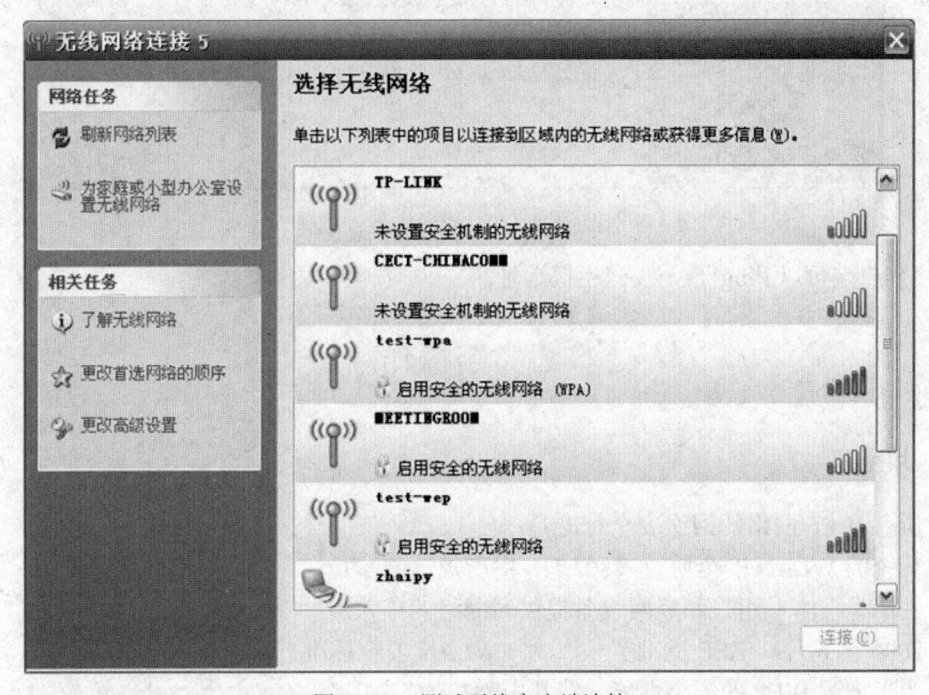

图 4-118　测试无线客户端连接

图 4-119 输入密钥

单击"连接"按钮后，无线客户端便可以正确连接到无线网络了，如图 4-120 所示。

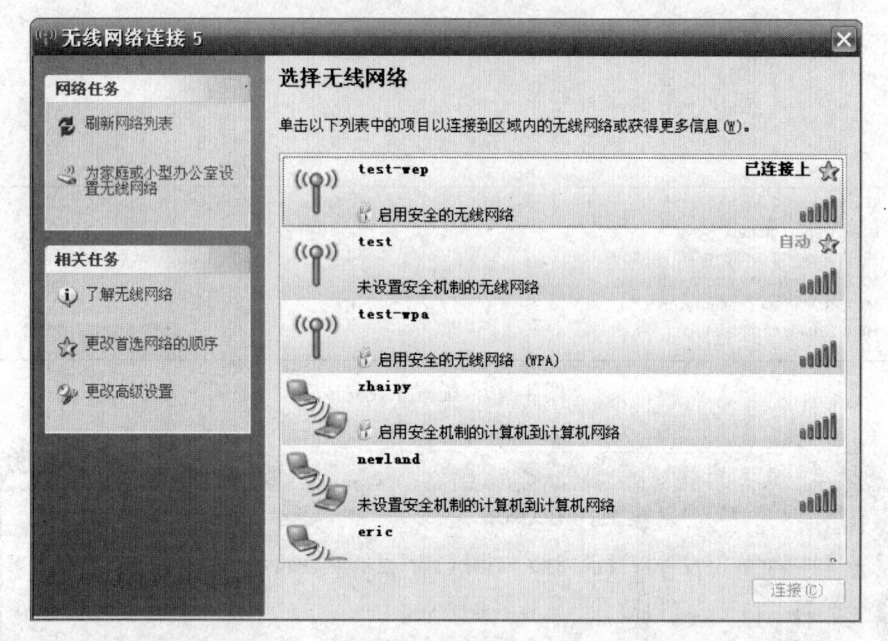

图 4-120 连接状态

无线客户端可以 Ping 通无线交换机地址。

# 思考与操作

## 一、填空题

1. 所有 IEEE 网络的网络安全标准是_____。
2. 传统的 WLAN 安全协议（802.11b 中所规定的）是_____。
3. 使用_____用户和联网设备提供对网络的接入。
4. 2004 年 6 月，IEEE 批准了_____WLAN 安全标准。
5. 为了增强 WEP 的安全性能，在其中添加的临时协议是_____。
6. 由_____发布数字签名。
7. WEP 中使用的加密密码是_____。

8. 在 PKI 中，使用接收机的_____对消息进行加密。
9. _____是最常见的网络安全威胁之一。
10. 在 PKI 中，接收站点使用它的_____对消息进行解密。
11. 802.1x 标准规定了使用 EAP 进行认证。
12. 确定网络问题起因的过程称为_____。
13. 为了核实网络中的设备连接，可以使用_____命令。
14. 在一个 Windows XP 工作站上，可以用来显示站点和目的地址之间的路径的命令是_____。
15. 可以用于为网络站点自动分配 IP 配置的协议是_____。
16. _____记录了网络上所执行的安装和维护。
17. 可以使用_____监控无线网络的各种活动。
18. 当诊断一个无线连接问题时，要核实工作站和与其相关联的接入点之间的_____。
19. 确定硬件设备是否为故障起因的方法是用_____设备替换可能出故障的设备。
20. 无线网络中的一个常见干扰是_____。

## 二、选择题

1. 支持多种方法的认证协议是（    ）。
   A．AAA        B．EAP        C．WEP        D．WPA
2. 使用以下（    ）密钥接收端对 PKI 加密的消息进行解密。
   A．动态密钥    B．私有密钥    C．公共密钥    D．静态密钥
3. 以下（    ）安全威胁的主要目的是使网络资源超过负荷，导致网络用户无法使用资源。
   A．拒绝服务    B．入侵        C．拦截        D．ARP 欺骗
4. PKI 在发送端使用以下（    ）密钥对消息进行加密。
   A．动态密钥    B．私有密钥    C．公共密钥    D．静态密钥
5. WEP 安全协议中使用的密码方法是（    ）。
   A．3DES        B．DES         C．PKI         D．RC4
6. （    ）验证并且发布数字签名。
   A．CA          B．IEEE        C．PKI         D．RSA
7. 在 802.11i 标准中，以下（    ）标准是对 WEP 安全性能的增强。
   A．802.1x      B．EAP         C．TKIP        D．WPA
8. 产生临时密钥的 802.11i 安全协议是（    ）。
   A．AES         B．EAP         C．TKIP        D．WPA2
9. 使用（    ）过程确定一个人的身份或者证明特定信息的完整性。
   A．关联        B．认证        C．证书        D．加密
10. IEEE 一般的网络安全标准是（    ）。
    A．802.1x     B．802.11i     C．802.3       D．802.15
11. 许多接入点都包含一个属性，允许接入点只与某些特定节点关联，这个属性称为（    ）。
    A．选择性授权              B．许可的节点接入列表

C. MAC 过滤　　　　　　　　D. 选择性接入
E. 以上都可以

12. 可以使用 TCP/IP 协议，（　　）使得接入点能自动配置某个无线网络节点的 IP 配置数据。
A. ARP　　　B. DHCP　　　C. SNMP　　　D. IPConfig

13. （　　）类型的电气噪音干扰是通过大气传播的。
A. EMI　　　B. SNR　　　C. RFI　　　D. NEXT

14. 当无线站点存在间断连接故障时，需要检查无线网络的（　　）特性。
A. 频率　　　　　　　　　　B. 使用的 IEEE 802.11 标准
C. 调制　　　　　　　　　　D. 信号强度

15. 对于每个无线或者有线网络来说，应该详细维护（　　）手册、记录。
A. 事件日志　　B. 维护日志　　C. 修复日志　　D. 安全日志

16. 当一个位于接入点覆盖范围边缘上的节点开始出现间断连接问题时，以下（　　）可不必包含在故障排除过程中。
A. 接入点功率　　B. 天线类型　　C. 接入点的品牌　　D. 信号强度

17. 为了测试网络上的某个节点能否到达同一网络中的另一个节点，可以使用以下（　　）TCP/IP 实用工具。
A. ping　　　B. arp　　　C. ipconfig　　　D. tacert

18. 可以在便携式 PC 或台式 PC 上使用（　　）软件工具来监测和控制无线网络中的各种动作。
A. 诊断包　　B. 网络分析仪　　C. 系统分析仪　　D. 事件日志

19. 当替换一个可能出故障的硬件设备时，替换设备应该具有（　　）特性。
A. 不同的品牌　　　　　　　B. 不同的 IEEE802.11x 标准
C. 一个确定良好的设备　　　D. 另外一个类似系统中的工作设备

20. 在 Windows XP 系统上，可以使用以下（　　）TIP/IP 实用工具显示工作站和一个过程 IP 地址之间使用的互联网络路径。
A. ping　　　B. arp　　　C. ipconfig　　　D. tracert

# 参考文献

[1]  （美）Steve Rackley．无线网络技术原理与应用．北京：电子工业出版社，2008．
[2]  （美）Ron Price．无线网络原理与应用．北京：清华大学出版社，2008．
[3]  汪涛．无线网络技术导论．北京：清华大学出版社，2008．
[4]  段水福，历晓华，段炼．无线局域网（WLAN）设计与实践．杭州：浙江大学出版社，2008．
[5]  郭渊博，杨奎武，张畅．无线局域网安全：设计及实现．北京：国防工业出版社，2010．
[6]  麻信洛，李晓中，董晓宁．无线局域网构建及应用．北京：国防工业出版社，2006．
[7]  杨军，李瑛，杨章玉．无线局域网组建实战．北京：电子工业出版社，2006．
[8]  麻信洛，李晓中．无线局域网构建及应用（第 2 版）．北京：国防工业出版社，2009．